高等职业教育土木建筑大类专业系列新形态教材

高职建筑设计专业技能考核实训指导

刘 岚 青 宁 主 编

彭莉妮 但功水 高 卿 副主编

清华大学出版社

北京

内 容 简 介

本书对接高等职业学校建筑设计专业教学标准的人才培养规格能力要求，内容涵盖了专业识图与制图、艺术造型、设计表现、民用建筑施工图设计、中小型民用建筑方案设计、设计文件编制、计算机辅助设计、BIM技术应用、绿色建筑技术应用、前期报建及综合技术应用等建筑设计专业人才培养必备技能，是考核实训的实践性教材。本书包括专业基本技能、岗位核心技能和岗位拓展技能三个模块，读者可根据需求遴选模块组织技能实训与考核。

本书可作为高职高专院校建筑设计专业的教材和实训指导书，也可供建筑工程技术人员、设计人员和管理人员参考。

本书封面贴有清华大学出版社防伪标签，无标签者不得销售。
版权所有，侵权必究。举报：010-62782989，beiqinquan@tup.tsinghua.edu.cn。

图书在版编目(CIP)数据

高职建筑设计专业技能考核实训指导/刘岚，青宁主编. —北京：清华大学出版社，2022.7
高等职业教育土木建筑大类专业系列新形态教材
ISBN 978-7-302-60193-7

Ⅰ.①高… Ⅱ.①刘… ②青… Ⅲ.①建筑设计－高等职业教育－教学参考资料 Ⅳ.①TU2

中国版本图书馆 CIP 数据核字(2022)第 031335 号

责任编辑：杜　晓
封面设计：曹　来
责任校对：袁　芳
责任印制：朱雨萌

出版发行：清华大学出版社
　　网　　址：http://www.tup.com.cn，http://www.wqbook.com
　　地　　址：北京清华大学学研大厦 A 座　　邮　编：100084
　　社 总 机：010-83470000　　邮　购：010-62786544
　　投稿与读者服务：010-62776969，c-service@tup.tsinghua.edu.cn
　　质量反馈：010-62772015，zhiliang@tup.tsinghua.edu.cn
　　课件下载：http://www.tup.com.cn，010-83470410
印 装 者：三河市少明印务有限公司
经　　销：全国新华书店
开　　本：185mm×260mm　　印　张：16.25　　字　数：391 千字
版　　次：2022 年 7 月第 1 版　　印　次：2022 年 7 月第 1 次印刷
定　　价：49.00 元

产品编号：094681-01

前言

国家不断推进的新型城镇化、新型工业化、乡村振兴等战略举措为我国建筑行业带来了巨大的发展机遇,建筑行业突出"创新、协调、绿色、开放、共享"发展新理念,加快建筑行业转型升级及建筑"四节一环保"全面推进,促进建筑行业新材料、新技术等迅猛发展和推广,对建筑类高职专业高端技能型人才培养质量提出了更高的要求。

本书对接建筑设计专业国家教学标准,结合行业现行规范标准,围绕建筑行业发展对建筑设计专业人才的能力需求,以检验高职建筑设计专业人才培养质量为目标,归纳专业人才培养目标的专业基本能力、岗位核心能力和岗位拓展能力,构建由简单到复杂递进的模块化技能实训体系。本书以岗位工作过程为导向,以实际岗位工作任务项目为载体,整合建筑设计专业基础课程、核心课程及拓展课程实训项目资源,系统、科学、全面地编制涵盖专业识图与制图、艺术造型、设计表现、计算机辅助设计、BIM技术应用等专业基本技能,民用建筑施工图设计、中小型民用建筑方案设计、设计文件编制、绿色建筑技术应用、前期报建文件编制等岗位核心技能,以及专业综合技术应用等岗位拓展技能的考核标准及实训任务,标准化考核学生在专业手绘表达、专业软件操作、专业技术设计及综合技术应用等方面的专业技能,是高职建筑设计专业全过程人才培养必备技能考核实训的实践性教材,方便师生在实践性技能实训教学和考核中灵活选用训练模块,具有专业技能实训的系统性、实施的有效性、专业的适用性、技能的针对性和考核的标准性。本书确定了适用于建筑设计专业实训教学与考核的16个技能项目、55项实训任务,每个技能项目含技能考核标准和技能考核实训任务两部分,技能考核实训任务以企业真实项目为载体,依据专业技能考核标准编制而成。其中,专业基本技能模块包括4个技能项目和15项实训任务,岗位核心技能模块包括8个技能项目和32项实训任务,岗位拓展技能模块包括4个技能项目和8项实训任务。实训任务采用结构清晰的独立实训项目任务书表现形式,吸取企业设计项目任务工作单的布置内容、成果要求及质量标准,细化操作方法和步骤要求,融入操作规范、安全意识、环保意识及精益求精工作态度等素质考核,任务指导及素材以二维码形式获取。本书可与基于"互联网+"专业课程教学资源同步应用,使学生直观地知道要做什么、如何做和做得怎样,帮助学生顺利进入职业角色,明确职业特点和岗位职责,强化主体责任意识,为今后企业实践和就职工作打好基础。

本书由湖南城建职业技术学院刘岚、山东城市建设职业学院青宁分别担任第一、第二主编,负责确定本书主体框架内容,指导并审定编写成果;湖南城建职业技术学院彭莉妮、江苏建筑职业技术学院但功水、湖北城市建设职业学院高卿担任副主编,负责组织协调并审核编制成果与培养目标有效对接。本书编写人员均为建筑设计专业教师,具备较强的专业核心课程及实训课教学经验和较丰富的企业一线工作经历,本书内容主要由刘岚、彭莉妮、宋巍、廖雅静、陈大昆、肖文青、谢燕萍、尹巧玲、曾争、邹宁、隆正前、吴路漫、夏鸿玲、刘娟、彭雯博、李科峰、肖凌、陈芳、刘思思、赵挺雄、赖婷婷、杨卉共同编写完成。在编写本书的过程中,编者参考并借鉴了现行规范及设计标准图集的相关资料,书中实训任务载体来自职业院校合作建筑设计企业的住宅和公共建筑实际工程案例,在此一并致以衷心的感谢。

由于编者编写水平有限,书中难免存在不足和疏漏之处,敬请读者批评、指正。

编　者

2022 年 1 月

目 录

绪论　建筑设计专业技能考核实训要求 ……………………………… 1

模块1　专业基本技能考核实训 ………………………………………… 3
技能项目1　建筑工程图识读与绘制 ………………………………… 3
　　实训任务1-1　建筑平面施工图1识读与绘制 ………………… 5
　　实训任务1-2　建筑平面施工图2识读与绘制 ………………… 8
　　实训任务1-3　建筑立面施工图识读与绘制 …………………… 11
　　实训任务1-4　建筑方案总平面图识读与绘制 ………………… 15
　　实训任务1-5　建筑方案平面图识读与绘制 …………………… 23
　　实训任务1-6　建筑方案立面、剖面图识读与绘制 …………… 27
技能项目2　运用计算机软件辅助设计 ……………………………… 30
　　实训任务1-7　运用计算机软件绘制户型彩色平面图 ………… 32
　　实训任务1-8　运用计算机软件绘制总平面彩色平面图 ……… 35
　　实训任务1-9　运用计算机软件绘制建筑效果图 ……………… 37
技能项目3　艺术造型及设计草图、效果图表现 …………………… 40
　　实训任务1-10　建筑鸟瞰图徒手表现 ………………………… 41
　　实训任务1-11　建筑总平面图徒手表现 ……………………… 45
　　实训任务1-12　建筑效果图徒手表现 ………………………… 48
技能项目4　BIM技术基础建模 ……………………………………… 51
　　实训任务1-13　运用BIM技术基础创建体量楼层模型 ……… 52
　　实训任务1-14　运用BIM技术基础创建凉亭模型 …………… 56
　　实训任务1-15　运用BIM技术基础创建体量模型 …………… 58

模块2　岗位核心技能考核实训 ………………………………………… 62
技能项目1　民用建筑施工图设计(含初步设计) …………………… 62
　　实训任务2-1　民用建筑总平面施工图设计 …………………… 64
　　实训任务2-2　民用建筑平面施工图设计 ……………………… 67
　　实训任务2-3　民用建筑剖面施工图设计 ……………………… 72
　　实训任务2-4　民用建筑墙身构造设计 ………………………… 77

实训任务 2-5　民用建筑挑窗构造设计 ·················· 80
　　　实训任务 2-6　民用建筑屋面泛水构造设计 ················ 82
　　　实训任务 2-7　民用建筑楼梯构造设计 ·················· 85
　　　实训任务 2-8　民用建筑卫生间详图设计 ················· 88
　　技能项目 2　中小型民用建筑方案设计 ····················· 91
　　　实训任务 2-9　住宅建筑户型平面优化设计 ················ 94
　　　实训任务 2-10　农村住宅建筑方案平面优化设计 ············· 97
　　　实训任务 2-11　住宅户型选型方案设计与分析 ············· 101
　　　实训任务 2-12　住宅建筑方案技术经济指标计算 ············ 105
　　　实训任务 2-13　中小学建筑普通教室平面布置设计 ·········· 107
　　　实训任务 2-14　幼儿园建筑活动单元平面布置设计 ·········· 110
　　　实训任务 2-15　停车场平面布置设计 ·················· 114
　　　实训任务 2-16　公共建筑无障碍设施平面布置设计 ·········· 117
　　　实训任务 2-17　公共建筑造型立面设计 ················ 121
　　技能项目 3　居住区规划方案技术设计 ···················· 125
　　　实训任务 2-18　居住区规划交通组织及空间环境分析 ········· 127
　　　实训任务 2-19　居住区街坊技术指标计算 ··············· 132
　　技能项目 4　居住区景观方案技术设计 ···················· 135
　　　实训任务 2-20　居住区景观方案分析设计 ··············· 136
　　　实训任务 2-21　居住区景观组景方案技术设计 ············· 140
　　技能项目 5　建筑设计投标方案（含调研）、汇报及建筑施工图
　　　　　　　　设计（含初步设计）文件编制 ················· 143
　　　实训任务 2-22　建筑设计投标方案文本文件编制 ············ 145
　　　实训任务 2-23　建筑设计投标方案 PPT 汇报文件编制 ········· 152
　　　实训任务 2-24　建筑施工图设计文件编制 ··············· 159
　　技能项目 6　BIM 技术专业应用建模 ····················· 165
　　　实训任务 2-25　办公楼 BIM 技术专业应用建模 ············ 166
　　　实训任务 2-26　小别墅 BIM 技术专业应用建模 ············ 173
　　　实训任务 2-27　独栋别墅 1 BIM 技术专业应用建模 ·········· 179
　　　实训任务 2-28　独栋别墅 2 BIM 技术专业应用建模 ·········· 183
　　技能项目 7　绿色建筑模拟分析与评价 ···················· 188
　　　实训任务 2-29　绿色建筑日照及室外风环境模拟分析 ········· 190
　　　实训任务 2-30　绿色建筑节能及光环境模拟分析 ············ 194
　　　实训任务 2-31　绿色建筑指标计算与评价 ··············· 199
　　技能项目 8　建筑项目前期报建及设计业务管理资料编制 ········· 209
　　　实训任务 2-32　建筑项目前期报建技术设计文件编制 ········· 210

模块 3　岗位拓展技能考核实训 ·························· 214
　　技能项目 1　居住建筑综合技术应用设计 ··················· 214

  实训任务 3-1 多层住宅建筑方案平面优化综合技术应用设计 …………… 216

  实训任务 3-2 多层住宅套型设计方案平面优化综合技术应用设计 ………… 219

  实训任务 3-3 农村住宅建筑平面优化综合技术应用设计 ………………… 223

  实训任务 3-4 宿舍建筑施工图剖面优化综合技术应用设计 ……………… 226

技能项目 2 中小型公共建筑综合技术应用设计 ………………………………… 233

  实训任务 3-5 小型茶室剖面综合技术应用设计 …………………………… 234

  实训任务 3-6 小型展览馆剖面综合技术应用设计 ………………………… 237

技能项目 3 BIM 的 GIS 技术可视化表达 ……………………………………… 242

  实训任务 3-7 GIS 技术的 Arcgis 可视化表达 …………………………… 243

技能项目 4 城市设计分析 ……………………………………………………… 246

  实训任务 3-8 某城镇商业街城市设计分析 ………………………………… 247

参考文献 ……………………………………………………………………………… 251

绪论　建筑设计专业技能考核实训要求

本书从适用专业与对象、考核目标、考核内容、考核方式、考核评价等方面明确建筑设计专业技能考核实训要求。

1. 专业名称及适用对象
（1）专业名称：建筑设计（专业代码：440101）。 （2）适用对象：高职全日制在籍建筑设计专业学生
2. 专业技能考核目标
依据《高等职业学校建筑设计专业教学标准》，通过对接建筑设计专业职业面向专业技术服务业的建筑工程技术人员，从事建筑方案设计、建筑施工图设计、建筑表现、建筑设计信息模型（Building Information Modeling，BIM）、建筑设计业务管理等建筑师助理、助理建筑师岗位能力要求，适度拓展建筑设计技术专业群其他专业岗位能力要求，明确建筑设计专业技能考核目标如下。 （1）促进高职教育紧贴产业需求培养企业急需的高技能人才，促进校企合作的深入开展，促进专业社会服务能力的提升，促进建筑设计专业学生个性化发展。 （2）促进建筑设计专业的教育教学改革，加强"双师型"教师队伍、实习实训条件、教学资源等基本教学条件建设。促进高职建筑设计专业课程建设，主动适应建筑行业转型升级要求，适应BIM技术、绿色建筑模拟分析等新技术发展与应用的需要，培养学生创新创业能力。 （3）考核学生掌握和运用专业设计工具、专业设计软件、专业设计知识和技能进行建筑技术设计的熟练程度，以及运用新技术解决建筑设计问题的能力。检验学生建筑工程图识图与绘制、运用计算机辅助设计、艺术造型及设计草图效果图绘制、BIM技术基础建模等专业基本技能；检验学生民用建筑施工图设计（含初步设计），中小型民用建筑方案设计，居住区规划及景观方案技术设计，建筑方案投标（含调研）、汇报及建筑施工图设计（含初步设计）文件编制，BIM技术专业应用，绿色建筑模拟分析与评价，建筑项目前期报建及设计业务管理资料编制等岗位的核心技能；检验学生从建筑师助理初始岗位向助理建筑师发展岗位拓展的居住建筑综合技术应用设计、中小型公共建筑综合技术应用设计、基于BIM的GIS技术可视化表达、城市设计分析等岗位的拓展综合技能，展示高职建筑设计专业教学质量
3. 专业技能考核内容
依据《高等职业学校建筑设计专业教学标准》的专业人才培养规格及岗位职业能力培养目标，确定建筑设计专业技能考核内容由专业基本技能、岗位核心技能和岗位拓展综合技能三个模块组成。通过专业基本技能考核，测试学生识读绘制建筑工程图的技能，测试学生运用计算机软件辅助设计的技能，测试学生手绘艺术造型及设计草图、效果图的技能，测试学生操作BIM软件基础建模的技能；通过岗位核心技能考核，测试学生实操建筑施工图设计（含初步设计）的技能；测试学生实操中小型建筑方案设计的技能，测试学生实操居住区规划方案技术设计的技能，测试学生实操中小型景观方案技术设计的技能，测试学生编制建筑设计投标方案（含调研）、汇报及建筑施工图设计（含初步设计）文件的技能，测试学生操作BIM软件专业应用的技能，测试学生绿色建筑模拟分析与评价的技能；通过岗位拓展综合技能考核，测试学生实操居住建筑综合技术设计的技能，测试学生实操中小型公共建筑综合技术设计的技能，测试学生实操基于BIM的GIS技术可视化表达技能，测试学生进行城市设计分析的技能。

续表

建筑设计专业技能考核共 16 个技能项目、55 项实训任务,每个技能项目编制了专业技能考核标准。其中,专业基本技能模块包括 4 个技能项目和 15 项实训任务,定位为"较易"难度,占比 25%;岗位核心技能模块包括 8 个技能项目和 32 项实训任务,定位为"中等"难度,占比 60%;岗位拓展综合技能模块包括 4 个技能项目和 8 项实训任务,定位为"较难"难度,占比 15%
4. 专业技能考核方式 1)模块抽考 本专业技能考核的三个模块均为必考模块。参考学生按规定比例随机抽取考试模块,各模块学生人数按四舍五入计算,剩余的尾数学生随机在三个模块中抽取实训任务模块。 2)项目抽考 每个考核模块均设若干考核项目。学生根据抽取的考核模块,随机从对应模块中抽取考核项目。 3)实训任务抽取 学生在相应项目实训任务中随机抽取一项任务进行测试
5. 专业技能考核评价 1)评价方式 建筑设计专业技能考核采取过程考核与结果考核相结合,技能考核与职业素养考核相结合的方式。根据考生操作的规范性、熟练程度和用时等因素评价过程成绩,根据成果作品、提交文档质量等因素评价结果成绩。 2)分值分配 各考核项目的评价包括职业素养与操作规范、作品两个方面,总分为 100 分。其中,职业素养与操作规范占该项目总分的 20%,作品占该项目总分的 80%。只有职业素养与操作规范、作品两项考核均合格,总成绩才能评定为合格

模块1　专业基本技能考核实训

技能项目1　建筑工程图识读与绘制

"建筑工程图识读与绘制"技能考核标准		
该项目对接"1+X"建筑工程识图职业技能等级证书要求,主要用来检验学生熟悉掌握建筑制图国家标准,掌握识读与绘制给定建筑施工图、建筑方案图的专业基础技能。学生能正确操作专业绘图软件,能正确使用专业绘图工具,能准确运用CAD软件绘制给定建筑工程图,能将.dwg格式文件输出为PDF格式文件并保存到考核文件夹		
技能要求	(1) 能熟练操作CAD和天正软件绘制建筑工程图。 (2) 能正确使用专业绘图工具,掌握常用建筑制图标准。 (3) 能熟练识读及绘制建筑工程图。 (4) 能正确输出建筑工程图绘制成果。 (5) 能正确识读及绘制小型建筑方案图中的总平面图、平面图、立面图、剖面图及轴测图。 (6) 能根据给定小型建筑方案图进行合理的分析图绘制。 (7) 能根据给定小型建筑方案图选择合理的版式设计并绘制	
职业素养要求	符合建筑师助理岗位的基本素养要求,体现良好的工作习惯。能清查给定的资料是否齐全完整,检查计算机及CAD、天正绘图软件运行是否正常。能按照建筑制图规范要求,正确运用专业制图CAD或天正建筑软件、专业手绘工具规范绘制给定建筑设计图。能掌握建筑线条、文字尺寸标注规范等图示内容的绘制;识图思路清晰,程序准确,操作得当,不浪费材料;操作完毕后,计算机、图纸、工具书籍正确归位,不损坏考核计算机软件及工具、资料及设施,有良好的环境保护意识	

"建筑施工图识读与绘制"技能项目考核评价标准如下。

考核评价标准	评价内容	配分	考 核 点	备　注
	职业素养与操作规范(20分)	4	检查给定的资料是否齐全,检查计算机运行是否正常,检查软件运行是否正常,做好考核前的准备工作,少检查一项扣1分	出现明显失误造成计算机或软件、图纸、工具书和记录工具严重损坏等;严重违反考场纪律,造成恶劣影响的,本大项记0分
		4	图纸作业应图层清晰、取名规范。不规范一处扣1分	
		4	严格遵守实训场地纪律,有环境保护意识。违反一次扣1~2分(具体评分细则详见实训任务职业素养与操作规范评分表)	
		4	不浪费材料,不损坏考试工具及设施。浪费、损坏一处扣2分	
		4	任务完成后,整齐摆放图纸、工具书、记录工具、凳子等,整理工作台面。未整洁一处扣2分	

续表

	评价内容	配分	考 核 点	备 注
作品(80分)	熟练操作 CAD 或天正建筑软件	16	(1) 新建绘图文件并正确命名。 (2) 图框线型准确。 (3) 按照比例调整绘图参数并设置字体。 (4) 图纸线宽符合要求。 (5) 按照要求格式保存绘制图样到指定文件夹。 每错一处扣 0.4~2.4 分(具体评分细则详见实训任务作品评分表)	没有完成总工作量的60%以上,作品评分记0分
	所绘图形图示表达正确,符合制图规范	64	(1) 绘制比例正确,图框标题栏绘制正确。 (2) 建筑工程图纸图示内容准确,符合国家施工图深度标准,符合国家制图规范。 (3) 图中尺寸标注、图名、剖切符号等绘制正确;标高标注、引出标注、做法标注等绘图注释绘制正确; (4) 建筑工程图细节绘制,如楼梯、栏杆、扶手、台阶踏步、厨卫洁具、立面门窗、雨篷等绘制正确; 文本文字输入规范、工整。 每错一处扣 1.6~8 分(具体评分细则详见实训任务作品评分表)	

"建筑方案图识读与绘制"技能项目考核评价标准如下。

考核评价标准

评价内容	配分	考 核 点	备 注
职业素养与操作规范(20分)	4	检查考核内容、给定的图纸是否清楚,作图尺规工具是否干净整洁,做好考核前的准备工作,少检查一项扣1分	出现明显失误造成图纸、工具书和记录工具严重损坏等,严重违反考场纪律,造成恶劣影响的,本大项记0分
	4	图纸作业完整无损坏,考核成果纸面整洁无污物,污损一处扣2分	
	4	严格遵守实训场地纪律,有良好的环境保护意识,违反一次扣2分	
	4	不浪费材料,不损坏考核工具及设施,浪费一处扣2分	
	4	任务完成后,整齐摆放图纸(考试用纸和草稿用纸)、工具书、记录工具、凳子,整理工作台面,保证工作台面和工作环境整洁无污物,未整洁一处扣2分	
作品(80分)	建筑方案图识读	16	正确识读建筑方案图的总平面图、平面图、立面图、剖面图、分析图。每错一处扣2~2.4分(具体评分细则详见实训任务作品评分表)	没有完成总工作量的60%以上,作品评分记0分
	建筑方案图绘制	64	(1) 正确绘制建筑方案设计图总平面图、建筑平面图、立面图、剖面图,尺寸标注准确,图例表达准确。 (2) 正确绘制建筑总平面、平面相关分析图(包括总平面功能、流线、景观分析图的绘制,建筑平面图功能、流线分析图的绘制)。 每错一处扣0.8~8分(具体评分细则详见实训任务作品评分表)	

实训任务 1-1　建筑平面施工图 1 识读与绘制

1．任务描述

根据图 1-1-1 和图 1-1-2，使用 AutoCAD 软件抄绘给定建筑工程图纸，并输出成以工位号命名的 PDF 文件。绘图比例为 1∶50。

（1）绘图要求：按照建筑制图规范要求，正确掌握建筑图式与线条绘制、尺寸标注、文字书写等内容的规范表达；识图思路清晰，程序准确，操作得当。

（2）图：学生标题栏尺寸（需根据比例进行换算，并根据抽考内容将标题栏中的图名等相关信息补充完整）。

图　1-1-1

本实训任务图纸下载

2．实施条件

实施条件如表 1-1-1 所示。

表 1-1-1　实施条件

实施条件内容	基本实施条件	备　注
实训场地	准备一间计算机教室，每名学生配备一台计算机	必备
材料、工具	计算机中装有 AutoCAD 绘图软件或者天正建筑 CAD 软件	按需配备
考评教师	要求由具备至少三年以上教学经验的专业教师担任	必备

3．考核时量

三小时。

4．评分细则

考核项目的评价（表 1-1-2）包括职业素养与操作规范（表 1-1-3）、作品（表 1-1-4）两个方面，总分为 100 分。其中，职业素养与操作规范占该项目总分的 20%，作品占该项目总分的 80%。只有职业素养与操作规范、作品两项考核均合格，总成绩才能评定为合格。

表 1-1-2　评分总表

职业素养与操作规范得分 （权重系数 0.2）	作品得分 （权重系数 0.8）	总分

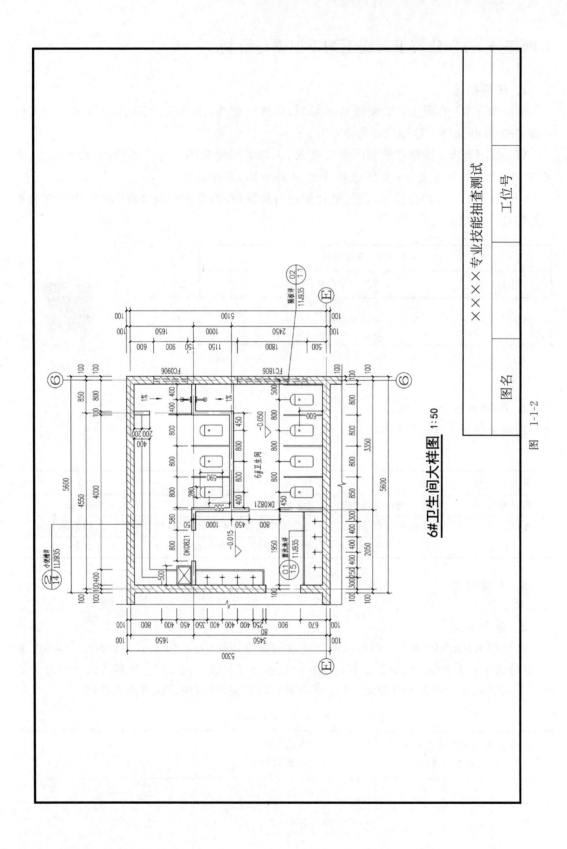

图 1-1-2

表 1-1-3 职业素养与操作规范评分表

考核内容	评分标准	扣分标准	标准分	得分
职业素养与操作规范	检查给定的资料是否齐全,检查计算机运行是否正常,检查软件运行是否正常,做好考核前的准备工作	没有检查记0分,少检查一项扣5分,扣完标准分为止	20	
	图纸作业应图层清晰、取名规范	图层分类不规范扣5分,名称不规范扣5分,扣完标准分为止	20	
	严格遵守实训场地纪律,有环境保护意识	有违反实训场地纪律行为扣10分,没有环境保护意识、乱扔纸屑各扣5分	20	
	不浪费材料,不损坏考核工具及设施	浪费材料、损坏考核工具及设施各扣10分	20	
	任务完成后,整齐摆放图纸、工具书、记录工具、凳子等,整理工作台面	任务完成后,没有整齐摆放图纸、工具书、记录工具扣10分;没有清理场地,没有摆好凳子、整理工作台面扣10分	20	
总 分			100	

表 1-1-4 作品评分表

序号	考核内容	评分标准	扣分标准	标准分	得分
1	熟练操作 CAD 或天正建筑软件(20 分)	新建绘图文件并正确命名	没有按要求新建绘图文件并正确命名扣2分	2	
		图框线型准确	图框线型不准确扣1分,没有绘制图框扣2分	3	
		按照比例调整绘图参数	绘图参数设置错误扣3分	3	
		按要求设置字体:字体设置为仿宋,宽度因子设置为0.7	没有按要求设置字体字高、样式每处扣0.5分,扣完标准分为止	5	
		图纸线宽符合要求:图框内线使用粗实线,学生标题栏外框、尺寸起止符号使用中粗线、墙、柱等主要结构构件轮廓使用粗实线,其余为细实线等	每错一处扣1分,扣完标准分为止	5	
		按照要求格式保存绘制图样到指定文件夹	没有按照要求格式保存绘制图样到指定文件夹扣2分	2	

续表

序号	考核内容	评分标准	扣分标准	标准分	得分
2	所绘图形图示表达正确,符合制图规范要求(80分)	绘制比例正确	绘制不正确扣10分	10	
		图框标题栏绘制正确	绘制不正确扣5分	5	
		建筑工程图纸图示内容准确,符合国家施工图深度标准和国家制图规范要求;绘制承重墙、柱及其定位轴线和轴线编号,轴线总尺寸(或外包总尺寸)、轴线间尺寸(柱距、跨度)、门窗洞口尺寸、分段尺寸等;绘制内外门窗位置,编号,门的开启方向;绘制主要建筑设备和固定家具的位置及相关做法索引,如卫生器具、水池、台、柜、隔断等;绘制主要结构和建筑构造部件的位置、尺寸和做法索引等	建筑工程图纸图示内容每错一处扣2分,扣完标准分为止	30	
		图中尺寸标注、图名、剖切符号等绘制正确,标高标注、引出标注、做法标注等绘图注释绘制正确	每错一处扣2分,扣完标准分为止	20	
		建筑工程图细节,如楼梯、栏杆、扶手、台阶踏步、厨卫洁具等绘制正确	每错一处扣2分,扣完标准分为止	10	
		文本文字输入规范、工整	文字书写潦草、不规范扣5分	5	
	总 分			100	

注:作品没有完成总工作量的60%以上,作品评分记0分。

实训任务1-2 建筑平面施工图2识读与绘制

1. 任务描述

根据图1-2-1和图1-2-2,使用天正建筑软件抄绘给定建筑工程图,并输出以工位号命名的PDF文件。绘图比例为1∶100。

(1)绘图要求:按照建筑制图规范要求,正确掌握建筑图式与线条绘制、尺寸标注、文字书写等内容的规范表达;识图思路清晰,程序准确,操作得当。

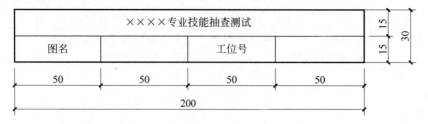

图 1-2-1

本实训任务图纸下载

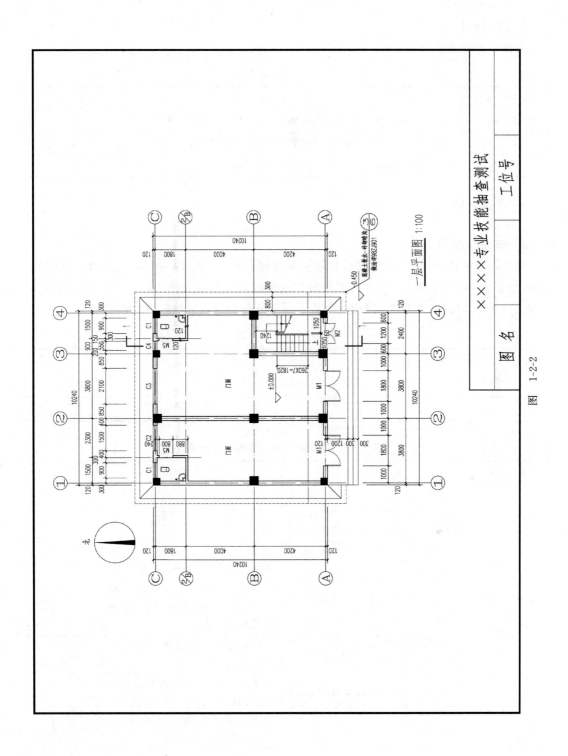

图 1-2-2

(2)图:学生标题栏尺寸(需根据比例进行换算,并根据抽考内容将标题栏中的图名等相关信息补充完整)。

2. 实施条件

实施条件如表1-2-1所示。

表1-2-1 实施条件

实施条件内容	基本实施条件	备注
实训场地	准备一间计算机教室,每名学生配备一台计算机	必备
材料、工具	计算机中装有AutoCAD绘图软件或者天正建筑CAD软件	按需配备
考评教师	要求由具备至少三年以上教学经验的专业教师担任	必备

3. 考核时量

三小时。

4. 评分细则

考核项目的评价(表1-2-2)包括职业素养与操作规范(表1-2-3)和作品(表1-2-4)两个方面,总分为100分。其中,职业素养与操作规范占该项目总分的20%,作品占该项目总分的80%。只有职业素养与操作规范、作品两项考核均合格,总成绩才能评定为合格。

表1-2-2 评分总表

职业素养与操作规范得分 (权重系数0.2)	作品得分 (权重系数0.8)	总分

表1-2-3 职业素养与操作规范评分表

考核内容	评分标准	扣分标准	标准分	得分
职业素养与操作规范	检查给定的资料是否齐全,检查计算机运行是否正常,检查软件运行是否正常,做好考核前的准备工作	没有检查记0分,少检查一项扣5分,扣完标准分为止	20	
	图纸作业应图层清晰、取名规范	图层分类不规范扣5分,名称不规范扣5分,扣完标准分为止	20	
	严格遵守实训场地纪律,有环境保护意识	有违反实训场地纪律行为扣10分,没有环境保护意识、乱扔纸屑各扣5分	20	
	不浪费材料,不损坏考核工具及设施	浪费材料、损坏考核工具及设施各扣10分	20	
	任务完成后,整齐摆放图纸、工具书、记录工具、凳子等,整理工作台面	任务完成后,没有整齐摆放图纸、工具书、记录工具扣10分;没有清理场地,没有摆好凳子、整理工作台面扣10分	20	
总 分			100	

表 1-2-4 作品评分表

序号	考核内容	评分标准	扣分标准	标准分	得分
1	熟练操作CAD或天正建筑软件（20分）	新建绘图文件并正确命名	没有按要求新建绘图文件并正确命名扣2分	2	
		图框线型准确	图框线型不准确扣1分，没有绘制图框扣2分	3	
		按照比例调整绘图参数	绘图参数设置错误扣3分	3	
		按要求设置字体：字体设置为仿宋，宽度因子设置为0.7	没有按要求设置字体字高、样式每处扣0.5分，扣完标准分为止	5	
		图纸线宽符合要求：图框内线使用粗实线，学生标题栏外框、尺寸起止符号使用中粗线，墙、柱等主要结构构件轮廓使用粗实线，其余为细实线等	每错一处扣1分，扣完标准分为止	5	
		按照要求格式保存绘制图样到指定文件夹	没有按照要求格式保存绘制图样到指定文件夹扣2分	2	
2	所绘图形图示表达正确，符合制图规范要求（80分）	绘制比例正确	绘制不正确扣10分	10	
		图框标题栏绘制正确	绘制不正确扣5分	5	
		建筑工程图纸图示内容准确，符合国家施工图深度标准和国家制图规范要求：绘制承重墙、柱及其定位轴线和轴线编号，轴线总尺寸（或外包总尺寸）、轴线间尺寸（柱距、跨度）、门窗洞口尺寸、分段尺寸等；绘制内外门窗位置、编号，门的开启方向；绘制主要建筑设备和固定家具的位置及相关做法索引，如卫生器具、水池、台、柜、隔断等；绘制主要结构和建筑构造部件的位置、尺寸和做法索引等	建筑工程图纸图示内容每错一处扣2分，扣完标准分为止	30	
		图中尺寸标注、图名、剖切符号等绘制正确，标高标注、引出标注、做法标注等绘图注释绘制正确	每错一处扣2分，扣完标准分为止	20	
		建筑工程图细节，如楼梯、栏杆、扶手、台阶踏步、厨卫洁具等绘制正确	每错一处扣2分，扣完标准分为止	10	
		文本文字输入规范、工整	文字书写潦草、不规范扣5分	5	
	总　分			100	

注：作品没有完成总工作量的60%以上，作品评分记0分。

实训任务 1-3　建筑立面施工图识读与绘制

1. 任务描述

根据图 1-3-1 和图 1-3-2，使用天正建筑软件抄绘给定建筑工程图，并输出以工位号命名的 PDF 文件。绘图比例为 1∶100。

(1) 绘图要求：按照建筑制图规范要求，正确掌握建筑图式与线条绘制、尺寸标注、文字书写等内容的规范表达；识图思路清晰，程序准确，操作得当。

(2) 图：学生标题栏尺寸需根据比例进行换算，并根据抽考内容将标题栏中的图名等相关信息补充完整。

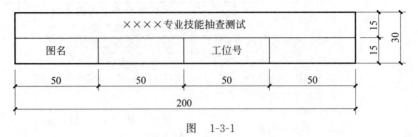

本实训任务图纸下载

图　1-3-1

图　1-3-2

2. 实施条件

实施条件如表 1-3-1 所示。

表 1-3-1　实施条件

实施条件内容	基本实施条件	备　注
实训场地	准备一间计算机教室,每名学生配备一台计算机	必备
材料、工具	计算机中装有 AutoCAD 绘图软件或者天正建筑 CAD 软件	按需配备
考评教师	要求由具备至少三年以上教学经验的专业教师担任	必备

3. 考核时量

三小时。

4. 评分细则

考核项目的评价(表 1-3-2)包括职业素养与操作规范(表 1-3-3)、作品(表 1-3-4)两个方面,总分为 100 分。其中,职业素养与操作规范占该项目总分的 20%,作品占该项目总分的 80%。只有职业素养与操作规范、作品两项考核均合格,总成绩才能评定为合格。

表 1-3-2　评分总表

职业素养与操作规范得分 (权重系数 0.2)	作品得分 (权重系数 0.8)	总分

表 1-3-3　职业素养与操作规范评分表

考核内容	评分标准	扣分标准	标准分	得分
职业素养与操作规范	检查给定的资料是否齐全,检查计算机运行是否正常,检查软件运行是否正常,做好考核前的准备工作	没有检查记 0 分,少检查一项扣 5 分,扣完标准分为止	20	
	图纸作业应图层清晰、取名规范	图层分类不规范扣 5 分,名称不规范扣 5 分,扣完标准分为止	20	
	严格遵守实训场地纪律,有环境保护意识	有违反实训场地纪律行为扣 10 分,没有环境保护意识、乱扔纸屑各扣 5 分	20	
	不浪费材料,不损坏考核工具及设施	浪费材料、损坏考核工具及设施各扣 10 分	20	
	任务完成后,整齐摆放图纸、工具书、记录工具、凳子等,整理工作台面	任务完成后,没有整齐摆放图纸、工具书、记录工具扣 10 分;没有清理场地,没有摆好凳子、整理工作台面扣 10 分	20	
总　分			100	

表 1-3-4　作品评分表

序号	考核内容	评分标准	扣分标准	标准分	得分
1	熟练操作CAD或天正建筑软件（20分）	新建绘图文件并正确命名	没有按要求新建绘图文件并正确命名扣2分	2	
		图框线型准确	图框线型不准确扣1分,没有绘制图框扣2分	3	
		按照比例调整绘图参数	绘图参数设置错误扣3分	3	
		按要求设置字体：字体设置为仿宋,宽度因子设置为0.7	没有按要求设置字体字高、样式每处扣0.5分,扣完标准分为止	5	
		图纸线宽符合要求：图框内线使用粗实线,学生标题栏外框、尺寸起止符号使用中粗线,建筑立面外轮廓使用粗实线,建筑立面主要构件（如立面门、窗）外轮廓使用实线,建筑与室外地坪分界线使用加粗实线,其余为细实线等	每错一处扣1分,扣完标准分为止	5	
		按照要求格式保存绘制图样到指定文件夹	没有按照要求格式保存绘制图样到指定文件夹扣2分	2	
2	所绘图形图示表达正确,符合制图规范要求（80分）	绘制比例正确	绘制不正确扣10分	10	
		图框标题栏绘制正确	绘制不正确扣5分	5	
		建筑工程图纸图示内容准确,符合国家施工图深度标准和国家制图规范要求	建筑工程图纸图示内容每错一处扣2分,扣完标准分为止	30	
		绘制承两端轴线编号；绘制立面外轮廓及主要结构和建筑构造部件的位置；绘制建筑的总高度、楼层位置辅助线、楼层数、楼层层高和标高及关键控制标高的标注,如女儿墙或檐口标高等；绘制各部分装饰材质用料、色彩的名称或代号	每错一处扣2分,扣完标准分为止	20	
		建筑工程图细节,如门、窗及窗框等绘制正确（题目中门窗采用天正建筑图库插入,学生只要保证门窗洞口尺寸正确、相对位置正确、内部分格大致相同即可得全分）	每错一处扣2分,扣完标准分为止	10	
		文本文字输入规范、工整	文字书写潦草、不规范扣5分	5	
		总　　分		100	

注：作品没有完成总工作量的60%以上,作品评分记0分。

实训任务 1-4 建筑方案总平面图识读与绘制

1. 任务描述

识读给定萨伏伊别墅建筑方案图(图 1-4-1～图 1-4-11),运用专业制图工具完成总平面图及其功能、流线、景观分析图绘制。

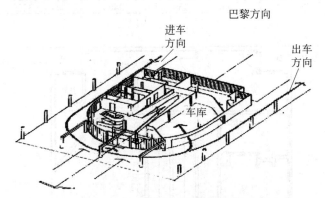

图 1-4-1 萨伏伊别墅车行流线

图 1-4-2 萨伏伊别墅总平面俯视图

(1) 识读给定图中的总平面图,建筑平、立、剖面图,并回答以下问题。

① 一层平面图中的最外围虚线指的是(　　)。

　　A. 一层外墙轮廓线　　　　　　　　B. 地下一层外墙轮廓线
　　C. 二层外墙轮廓线　　　　　　　　D. 一层室外地坪轮廓线

② 识读给定图中的建筑立面图,建筑立面图在图面表达上可用(　　)或色块表达地坪线或范围。

　　A. 虚线　　　　B. 加粗实线　　　　C. 细实线　　　　D. 粗实虚线条

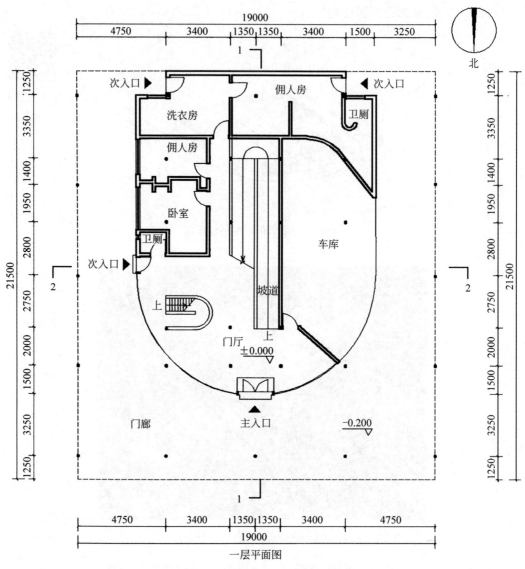

图 1-4-3 萨伏伊别墅一层平面图

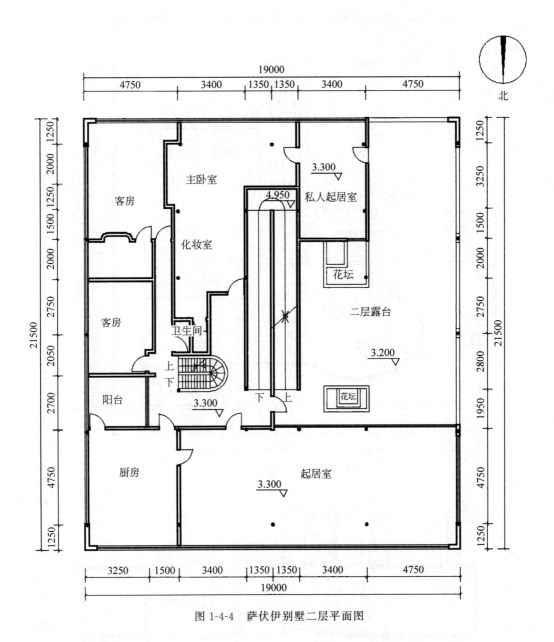

图 1-4-4 萨伏伊别墅二层平面图

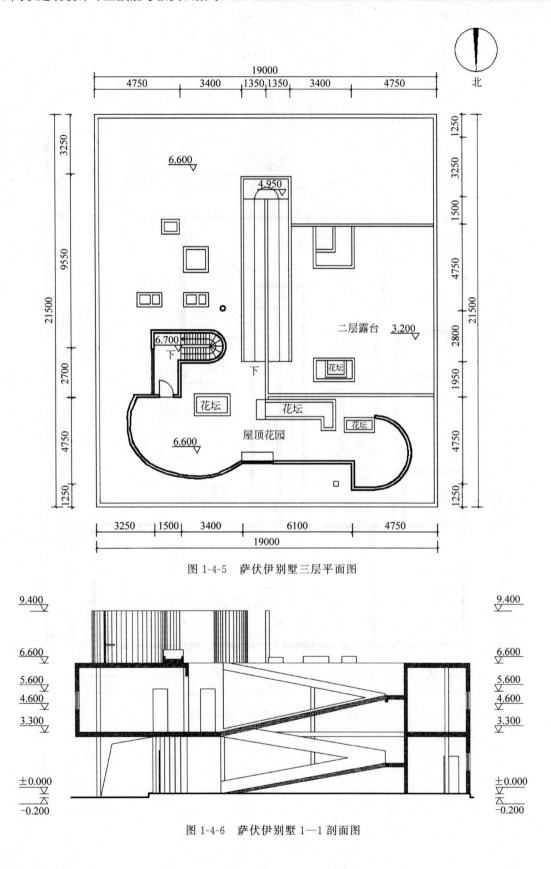

图 1-4-5　萨伏伊别墅三层平面图

图 1-4-6　萨伏伊别墅 1—1 剖面图

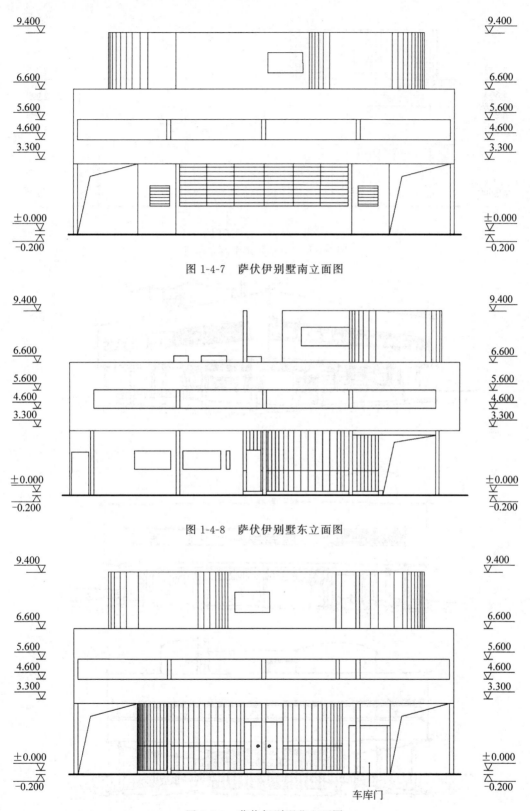

图 1-4-7　萨伏伊别墅南立面图

图 1-4-8　萨伏伊别墅东立面图

图 1-4-9　萨伏伊别墅北立面图

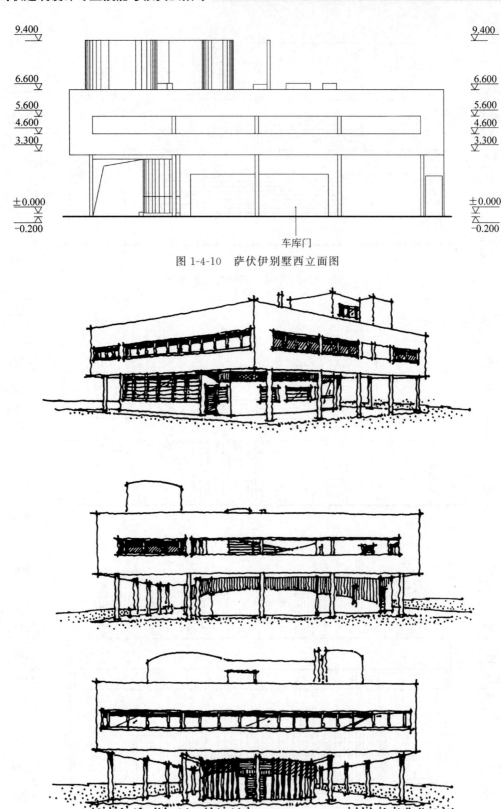

图 1-4-10　萨伏伊别墅西立面图

图 1-4-11　萨伏伊别墅三个方向透视图

③ 一楼坡道休息平台的标高为（　　）m。
　　A．3.300　　　　　B．1.600　　　　　C．1.650　　　　　D．1.700
④ 绘制萨伏伊别墅建筑方案平面功能分析图时，用于表达功能分区的图例名称一般以（　　）或空间为后缀词。
　　A．房间　　　　　B．建筑　　　　　C．区　　　　　　D．地带
⑤ 建筑外透视图应采用（　　）比例关系绘制。
　　A．1∶100　　　　B．1∶150　　　　C．1∶300　　　　D．不需要
⑥ 绘制萨伏伊别墅建筑方案的构思分析图时，主要分析（　　）和（　　）两个方面的内容。
　　A．创作意向　　　　　　　　　　　　B．建筑功能
　　C．建筑流线　　　　　　　　　　　　D．创作灵感来源

（2）绘图题：根据所提供图中的萨伏伊别墅建筑方案设计图参考资料，按要求在A2绘图纸上手绘"绘制内容"中要求的建筑方案图正稿，且完成图面排版要求。
① 绘制内容：标题、落款（工位号、时间）、总平面图（1∶300）、总平面功能、流线和景观分析图。
② 图面排版要求：排版表达合理，建筑方案设计图表达准确，所有图示彩色表达。
③ 绘制要求细则：详情请参考作品评分表。

2．实施条件

实施条件如表1-4-1所示。

表1-4-1　实施条件

实施条件内容	基本实施条件	备注
实训场地	准备一间绘图教室，每名学生一台绘图桌	必备
材料、工具	每名学生自备一套，绘图工具[A2图板、三角板、丁字尺、针管笔（规格0.1/0.3/1.0）、橡皮、铅笔、马克笔或彩铅等]，每名学生配备一张A2绘图纸、一张考试草稿用A2绘图纸，建筑方案设计文件编制深度规定，专业相关参考资料	按需配备
考评教师	要求由具备至少三年以上教学经验的专业教师担任	必备

3．考核时量

三小时。

4．评分细则

考核项目的评价（表1-4-2）包括职业素养与操作规范（表1-4-3）、作品（表1-4-4）两个方面，总分为100分。其中，职业素养与操作规范占该项目总分的20%，作品占该项目总分的80%。只有职业素养与操作规范、作品两项考核均合格，总成绩才能评定为合格。

表1-4-2　评分总表

职业素养与操作规范得分（权重系数0.2）	作品得分（权重系数0.8）	总分

表 1-4-3　职业素养与操作规范评分表

考核内容	评分标准	扣分标准	标准分	得分
职业素养与操作规范	检查考核内容、给定的图纸是否清楚,作图尺规工具是否干净整洁。做好考核前的准备工作	没有检查记 0 分,少检查一项扣 5 分	20	
	图纸作业完整无损坏,考核成果纸面整洁无污物	图纸作业损坏扣 10 分,考试成果纸面有污物扣 10 分	20	
	严格遵守实训场地纪律,有环境保护意识	有违反实训场地纪律行为扣 10 分,没有环境保护意识、乱扔纸屑扣 10 分	20	
	不浪费材料,不损坏考核工具及设施	浪费材料、损坏考核工具及设施各扣 10 分	20	
	任务完成后,整齐摆放图纸、工具书、记录工具、凳子等,整理工作台面	任务完成后,没有整齐摆放图纸、工具书、记录工具扣 10 分;没有清理场地,没有摆好凳子、整理工作台面扣 10 分	20	
总　分			100	

表 1-4-4　作品评分表

序号	考核内容		评分标准	扣分标准	标准分	得分
1	建筑方案图识读(20 分)		正确识读建筑一层平面图中最外围虚线表达的含义	回答错误扣 3 分	3	
			正确识读建筑立面图中表达地坪的方式	回答错误扣 3 分	3	
			正确识读一楼坡道休息平台的标高	回答错误扣 3 分	3	
			正确识读建筑外立面透视图采用的比例关系	回答错误扣 3 分	3	
			正确识读建筑平面功能分析图中用于表达功能分区的文字描述后缀词	回答错误扣 3 分	3	
			正确识读建筑构思分析图主要分析内容	回答错误每处扣 2.5 分	5	
2	建筑方案图绘制(80 分)	建筑总平面图绘制(30 分)	绘制指北针,标注比例	错标或漏标指北针、比例,每处扣 3 分	6	
			绘制用地周边环境(包括建筑、道路、绿化、广场)图示及名称,层数标注	错标或漏标用地周边环境(包括建筑、道路、绿化、广场)图示及名称、层数标注,每处扣 1 分,扣完标准分为止	6	

续表

序号	考核内容	评分标准		扣分标准	标准分	得分
2	建筑方案图绘制(80分)	建筑总平面图绘制(30分)	绘制场地内道路、停车场、广场、绿地及建筑物的布置	错误或遗漏绘制场地内道路、停车场、广场、绿地及建筑物的布置,每处扣1分,扣完标准分为止	5	
			标注单体建筑主次入口	错标或漏标单体建筑主次入口,每处扣2分	4	
			标注建筑名称及层数、建筑高度	错标或漏标建筑名称及层数、建筑高度,每处扣2分	6	
			使用粗实线或外粗内细双线条绘制建筑轮廓	没有使用粗实线或外粗内细双线条绘制建筑轮廓,扣3分	3	
		总平面相关分析图(30分)	绘制总平面功能分析图	功能分区不合理扣3分,功能分区分色不清晰扣2分,缺图例,扣3分	8	
			绘制总平面流线分析图	流线分类不合理扣3分,流线分色不清晰扣2分,缺图例扣3分	8	
			绘制总平面景观分析图	景观分类不合理扣3分,各景观分色不清晰扣2分,缺图例扣3分	8	
			正确标注图例及图示名称,各分析图比例统一	错标或漏标图例名称扣2分,总平面分析图在建筑总平面图上直接绘制扣2分,分析图标注了比例扣1分,建筑总平面各分析图比例差别太大扣1分	6	
		图面表达(20分)	完整表达标题(建筑设计专业技能考核——萨伏伊别墅)、落款(工位号、时间)	标题(建筑设计专业技能考核——萨伏伊别墅)、落款(工位号、时间)有缺失,遗漏一处扣2分,扣完标准分为止	4	
			图框、图号规格统一	图框缺失,图号规格不统一,遗漏一处扣2分,扣完标准分为止	4	
			图面版式设计布图均衡、协调	图面版式设计布图不均衡、不协调扣4分	4	
			图面文字尺寸标注工整,图示线条表达准确清晰	图面文字尺寸标注不工整,图示线条表达不准确清晰,每处扣2分,扣完标准分为止	4	
			方案图版式的色彩表达能力,如单色系、同色系、彩色系、黑白色系	画面整体色调不协调扣2分,画面整体色调突兀极不协调扣4分	4	
	总 分				100	

注:作品没有完成总工作量的60%以上,作品评分记0分。

实训任务1-5　建筑方案平面图识读与绘制

1. 任务描述

识读给定萨伏伊别墅建筑方案图(图1-4-1～图1-4-11),运用专业制图工具完成建筑平面图及其功能、流线分析图绘制。

(1) 识读给定图中的总平面图,建筑平、立、剖面图,并回答以下问题。

本实训任务图纸下载

① 建筑总平面俯视图中,建筑一层人行主入口方位为(　　)。
　　A. 南　　　　　B. 东　　　　　C. 东南　　　　　D. 西北
② 二层窗户窗高为(　　)mm。
　　A. 5600　　　　B. 3300　　　　C. 4600　　　　　D. 1000
③ 地块内萨伏伊别墅车行入口起始点方向是(　　)。
　　A. 西　　　　　B. 东南　　　　C. 东　　　　　　D. 西北
④ 建筑外透视图应采用(　　)比例关系绘制。
　　A. 1∶100　　　B. 1∶150　　　C. 1∶300　　　　 D. 不需要
⑤ 建筑剖面图中,一层室内外地坪高差为(　　)mm。
　　A. 200　　　　 B. 0.2　　　　 C. 0.1　　　　　 D. 100
⑥ 绘制萨伏伊别墅建筑方案的构思分析图时,主要分析(　　)和(　　)两个方面的内容。
　　A. 创作意向　　B. 建筑功能　　C. 建筑流线　　　D. 创作灵感来源

(2) 绘图题:根据所提供的萨伏伊别墅建筑方案设计图参考资料,按要求在A2绘图纸上手绘"绘制内容"中要求的建筑方案图正稿,且完成图面排版要求。

① 绘制内容:标题、落款(工位号、时间)、建筑平面图(共三层,1∶150)、建筑平面功能、流线分析图。

② 图面排版要求:排版表达合理,建筑方案设计图表达准确,所有图示彩色表达。

③ 绘制要求细则:详情请参考作品评分表。

2. 实施条件

实施条件如表1-5-1所示。

表1-5-1　实施条件

实施条件内容	基本实施条件	备注
实训场地	准备一间绘图教室,每名学生一台绘图桌	必备
材料、工具	每名学生自备一套绘图工具[A2图板、三角板、丁字尺、针管笔(规格0.1/0.3/1.0)、橡皮、铅笔、马克笔或彩铅等],每名学生配备一张A2绘图纸、一张考试草稿用A2绘图纸,建筑方案设计文件编制深度规定,专业相关参考资料	按需配备
考评教师	要求由具备至少三年以上教学经验的专业教师担任	必备

3. 考核时量

三小时。

4. 评分细则

考核项目的评价(表1-5-2)包括职业素养与操作规范(表1-5-3)、作品(表1-5-4)两个方面,总分为100分。其中,职业素养与操作规范占该项目总分的20%,作品占该项目总分的80%。只有职业素养与操作规范、作品两项考核均合格,总成绩才能评定为合格。

表1-5-2　评分总表

职业素养与操作规范得分 (权重系数0.2)	作品得分 (权重系数0.8)	总分

表 1-5-3　职业素养与操作规范评分表

考核内容	评 分 标 准	扣 分 标 准	标准分	得分
职业素养与操作规范	检查考核内容、给定的图纸是否清楚,作图尺规工具是否干净整洁。做好考核前的准备工作	没有检查记0分,少检查一项扣5分	20	
	图纸作业完整无损坏、考核成果纸面整洁、无污物	图纸作业损坏扣10分,考试成果纸面有污物扣10分	20	
	严格遵守实训场地纪律,有环境保护意识	有违反实训场地纪律行为扣10分,没有环境保护意识、乱扔纸屑扣10分	20	
	不浪费材料,不损坏考核工具及设施	浪费材料、损坏考核工具及设施各扣10分	20	
	任务完成后,整齐摆放图纸、工具书、记录工具、凳子等,整理工作台面	任务完成后,没有整齐摆放图纸、工具书、记录工具扣10分;没有清理场地,没有摆好凳子、整理工作台面扣10分	20	
总　分			100	

表 1-5-4　作品评分表

序号	考核内容	评 分 标 准	扣 分 标 准	标准分	得分
1	建筑方案图识读(20分)	正确识读所示的建筑总平面俯视图中建筑一层主入口方位	回答错误扣3分	3	
		正确识读二层窗户窗高尺寸	回答错误扣3分	3	
		正确识读建筑剖面图中一层室内外高差	回答错误扣3分	3	
		正确识读建筑外立面透视图采用的比例关系	回答错误扣3分	3	
		正确识读地块内萨伏伊别墅车行入口起始点方向	回答错误扣3分	3	
		正确识读建筑构思分析图主要分析内容	回答错误每处扣2.5分	5	
2	建筑方案图绘制(80分)	建筑平面图的识读及绘制(40分) 正确绘制各层平面两道尺寸线	错标或漏标各层平面的总尺寸、开间与进深尺寸及柱网尺寸,每错标或漏标一处扣1分,扣分超过10分,以10分为限	10	
		正确绘制结构受力体系中的柱网、承重墙位置,预设墙体厚度240mm,要求用粗实双线条表示;门、窗应用细实线表示	错标或漏标各层平面中柱网、承重墙位置,墙体、门、窗线条无区分,每错绘或漏绘一处扣1分,扣分超过10分,以10分为限	10	

续表

序号	考核内容	评分标准		扣分标准	标准分	得分
2	建筑方案图绘制(80分)	建筑平面图的识读及绘制(40分)	正确绘制各主要使用房间的名称、家具设施布置	错绘或漏绘各主要使用房间的名称、家具设施布置,每错绘或漏绘一处扣1分,扣分超过4分,以4分为限	4	
			正确标注指北针	错标或漏标指北针扣4分	4	
			正确标注图纸名称、比例或比例尺	错标或漏标图纸名称、比例或比例尺,遗漏一处扣2分	4	
			正确标注室内外地面标高	错标或漏标室内外地面标高,每错标或漏标一处扣1分,扣分超过4分,以4分为限	4	
			正确绘制首层平面图,应绘制与建筑相关的环境布置(包括建筑周边道路、绿化、小品、广场、停车位等)	首层平面图中缺失与建筑相关的环境布置(包括建筑周边道路、绿化、小品、广场、停车位等),缺失一处扣2分,扣完标准分为止	4	
		建筑平面相关分析图(20分)	正确绘制建筑平面功能分析图	功能分区不合理扣3分,功能分区分色不清晰扣2分,缺图例扣2分	7	
			正确绘制建筑平面流线分析图	流线分类不合理扣3分,流线分色不清晰扣2分,缺图例扣2分	7	
			正确标注图例及图示名称,各分析图比例统一	错标或漏标图例名称扣2分,总平面分析图在建筑总平面图上直接绘制扣2分,分析图标注了比例扣1分,建筑总平面各分析图比例差别太大扣1分	6	
		图面表达(20分)	完整表达标题(建筑设计专业技能考核——萨伏伊别墅)、落款(工位号、时间)	标题(建筑设计专业技能考核——萨伏伊别墅)、落款(工位号、时间)有缺失,遗漏一处扣2分,扣完标准分为止	4	
			图框、图号规格统一	图框缺失,图号规格不统一,遗漏一处扣2分,扣完标准分为止	4	
			图面版式设计布图均衡、协调	图面版式设计布图不均衡、不协调扣4分	4	
			图面文字尺寸标注工整,图示线条表达准确清晰	图面文字尺寸标注不工整,图示线条表达不准确清晰,遗漏一处扣2分,扣完标准分为止	4	
			方案图版式的色彩表达能力,如单色系、同色系、彩色系、黑白色系	画面整体色调不协调扣3分,画面整体色调突兀极不协调扣4分	4	
总 分					100	

注:作品没有完成总工作量的60%以上,作品评分记0分。

实训任务1-6　建筑方案立面、剖面图识读与绘制

1. 任务描述

识读给定萨伏伊别墅建筑方案图(图1-4-1~图1-4-11),运用专业制图工具完成建筑立面图和剖面图的绘制。

本实训任务图纸下载

(1) 识读给定图中的总平面图,建筑平、立、剖面图,并回答以下问题。

① 萨伏伊别墅的屋面标高实为(　　)m。
　A. 6.600　　　B. 9.400　　　C. 6.700　　　D. 3.200

② 在绘制萨伏伊别墅建筑方案平面图时,应把建筑(　　)室内地面标高作为±0.000,高于它的为正值(+,但+常省略),低于它的为负值(-)。
　A. 地下一层　　B. 首层　　　C. 地面层　　　D. 第二层

③ 在绘制萨伏伊别墅总平面功能分析图时,用于表达功能分区的文字描述一般以(　　)或空间为后缀词。
　A. 房间　　　B. 建筑　　　C. 区　　　　D. 地带

④ 在绘制萨伏伊别墅建筑平面流线分析图时,人行流线图示由(　　)两种元素组成。(多选题)
　A. 节点气泡　B. 虚线　　　C. 颜色块　　　D. 箭头

⑤ 在绘制萨伏伊别墅建筑轴测图时,应采用(　　)比例关系绘制。
　A. 1:100　　　B. 1:150　　　C. 1:300　　　D. 不需要

(2) 绘图题:根据所提供图中的萨伏伊别墅建筑方案设计图参考资料,按要求在A2绘图纸上手绘"绘制内容"中要求的建筑方案图正稿,且完成图面排版要求。

① 绘制内容:标题、落款(工位号、时间)、南立面图(1:100)、西立面图(1:100)、1—1剖面图(1:100),且立面图和剖面图比例一致。

② 图面排版要求:排版表达合理,建筑方案设计图表达准确,所有图示彩色表达。

③ 绘制要求细则:详情请参考作品评分表。

2. 实施条件

实施条件如表1-6-1所示。

表1-6-1　实施条件

实施条件内容	基本实施条件	备注
实训场地	准备一间绘图教室,每名学生一台绘图桌	必备
材料、工具	每名学生自备一套绘图工具[A2图板、三角板、丁字尺、针管笔(规格0.1/0.3/1.0)、橡皮、铅笔、马克笔或彩铅等],每名学生配备一张A2绘图纸,一张考试草稿用A2绘图纸,建筑方案设计文件编制深度规定,专业相关参考资料	按需配备
考评教师	要求由具备至少三年以上教学经验的专业教师担任	必备

3. 考核时量

三小时。

4. 评分细则

考核项目的评价(表1-6-2)包括职业素养与操作规范(表1-6-3)、作品(表1-6-4)两个方面,总分为100分。其中,职业素养与操作规范占该项目总分的20%,作品占该项目总分的80%。只有职业素养与操作规范、作品两项考核均合格,总成绩才能评定为合格。

表1-6-2 评分总表

职业素养与操作规范得分 (权重系数0.2)	作品得分 (权重系数0.8)	总分

表1-6-3 职业素养与操作规范评分表

考核内容	评分标准	扣分标准	标准分	得分
职业素养与操作规范	检查考核内容,给定的图纸是否清楚,作图尺规工具是否干净整洁。做好考核前的准备工作	没有检查记0分,少检查一项扣5分	20	
	图纸作业完整无损坏、考核成果纸面整洁、无污物	图纸作业损坏扣10分,考试成果纸面有污物扣10分	20	
	严格遵守实训场地纪律,有环境保护意识	有违反实训场地纪律行为扣10分,没有环境保护意识、乱扔纸屑扣10分	20	
	不浪费材料,不损坏考核工具及设施	浪费材料、损坏考核工具及设施各扣10分	20	
	任务完成后,整齐摆放图纸、工具书、记录工具、凳子等,整理工作台面	任务完成后,没有整齐摆放图纸、工具书、记录工具扣10分;没有清理场地,没有摆好凳子、整理工作台面扣10分	20	
总 分			100	

表1-6-4 作品评分表

序号	考核内容	评分标准	扣分标准	标准分	得分
1	建筑方案图识读(20分)	正确识读建筑屋顶标高	回答错误扣3分	3	
		正确判断在建筑设计中室内地面标高±0.000的概念	回答错误扣3分	3	
		正确识读建筑外立面轴测图采用哪种比例关系绘制	回答错误扣3分	3	
		正确识读建筑总平面功能分析图中用于表达功能分区的文字描述一般以哪类词为后缀词	回答错误扣3分	3	

续表

序号	考核内容	评分标准		扣分标准	标准分	得分
1	建筑方案图识读(20分)	正确识读建筑平面流线分析图中人形流线图示有哪两种组成元素		回答错误扣3分	3	
		正确识读建筑构思分析图主要分析内容		回答错误每处扣2.5分	5	
2	建筑方案图绘制(80分)	建筑立面图的识读及绘制(30分)	正确完整绘制要求的两个不同方位主要立面	缺少一个方位立面扣5分	10	
			正确标注各层标高、室外地面标高和建筑最高点标高	错标或漏标各层标高、室外地面标高和建筑最高点标高,遗漏一处扣1分,扣完标准分为止	10	
			建筑入口(遮阳板)、开窗(窗台)、屋顶、建筑外墙饰面、材料色彩、建筑阴影、立面配景等表达完整	建筑入口(遮阳板)、开窗(窗台)、屋顶、建筑外墙饰面、材料色彩、建筑阴影、立面配景等表达不完整,遗漏一处扣1分,扣完标准分为止	5	
			立面线宽线型表达规范、比例准确,正确标注图示名称比例	线型线宽错漏、比例错漏、图示名称比例缺失,遗漏一处扣1分,扣完标准分为止	5	
		建筑剖面图的识读及绘制(30分)	根据给定剖切符号正确绘制剖面图	剖面图与给定剖切符号要求不符扣6分	6	
			正确标注各层标高、室外地面标高和建筑最高点标高	错标或漏标各层标高、室外地面标高和建筑最高点标高,遗漏一处扣2分,扣完标准分为止	10	
			清晰表达建筑剖切面的构件(楼板、梁、门、窗、屋顶、楼梯等)及可视面	错标或缺失建筑剖切面的构件(楼板、梁、门、窗、屋顶、楼梯等)及可视面,错标或缺失一处扣2分,扣完标准分为止	10	
			正确标注剖面编号名称、比例或比例尺	错标或漏标剖面编号名称、比例各扣2分	4	
		图面表达(20分)	完整表达标题(建筑设计专业技能考核——萨伏伊别墅)、落款(工位号、时间)	标题(建筑设计专业技能考核——萨伏伊别墅)、落款(工位号、时间),有缺失,每处扣2分	4	
			图框、图号规格统一	图框缺失,图号规格不统一,每处扣2分	4	
			图面版式设计布图均衡、协调	图面版式设计布图不均衡、不协调扣4分	4	
			图面文字尺寸标注工整,图示线条表达准确清晰	图面文字尺寸标注不工整,图示线条表达不准确清晰,遗漏一处扣1分,扣完标准分为止	4	

续表

序号	考核内容	评分标准	扣分标准	标准分	得分
2	建筑方案图绘制(80分)	图面表达(20分)	方案图版式的色彩表达能力,如采用单色系,或同色系,或彩色系,或黑白色系整体协调表达	画面整体色调不协调,扣2分,画面整体色调突兀极不协调扣4分	4	
		总　　分		100	

注：作品没有完成总工作量的60%以上,作品评分记0分。

技能项目 2　运用计算机软件辅助设计

"运用计算机软件辅助设计"技能考核标准	
	该项目主要用来检验学生运用Photoshop专业软件完成设计成果的彩色平面图绘制,运用Revit、Lumion等专业建模及渲染软件进行设计效果图绘制等基本技能
技能要求	(1)能熟练操作CAD、Photoshop绘图软件、至少一项三维软件(3D Max或Lumion)。 (2)能正确绘制彩色平面图,图纸表达正确,色彩统一协调。 (3)能正确绘制三维效果图,掌握渲染技巧
职业素养要求	符合建筑师助理岗位的基本素养要求,体现良好的工作习惯。能清查给定的资料是否齐全完整,检查计算机及CAD、Photoshop、3D Max和Lumion绘图软件运行是否正常。操作完毕后计算机、图纸、工具书籍正确归位,不损坏考核计算机软件及工具、资料及设施,有良好的环境保护意识
考核评价标准	"Photoshop彩色平面图制作"技能项目考核评价标准如下。

"Photoshop彩色平面图制作"技能项目考核评价标准如下。

评价内容	配分	考核点	备注
职业素养与操作规范(20分)	4	检查给定的资料是否齐全,检查计算机运行是否正常,检查软件运行是否正常,做好考核前的准备工作,少检查一项扣1分	出现明显失误造成计算机或软件、图纸、工具书和记录工具严重损坏等；严重违反考场纪律,造成恶劣影响的本大项记0分
	4	图纸作业应图层清晰、取名规范,不规范一处扣1分	
	4	严格遵守实训场地纪律,有环境保护意识,违反一次扣1~2分(具体评分细则详见实训任务职业素养与操作规范评分表)	
	4	不浪费材料,不损坏考试工具及设施,浪费损坏一处扣2分	
	4	任务完成后,整齐摆放图纸、工具书、记录工具、凳子等,整理工作台面,未整洁一处扣2分	

续表

评价内容		配分	考核点	备注
考核评价标准	作品(80分)			
	熟练操作Photoshop软件	32	(1) 在给定时间完成全部绘图任务。 (2) 阴影效果合理。 (3) CAD 导图清晰完整。 (4) 图示内容表达完整、图面清晰。 (5) 按照要求格式保存绘制图样到指定文件夹。 每错一处扣0.8～4分（具体评分细则详见实训任务作品评分表）	没有完成总工作量的60%以上，作品评分记0分
	熟练绘制彩色平面图	32	(1) 彩色平面图植物素材种类选择与 CAD 图相匹配。 (2) 彩色平面图植物种类的比例及尺度大小与 CAD 图相匹配。 (3) 彩色平面图硬地铺装素材色调协调统一。 (4) 彩色平面图铺装素材图案大小符合实际使用空间要求。 每错一处扣1.6分（具体评分细则详见实训任务作品评分表）	
	图层清晰规范，整体美观协调	16	(1) 图层清晰、便于识读、取名规范。 (2) 颜色协调、构图美观。 每错一处扣0.8分（具体评分细则详见实训任务作品评分表）	

"建筑效果图渲染"技能项目考核评价标准如下。

评价内容	配分	考核点	备注
职业素养与操作规范(20分)	4	检查给定的资料是否齐全，检查计算机运行是否正常，检查软件运行是否正常，做好考核前的准备工作，少检查一项扣1分	出现明显失误造成计算机或软件、图纸、工具书和记录工具严重损坏等，严重违反考场纪律，造成恶劣影响的，本大项记0分
	4	图纸作业应图层清晰、取名规范，不规范一处扣1分	
	4	严格遵守考场纪律，有环境保护意识，违反一次扣1～2分（具体评分细则详见实训任务职业素养与操作规范评分表）	
	4	不浪费材料，不损坏考试工具及设施，浪费损坏一处扣2分	
	4	任务完成后，整齐摆放图纸、工具书、记录工具、凳子等，整理工作台面，未整洁一处扣2分	

续表

评价内容		配分	考 核 点	备 注
考核评价标准	作品（80分）			
	模型整理及简化	24	（1）导入模型→塌陷模型→区分材质。 （2）减少面数→重置环境→设置环境→测试灯光→材质调试。 每错一处扣2.4～4分（具体评分细则详见实训任务作品评分表）	没有完成总工作量的60％以上，作品评分记0分
	效果图渲染	40	（1）材质正确。 （2）灯光布置合理。 （3）渲染参数正确。 （4）摄像机角度合理。 每错一处扣1.6～8分（具体评分细则详见实训任务作品评分表）	
	图纸后期	16	（1）图层清晰、便于识读。 （2）颜色协调、构图美观。 （3）配景合理、光影统一。 （4）按照要求格式保存绘制图样到指定文件夹。 每错一处扣0.8～4分（具体评分细则详见实训任务作品评分表）	

实训任务 1-7　运用计算机软件绘制户型彩色平面图

1. 任务描述

在计算机上识读某别墅一层 CAD 图素材（扫描实训指导二维码），参照给定的图 1-7-1 绘制彩色平面图，绘制完成后，以 .jpg 格式保存到"工位号"命名的考试文件夹。

本实训任务图纸下载

绘图要求如下。

（1）图层。

① 图层按素材名或组名取名。

② 图层对应素材正确，素材归组正确。

（2）颜色与光影。

① 颜色协调统一，能反映素材现实中的物理特性，具有美感。

② 光影方向一致，阴影能正确体现物体体量关系。

（3）图纸导入及导出。

① 图纸导入后分辨率设置不少于 150 像素，色彩模式为 RGB。

② 图纸导出取名应遵循"项目＋日期＋工位号"的格式（如室内彩色平面图 200421×××），并以 .jpg 图片格式保存。

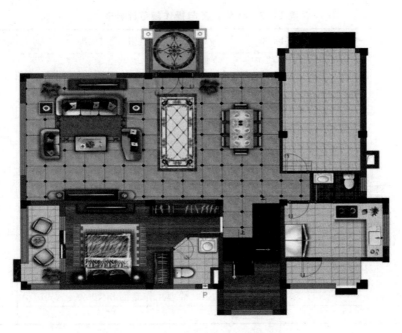

图 1-7-1　某别墅室内彩色平面图

2. 实施条件

实施条件如表 1-7-1 所示。

表 1-7-1　实施条件

实施条件内容	基本实施条件	备　注
实训场地	准备一间计算机教室，每名学生配备一台计算机	必备
材料、工具	计算机中装有 AutoCAD、3D Max 等绘图软件	按需配备
考评教师	要求由具备至少三年以上教学经验的专业教师担任	必备

3. 考核时量

三小时。

4. 评分细则

考核项目的评价（表 1-7-2）包括职业素养与操作规范（表 1-7-3）、作品（表 1-7-4）两个方面，总分为 100 分。其中，职业素养与操作规范占该项目总分的 20%，作品占该项目总分的 80%。只有职业素养与操作规范、作品两项考核均合格，总成绩才能评定为合格。

表 1-7-2　评分总表

职业素养与操作规范得分 （权重系数 0.2）	作品得分 （权重系数 0.8）	总分

表 1-7-3　职业素养与操作规范评分表

考核内容	评分标准	扣分标准	标准分	得分
职业素养与操作规范	检查给定的资料是否齐全,检查计算机运行是否正常,检查软件运行是否正常,做好考核前的准备工作	没有检查记 0 分,少检查一项扣 5 分,扣完标准分为止	20	
	图纸作业应图层清晰、取名规范	图层分类不规范扣 5 分,名称不规范扣 5 分,扣完标准分为止	20	
	严格遵守实训场地纪律,有环境保护意识	有违反实训场地纪律行为扣 10 分,没有环境保护意识、乱扔纸屑各扣 5 分	20	
	不浪费材料,不损坏考核工具及设施	浪费材料、损坏考核工具及设施各扣 10 分	20	
	任务完成后,整齐摆放图纸、工具书、记录工具、凳子等,整理工作台面	任务完成后,没有整齐摆放图纸、工具书、记录工具扣 10 分;没有清理场地,没有摆好凳子、整理工作台面扣 10 分	20	
总　分			100	

表 1-7-4　作品评分表

序号	考核内容	评分标准	扣分标准	标准分	得分
1	熟练操作 Photoshop 软件(40 分)	在给定时间完成全部绘图任务	墙体门窗不完整一处扣 2 分,地面铺贴不完整一处扣 2 分,家具不完整一处扣 2 分,扣完标准分为止	20	
		阴影等效果合理	出现阴影方向混乱等不合理情况一处扣 1 分,扣完标准分为止	5	
		CAD 导图清晰完整	不清晰完整扣 5 分	5	
		图示内容表达完整、图面清晰	出现图示内容缺失、图面模糊等情况一处扣 1 分,扣完标准分为止	5	
		按照要求格式保存绘制图样到指定文件夹	没有按照要求格式保存绘制图样到指定文件夹扣 5 分	5	
2	熟练绘制彩色平面图(40 分)	彩色平面图植物素材选择素雅大方	彩色平面图植物素材与空间明显不和谐一处扣 2 分,扣完标准分为止	10	
		彩色平面图植物高低关系错落有致	彩色平面图植物没有高低变化,效果呆板,一处扣 2 分,扣完标准分为止	10	
		彩色平面图铺装素材选用色调统一	彩色平面图铺装素材色调明显不统一一处扣 2 分,扣完标准分为止	10	
		彩色平面图铺装素材图案大小符合现实	彩色平面图铺装素材图案大小明显不符合现实一处扣 2 分,扣完标准分为止	10	

续表

序号	考核内容	评分标准	扣分标准	标准分	得分
3	图层清晰规范,颜色美观协调(20分)	图层清晰、便于识读、取名规范	图层未按素材名或组名命名,或图层与素材不对应,或素材归组不正确的一处扣1分,扣完标准分为止	10	
		颜色协调、美观大方	颜色协调性差扣1分,绘图欠美观扣1分,扣完标准分为止	10	
		总 分		100	

注:作品没有完成总工作量的60%以上,作品评分记0分。

实训任务1-8　运用计算机软件绘制总平面彩色平面图

1. 任务描述

在计算机上识读某小庄园规划CAD图素材(扫描实训指导二维码),参照给定的图1-8-1,按照绘图要求绘制彩色平面图,绘制完成后,以.jpg格式保存到"工位号"命名的考试文件夹。

本实训任务
图纸下载

绘图要求如下。

(1)图层。

① 图层按素材名或组名取名。

② 图层对应素材正确,素材归组正确。

(2)颜色与光影。

① 颜色协调统一,能反映素材现实中的物理特性,具有美感。

② 光影方向一致,阴影能正确体现物体体量关系。

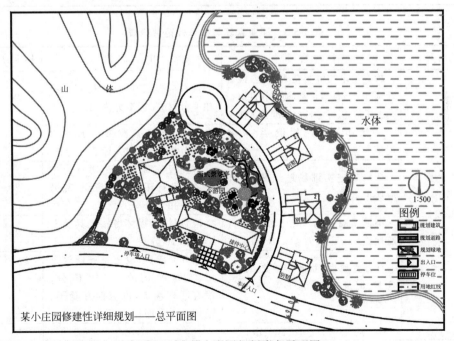

图1-8-1　某小庄园规划彩色平面图

(3) 图纸导入及导出。

① 图纸导入后分辨率设置不少于150像素,色彩模式为RGB。

② 图纸导出取名应遵循"项目＋日期＋工位号"的格式(如小庄园彩色平面图200421×××),并以.jpg图片格式保存。

2. 实施条件

实施条件如表1-8-1所示。

表1-8-1 实施条件

实施条件内容	基本实施条件	备注
实训场地	准备一间计算机教室,每名学生配备一台计算机	必备
材料、工具	计算机中装有Photoshop绘图软件	按需配备
考评教师	要求由具备至少三年以上教学经验的专业教师担任	必备

3. 考核时量

三小时。

4. 评分细则

考核项目的评价(表1-8-2)包括职业素养与操作规范(表1-8-3)、作品(表1-8-4)两个方面,总分为100分。其中,职业素养与操作规范占该项目总分的20%,作品占该项目总分的80%。只有职业素养与操作规范、作品两项考核均合格,总成绩才能评定为合格。

表1-8-2 评分总表

职业素养与操作规范得分 (权重系数0.2)	作品得分 (权重系数0.8)	总分

表1-8-3 职业素养与操作规范评分表

考核内容	评分标准	扣分标准	标准分	得分
职业素养与操作规范	检查给定的资料是否齐全,检查计算机运行是否正常,检查软件运行是否正常,做好考核前的准备工作	没有检查记0分,少检查一项扣5分,扣完标准分为止	20	
	图纸作业应图层清晰、取名规范	图层分类不规范扣5分,名称不规范扣5分,扣完标准分为止	20	
	严格遵守实训场地纪律,有环境保护意识	有违反实训场地纪律行为扣10分,没有环境保护意识、乱扔纸屑各扣5分	20	
	不浪费材料,不损坏考核工具及设施	浪费材料、损坏考核工具及设施各扣10分	20	
	任务完成后,整齐摆放图纸、工具书、记录工具、凳子等,整理工作台面	任务完成后,没有整齐摆放图纸、工具书、记录工具扣10分;没有清理场地,没有摆好凳子、整理工作台面扣10分	20	
总 分			100	

表 1-8-4　作品评分表

序号	考核内容	评分标准	扣分标准	标准分	得分
1	熟练操作 Photoshop 软件（40 分）	在给定时间完成全部绘图任务	墙体门窗不完整一处扣 2 分，地面铺贴不完整一处扣 2 分，家具不完整一处扣 2 分，扣完标准分为止	20	
		阴影等效果合理	出现阴影方向混乱等不合理情况一处扣 1 分，扣完标准分为止	5	
		CAD 导图清晰完整	不清晰完整扣 5 分	5	
		图示内容表达完整、图面清晰	出现图示内容缺失、图面模糊等情况一处扣 1 分，扣完标准分为止	5	
		按照要求格式保存绘制图样到指定文件夹	没有按照要求格式保存绘制图样到指定文件夹扣 5 分	5	
2	熟练绘制彩色平面图(40 分)	彩色平面图植物素材选择素雅大方	彩色平面图的植物素材与空间明显不和谐一处扣 2 分，扣完标准分为止	10	
		彩色平面图植物高低关系错落有致	彩色平面图的植物没有高低变化，效果呆板，一处扣 2 分，扣完标准分为止	10	
		彩色平面图铺装素材选用色调统一	彩色平面图的铺装素材色调明显不统一，一处扣 2 分，扣完标准分为止	10	
		彩色平面图铺装素材图案大小符合现实	彩色平面图的铺装素材图案大小明显不符合现实一处扣 2 分，扣完标准分为止	10	
3	图层清晰规范，颜色美观协调(20 分)	图层清晰、便于识读、取名规范	图层未按素材名或组名命名，或图层与素材不对应，或素材归组不正确一处扣 1 分，扣完标准分为止	10	
		颜色协调、美观大方	颜色协调性差扣 1 分，绘图欠美观扣 1 分，扣完标准分为止	10	
	总　　分			100	

注：作品没有完成总工作量的 60% 以上，作品评分记 0 分。

实训任务 1-9　运用计算机软件绘制建筑效果图

1. 任务描述

在计算机上识读某建筑模型素材（扫描实训指导二维码），参照给定的图 1-9-1 绘制建筑效果图，按照绘图要求将模型赋予合理的材质，打好灯光渲染完成，经过后期制作后，以 .jpg 格式保存到"工位号"命名的考试文件夹。

本实训任务图纸下载

绘图要求如下。

(1) 模型整理。

① 能够将模型按规范导入三维软件并按材质分开。

② 能够优化模型。

(2) 材质及灯光。

① 灯光合理,能清晰体现建筑的体量关系;材质能基本体现建筑构件的物理特性。

② 光色有一定的冷暖色彩对比。

③ 没有曝光和死黑的情况。

(3) 渲染及后期。

① 渲染参数正确,能完整体现建筑体量感。

② 配景正确。

图 1-9-1　某建筑模型

2. 实施条件

实施条件如表 1-9-1 所示。

表 1-9-1　实施条件

实施条件内容	基本实施条件	备 注
实训场地	准备一间计算机教室,每名学生配备一台计算机	必备
材料、工具	在计算机教室进行考核,计算机中装有 3D Max 或 Lumion 三维软件	按需配备
考评教师	要求由具备至少三年以上教学经验的专业教师担任	必备

3. 考核时量

三小时。

4. 评分细则

考核项目的评价(表 1-9-2)包括职业素养与操作规范(表 1-9-3)、作品(表 1-9-4)两个方面,总分为 100 分。其中,职业素养与操作规范占该项目总分的 20%,作品占该项目总分的 80%。只有职业素养与操作规范、作品两项考核均合格,总成绩才能评定为合格。

表 1-9-2　评分总表

职业素养与操作规范得分（权重系数0.2）	作品得分（权重系数0.8）	总分

表 1-9-3　职业素养与操作规范评分表

考核内容	评分标准	扣分标准	标准分	得分
职业素养与操作规范	检查给定的资料是否齐全,检查计算机运行是否正常,检查软件运行是否正常,做好考核前的准备工作	没有检查记0分,少检查一项扣5分,扣完标准分为止	20	
	图纸作业应图层清晰、取名规范	图层分类不规范扣5分,名称不规范扣5分,扣完标准分为止	20	
	严格遵守实训场地纪律,有环境保护意识	有违反实训场地纪律行为扣10分,没有环境保护意识、乱扔纸屑各扣5分	20	
	不浪费材料,不损坏考核工具及设施	浪费材料、损坏考核工具及设施各扣10分	20	
	任务完成后,整齐摆放图纸、工具书、记录工具、凳子等,整理工作台面	任务完成后,没有整齐摆放图纸、工具书、记录工具扣10分;没有清理场地,没有摆好凳子、整理工作台面扣10分	20	
总　分			100	

表 1-9-4　作品评分表

序号	考核内容	评分标准	扣分标准	标准分	得分
1	模型整理及简化(30分)	导入模型→塌陷模型→区分材质	每错一处扣5分,扣完标准分为止	15	
		减少面数→重置环境→设置环境→灯光测试→材质调试	每错一处扣3分,扣完标准分为止	15	
2	效果图渲染(50分)	材质赋予合理	出现材质与建筑构件物理特性明显不一致或不合理的情况,一处扣5分,扣完标准分为止	20	
		灯光布置合理	灯光布置明显不合理,出现违背自然情况一处扣5分,扣完标准分为止	10	

续表

序号	考核内容	评分标准	扣分标准	标准分	得分
2	效果图渲染（50分）	渲染参数错误	出现画面比例明显失衡、渲染分辨率过小导致效果图模糊、渲染器参数设置错误等情况一处扣2分，扣完标准分为止	10	
		摄像机角度合理	摄像机角度不合理导致建筑表现不完整、不清晰扣10分	10	
3	图纸后期（20分）	图层清晰、便于识读	图层未按素材名或组名命名，或图层与素材不对应，或素材归组不正确一处扣1分，扣完标准分为止	5	
		颜色协调、美观大方	颜色协调性差扣1分，绘图欠美观扣1分，扣完标准分为止	5	
		配景合理、光影统一	配景明显不合理扣1分，光影不统一扣1分，扣完标准分为止	5	
		按照要求格式保存绘制图样到指定文件夹	没有按照要求格式保存绘制图样到指定文件夹扣5分	5	
		总 分		100	

注：作品没有完成总工作量的60%以上，作品评分记0分。

技能项目3　艺术造型及设计草图、效果图表现

"艺术造型及设计草图、效果图表现"技能考核标准	
该项目要求学生掌握艺术造型及设计草图、效果图手绘表现的基本技能；能正确使用建筑专业绘图工具完成设计草图及效果图绘制	
技能要求	（1）能正确识读建筑艺术造型设计的鸟瞰图、总平面彩色平面图、建筑单体透视图，能正确识读建筑艺术造型设计的透视效果图尺度与构图、建筑配景及常见色彩搭配。 （2）能运用专业绘图工具绘制设计草图及效果图
职业素养要求	符合建筑师助理岗位的基本素养要求，体现良好的工作习惯。能清查给定的资料是否齐全完整，正确运用专业手绘工具规范绘制给定建筑设计造型草图及效果图。图纸作业应字迹工整、填写规范，操作完毕后图纸、工具书籍正确归位，不损坏考核工具、资料及设施，有良好的环境保护意识，体现良好的工作习惯

续表

考核评价标准	"艺术造型及设计草图、效果图表现"技能项目考核评价标准如下。			
	评价内容	配分	考 核 点	备 注
	职业素养与操作规范(20分)	4	检查考核内容、给定的图纸是否清楚,作图尺规工具是否干净整洁,做好考核前的准备工作,少检查一项扣1分	出现明显失误造成图纸、工具书和记录工具严重损坏等,严重违反考场纪律,造成恶劣影响的,本大项记0分
		4	图纸作业完整无损坏,考核成果纸面整洁无污物,污损一处扣2分	
		4	严格遵守实训场地纪律,有良好的环境保护意识,违反一次扣2分	
		4	不浪费材料,不损坏考核工具及设施,浪费一处扣2分	
		4	任务完成后,整齐摆放图纸(考试用纸和草稿用纸)、工具书、记录工具、凳子,整理工作台面,保证工作台面和工作环境整洁无污物,未整洁一处扣2分	
	作品(80分)	建筑效果图识读 16	正确识读设计草图、透视效果图及其相互尺度关系、投影、色彩和配景,每错一处扣2~4分(具体评分细则详见实训任务作品评分表)	没有完成总工作量的60%以上,作品评分记0分
		建筑效果图绘制 64	(1)根据对给定图面合理的色彩分析,选择彩色工具完成了建筑主体的亮部、中间色调、暗部(含投影)色彩徒手表现。 (2)根据对给定图面合理的色彩分析,选择彩色工具完成了建筑配景的亮部、中间色调、暗部(含投影)色彩徒手表现。 (3)画面有细节绘制。 (4)画面整体色调协调。 每错一处扣1.6~8分(具体评分细则详见实训任务作品评分表)	

实训任务1-10 建筑鸟瞰图徒手表现

1. 任务描述

请对给定的彩色鸟瞰效果图(图1-10-1,为识读与绘制成果的参照图)进行识读;采用专业绘图工具(钢笔+马克笔+彩铅),在给定待完善的线稿鸟瞰效果图(图1-10-2)答题区(应为A3清晰打印稿)徒手完成鸟瞰效果图的综合表现技法绘制。

本实训任务图纸下载

(1)识读给定的彩色鸟瞰效果图,并回答以下问题。

① 鸟瞰效果图中主体建筑采用的是(　　)关系。

A. 一点透视　　　　　　　　B. 两点透视

C. 三点透视(仰视)　　　　　D. 三点透视(俯视)

② 鸟瞰效果图中要注意的尺度关系主要有（　　）。
    A. 植物与建筑主体的尺度关系　　　B. 植物与场地的尺度关系
    C. 人与建筑主体的尺度关系　　　　D. 车与建筑主体的尺度关系
③ 鸟瞰效果图中主体建筑色调为_____，其对应的色号笔有_____。
④ 鸟瞰效果图中建筑配景植物主要色调为_____，其对应的色号笔有_____。

（2）绘图题。

① 参照给定的彩色鸟瞰效果图，采用专业绘图工具（钢笔），徒手在给定的待完善的黑白线稿鸟瞰效果图答题区绘制建筑配景植物、场地、水体等钢笔线条。

② 参照给定的彩色鸟瞰效果图，采用专业绘图工具（马克笔＋彩铅）及其综合表现技法，在答题区已完善的钢笔鸟瞰效果图基础上继续完成彩色鸟瞰效果图的绘制。

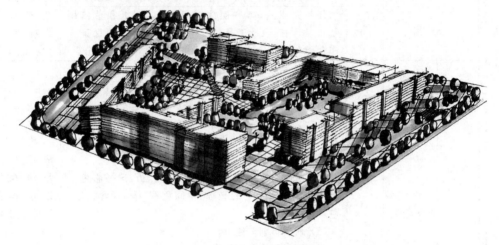

图 1-10-1　彩色鸟瞰效果图

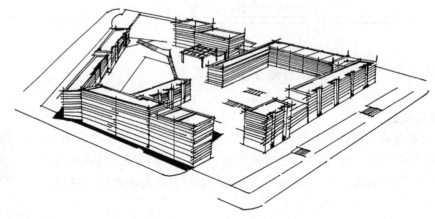

图 1-10-2　线稿鸟瞰效果图

2. 实施条件

实施条件如表 1-10-1 所示。

表 1-10-1　实施条件

实施条件内容	基本实施条件	备注
实训场地	准备一间绘图教室,每名学生一台绘图桌	必备
材料、工具	每名学生统一配备 A3 白纸一张,自备一套绘图工具(橡皮、铅笔、水性笔、马克笔、彩铅、尺规等)	按需配备
考评教师	要求由具备至少三年以上教学经验的专业教师担任	必备

3. 考核时量

三小时。

4. 评分细则

考核项目的评价(表 1-10-2)包括职业素养与操作规范(表 1-10-3)、作品(表 1-10-4)两个方面,总分为 100 分。其中,职业素养与操作规范占该项目总分的 20%,作品占该项目总分的 80%。只有职业素养与操作规范、作品两项考核均合格,总成绩才能评定为合格。

表 1-10-2　评分总表

职业素养与操作规范得分 (权重系数 0.2)	作品得分 (权重系数 0.8)	总分

表 1-10-3　职业素养与操作规范评分表

考核内容	评分标准	扣分标准	标准分	得分
职业素养与操作规范	检查考核内容、给定的图纸是否清楚,作图尺规工具是否干净整洁,做好考核前的准备工作	没有检查记 0 分,少检查一项扣 5 分	20	
	图纸作业完整无损坏,考核成果纸面整洁无污物	图纸作业损坏扣 10 分,考试成果纸面有污物扣 10 分	20	
	严格遵守实训场地纪律,有环境保护意识	有违反实训场地纪律行为扣 10 分,没有环境保护意识、乱扔纸屑扣 10 分	20	
	不浪费材料,不损坏考核工具及设施	浪费材料、损坏考核工具及设施各扣 10 分	20	
	任务完成后,整齐摆放图纸、工具书、记录工具、凳子等,整理工作台面	任务完成后,没有整齐摆放图纸、工具书、记录工具扣 10 分;没有清理场地,没有摆好凳子、整理工作台面扣 10 分	20	
总　分			100	

表 1-10-4　作品评分表

序号	考核内容	评分标准	扣分标准	标准分	得分
1	建筑效果图识读(20分)	正确识读鸟瞰效果图透视关系	回答错误扣5分	5	
		正确识读鸟瞰效果图尺度关系	回答错误扣5分	5	
		正确识读建筑色彩搭配	回答错误每处扣2.5分	5	
		正确识读建筑配景	回答错误每处扣5分	5	
2	建筑效果图绘制(80分)	在给定线稿鸟瞰效果图的答题区徒手补充完成建筑配景植物、场地、水体钢笔绘制	缺建筑配景植物、场地、水体的钢笔绘制内容分别扣7分、7分、6分,建筑配景植物、场地、水体钢笔绘制内容不完整每处扣6分	20	
		根据给定的彩色鸟瞰效果图进行色彩分析,在完成钢笔线条绘制的基础上运用彩色绘制工具,徒手完成建筑主体的亮部、中间色调、暗部及投影色彩	建筑主体色彩缺乏亮部、中间色调、暗部及投影任意一处色彩表现,每处扣5分,扣完标准分为止	20	
		根据给定的彩色鸟瞰效果图(图1-10-1)进行配景色彩分析,在完成钢笔线条绘制的基础上运用彩色绘制工具,徒手完成建筑配景的亮部、中间色调、暗部及投影色彩	建筑配景色彩缺乏亮部、中间色调、暗部及投影任意一处色彩表现,每处扣5分	20	
		画面有细节绘制(如钢笔绘制物体的透视、比例正确,选择正确的色号笔完成物体的着色表现,笔触的衔接过渡自然不生硬,物体投影的方向表现正确等)	未完成某一局部细节绘制(如钢笔绘制物体的透视、比例是否正确,是否选择正确的色号笔完成物体的着色表现,笔触的衔接过渡是否自然不生硬,物体投影的方向表现是否正确等)每处扣2分,未完成任何细节绘制扣10分	10	
		画面整体色调协调	画面局部色调不协调扣5分,画面整体色调突兀极不协调扣10分	10	
		总　　分		100	

注:作品没有完成总工作量的60%以上,作品评分记0分。

实训任务 1-11　建筑总平面图徒手表现

1. 任务描述

请对给定的彩色规划总平面图(图 1-11-1,为识读与绘制成果的参照图)进行识读；采用专业绘图工具(钢笔＋马克笔＋彩铅)及其综合表现技法,在给定待完善的线稿规划总平面图(图 1-11-2)答题区(应为 A3 清晰打印稿)徒手完成鸟瞰效果图的综合表现技法绘制。

本实训任务图纸下载

(1) 识读给定的规划总平面图,并回答以下问题。

① 规划总平面图中建筑配景的作用是(　　)。
　　A. 烘托主体　　　　　　　　B. 丰富画面
　　C. 均衡构图　　　　　　　　D. 增加画面真实度

② 该规划图幅范围的整体色调是_____。

③ 规划图建筑主体运用_____度深色投影。

④ 规划总平面图马克上色主要是通过_____增强建筑与环境的对比,突出建筑形态。

(2) 绘图题。

① 参照给定的彩色规划总平面图,采用专业绘图工具(钢笔),徒手在给定待完善的线稿规划总平面图答题区完善绘制建筑配景植物平面的钢笔线条。

② 参照给定的彩色建筑效果图,采用专业绘图工具(马克笔＋彩铅)及其综合表现技法,在答题区已完善的钢笔规划总平面图基础上继续完成彩色规划总平面图绘制。

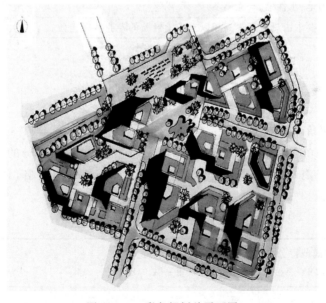

图 1-11-1　彩色规划总平面图

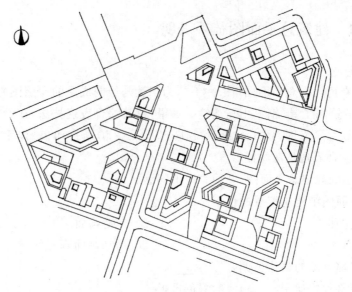

图 1-11-2 线稿规划总平面图

2. 实施条件

实施条件如表 1-11-1 所示。

表 1-11-1 实施条件

实施条件内容	基本实施条件	备 注
实训场地	准备一间绘图教室,每名学生一台绘图桌	必备
材料、工具	每名学生统一配备 A3 白纸一张,自备一套绘图工具(橡皮、铅笔、水性笔、马克笔、彩铅、尺规等)	按需配备
考评教师	要求由具备至少三年以上教学经验的专业教师担任	必备

3. 考核时量

三小时。

4. 评分细则

考核项目的评价(表 1-11-2)包括职业素养与操作规范(表 1-11-3)、作品(表 1-11-4)两个方面,总分为 100 分。其中,职业素养与操作规范占该项目总分的 20%,作品占该项目总分的 80%。只有职业素养与操作规范、作品两项考核均合格,总成绩才能评定为合格。

表 1-11-2 评分总表

职业素养与操作规范得分 (权重系数0.2)	作品得分 (权重系数0.8)	总分

表 1-11-3　职业素养与操作规范评分表

考核内容	评 分 标 准	扣 分 标 准	标准分	得分
职业素养与操作规范	检查考核内容、给定的图纸是否清楚,作图尺规工具是否干净整洁,做好考核前的准备工作	没有检查记 0 分,少检查一项扣 5 分	20	
	图纸作业完整无损坏,考核成果纸面整洁无污物	图纸作业损坏扣 10 分,考试成果纸面有污物扣 10 分	20	
	严格遵守实训场地纪律,有环境保护意识	有违反实训场地纪律行为扣 10 分,没有环境保护意识、乱扔纸屑扣 10 分	20	
	不浪费材料,不损坏考核工具及设施	浪费材料、损坏考核工具及设施扣 10 分	20	
	任务完成后,整齐摆放图纸、工具书、记录工具、凳子等,整理工作台面	任务完成后,没有整齐摆放图纸、工具书、记录工具扣 10 分;没有清理场地,没有摆好凳子、整理工作台面扣 10 分	20	
总 分			100	

表 1-11-4　作品评分表

序号	考核内容	评 分 标 准	扣 分 标 准	标准分	得分
1	建筑效果图识读(20 分)	正确识读建筑配景	回答错误扣 5 分	5	
		正确识读整体色调	回答错误扣 5 分	5	
		正确识读建筑投影	回答错误扣 5 分	5	
		正确识读建筑色彩	回答错误扣 5 分	5	
2	建筑效果图绘制(80 分)	在给定的线稿规划总平面图的答题区徒手补充完成建筑配景植物、道路、广场平面的钢笔绘制	缺建筑配景植物、道路、广场的钢笔绘制内容分别扣 7 分、7 分、6 分,建筑配景植物、道路、广场钢笔绘制内容不完整每处扣 6 分	20	
		根据给定的彩色规划总平面图进行色彩分析,在完成钢笔线条绘制的基础上运用彩色绘制工具,徒手完成建筑主体的亮部、中间色调、暗部及投影色彩	建筑主体色彩缺乏亮部、中间色调、暗部及投影任意一处色彩表现的,每处扣 5 分,扣完标准分为止	20	
		根据给定的彩色规划总平面图进行配景色彩分析,在完成钢笔线条绘制的基础上运用彩色绘制工具,徒手完成建筑配景的亮部、中间色调、暗部及投影色彩	建筑配景色彩缺乏亮部、中间色调、暗部及投影任意一处色彩表现的,每处扣 5 分,扣完标准分为止	20	

续表

序号	考核内容	评分标准	扣分标准	标准分	得分
2	建筑效果图绘制(80分)	画面有细节绘制(如钢笔绘制物体的透视、比例正确,选择正确的色号笔完成物体的着色表现,笔触的衔接过渡自然不生硬,物体投影的方向表现正确等)	未完成某一局部细节绘制(如钢笔绘制物体的透视、比例是否正确,是否选择正确的色号笔完成物体的着色表现,笔触的衔接过渡是否自然不生硬,物体投影的方向表现是否正确等)每处扣2分,未完成任何细节绘制扣10分	10	
		图面整体色调协调	画面局部色调不协调扣5分,画面整体色调突兀,极不协调扣10分	10	
		总　　分		100	

注:作品没有完成总工作量的60%以上,作品评分记0分。

实训任务1-12　建筑效果图徒手表现

1. 任务描述

请对给定的建筑彩色效果图(图1-12-1,为识读与绘制成果的参照图)进行识读;采用专业绘图工具(钢笔＋马克笔＋彩铅)及其综合表现技法,在给定待完善的线稿建筑效果图(图1-12-2)答题区(应为A3清晰打印稿)徒手完成建筑效果图的综合表现技法绘制。

本实训任务图纸下载

(1) 识读给定的某市公共建筑陈列馆建筑效果图,并回答以下问题。

① 建筑效果图中主体建筑采用的是(　　)关系。

　A. 一点透视　　　　　　　　　　B. 两点透视

　C. 三点透视(仰视)　　　　　　　D. 三点透视(俯视)

② 建筑效果图中要注意的尺度关系主要有(　　)。

　A. 植物与建筑主体的尺度关系　　B. 植物与场地的尺度关系

　C. 人与建筑主体的尺度关系　　　D. 车与建筑主体的尺度关系

③ 建筑效果图中主体建筑色调为_____,其对应的色号笔有_____。

④ 建筑效果图中建筑配景植物主要色调为_____,其对应的色号笔有_____。

(2) 绘图题。

① 参照给定的建筑彩色效果图,采用专业绘图工具(钢笔),徒手在给定待完善的线稿建筑效果图上答题区完善绘制建筑配景植物钢笔线条。

② 参照给定的建筑彩色效果图,采用专业绘图工具(马克笔＋彩铅)及其综合表现技法,在答题区已完善的钢笔建筑效果图基础上继续完成彩色建筑效果图绘制。

2. 实施条件

实施条件如表1-12-1所示。

图 1-12-1　建筑彩色效果图

图 1-12-2　线稿建筑效果图

表 1-12-1　实施条件

实施条件内容	基本实施条件	备　注
实训场地	准备一间绘图教室,每名学生一台绘图桌	必备
材料、工具	每名学生统一配备 A3 白纸一张,自备一套绘图工具(橡皮、铅笔、水性笔、马克笔、彩铅、尺规等)	按需配备
考评教师	要求由具备至少三年以上教学经验的专业教师担任	必备

3. 考核时量

三小时。

4. 评分细则

考核项目的评价(表 1-12-2)包括职业素养与操作规范(表 1-12-3)、作品(表 1-12-4)两个方面,总分为 100 分。其中,职业素养与操作规范占该项目总分的 20%,作品占该项目总分的 80%。只有职业素养与操作规范、作品两项考核均合格,总成绩才能评定为合格。

表 1-12-2　评分总表

职业素养与操作规范得分（权重系数0.2）	作品得分（权重系数0.8）	总分

表 1-12-3　职业素养与操作规范评分表

考核内容	评分标准	扣分标准	标准分	得分
职业素养与操作规范	检查考核内容、给定的图纸是否清楚,作图尺规工具是否干净整洁,做好考核前的准备工作	没有检查记0分,少检查一项扣5分	20	
	图纸作业完整无损坏,考核成果纸面整洁无污物	图纸作业损坏扣10分,考试成果纸面有污物扣10分	20	
	严格遵守实训场地纪律,有环境保护意识	有违反实训场地纪律行为扣10分,没有环境保护意识、乱扔纸屑扣10分	20	
	不浪费材料,不损坏考核工具及设施	浪费材料、损坏考核工具及设施各扣10分	20	
	任务完成后,整齐摆放图纸、工具书、记录工具、凳子等,整理工作台面	任务完成后,没有整齐摆放图纸、工具书、记录工具扣10分;没有清理场地,没有摆好凳子、整理工作台面扣10分	20	
总　分			100	

表 1-12-4　作品评分表

序号	考核内容	评分标准	扣分标准	标准分	得分
1	建筑效果图识读(20分)	正确识读建筑效果图透视关系	回答错误扣5分	5	
		正确识读建筑效果图尺度关系	回答错误扣5分	5	
		正确识读建筑色彩搭配	回答错误每处扣2.5分	5	
		正确识读建筑配景	回答错误每处扣5分	5	
2	建筑效果图绘制(80分)	在给定的黑白线稿建筑效果图的答题区徒手补充完成建筑配景植物钢笔绘制	图面缺乏建筑配景植物钢笔绘制扣20分,建筑配景植物钢笔绘制不完整扣10分	20	
		根据给定的彩色建筑效果图进行色彩分析,在完成钢笔线条绘制的基础上运用彩色绘制工具,徒手完成建筑主体的亮部、中间色调、暗部及投影色彩徒手表现	建筑主体色彩缺乏亮部、中间色调、暗部及投影任意一处色彩表现的,每处扣5分,扣完标准分为止	20	

续表

序号	考核内容	评分标准	扣分标准	标准分	得分
2	建筑效果图绘制(80分)	根据给定的彩色建筑效果图进行配景色彩分析,在完成钢笔线条绘制的基础上运用彩色绘制工具,徒手完成建筑配景的亮部、中间色调、暗部及投影色彩	建筑配景色彩缺乏亮部、中间色调、暗部及投影任意一处色彩表现的,每处扣5分,扣完标准分为止	20	
		画面有细节绘制(如钢笔绘制物体的透视、比例正确,选择正确的色号笔完成物体的着色表现,笔触的衔接过渡自然不生硬,物体投影的方向表现正确,门窗构件细节有表现等)	未完成某一局部细节绘制(如钢笔绘制物体的透视、比例是否正确,是否选择正确的色号笔完成物体的着色表现,笔触的衔接过渡是否自然不生硬,物体投影的方向表现是否正确等)每处扣2分,未完成任何细节绘制扣10分	10	
		画面整体色调协调	画面局部色调不协调扣5分,画面整体色调突兀,极不协调扣10分	10	
		总 分		100	

注:作品没有完成总工作量的60%以上,作品评分记0分。

技能项目4　BIM技术基础建模

"BIM技术基础建模"技能考核标准	
该项目对接"1+X"BIM职业技能等级证书要求,主要用来检验学生使用BIM软件基础建模的基本技能。能识读给定建筑设计图,根据给定项目条件建立BIM模型,按照职业技能初级等级标准要求运用BIM软件绘制各种几何图形以及建筑类图形及模型;掌握将图纸按要求出图并将成果文件保存为.rvt格式的基本技能;掌握图纸编辑、整理、打印的基本技能;掌握运用BIM建模并能收集处理信息、统计数据的能力	
技能要求	(1)能正确识读建筑设计图。 (2)能根据给定项目条件建立BIM模型。 (3)能运用BIM软件绘制各种几何图形及建筑类图形。 (4)能进行BIM模型出图及编辑、整理、打印图纸。 (5)能对BIM模型进行信息收集和处理
职业素养要求	符合建筑师助理岗位的基本素养要求,体现良好的工作习惯。能清查给定的资料是否齐全完整,检查计算机BIM绘图软件运行是否正常,操作完毕后计算机、图纸、工具书籍正确归位,不损坏考核计算机软件及工具、资料及设施,有良好的环境保护意识

考核评价标准	"BIM 技术基础建模"技能项目考核评价标准如下。			
	评价内容	配分	考 核 点	备 注
	职业素养与操作规范(20分)	4	检查给定的资料是否齐全,检查计算机运行是否正常,检查软件运行是否正常,做好考核前的准备工作,少检查一项扣1分	出现明显失误造成计算机或软件、图纸、工具书和记录工具严重损坏等,严重违反考场纪律,造成恶劣影响的本大项记0分
		4	图纸作业应图层清晰、取名规范,不规范一处扣1分	
		4	严格遵守实训场地纪律,有环境保护意识,违反一次扣1~2分(具体评分细则详见实训任务职业素养与操作规范评分表)	
		4	不浪费材料,不损坏考试工具及设施,浪费损坏一处扣2分	
		4	任务完成后,整齐摆放图纸、工具书、记录工具、凳子等,整理工作台面,未整洁一处扣2分	
	作品(80分)	专业图识图考核 16	正确回答选择题,每错一处扣4分(具体评分细则详见实训任务作品评分表)	没有完成总工作量60%以上,作品评分记0分
		创建BIM模型 64	(1)标高、轴网、体量模型、幕墙、墙体、楼板、屋顶绘制正确。 (2)台阶高度、踏步高度、柱子、屋顶绘制正确。 (3)体量尺寸、幕墙网格、屋顶及楼板厚度正确。 (4)整体效果。 每错一处扣1.6~8分(具体评分细则详见实训任务作品评分表)	

实训任务 1-13 运用 BIM 技术基础创建体量楼层模型

1. 任务描述

正确识读图纸绘制模型并回答选择题。创建体量楼层模型,完成后将模型源文件以.jpg 图片格式保存在"桌面"/"工位号"命名的文件夹中。

本实训任务图纸下载

(1) 根据给定图 1-13-1 需绘制的模型完成下列选择题。

① 在该模型中,绘制常规—200mm 墙体的顶部的高度位于(　　)。
　　A. 3000　　　　　　B. 8000　　　　　　C. 标高 2　　　　　　D. 标高 7

② 圆形体量高度和矩形体量高度分别是(　　)。
　　A. 30m、24m　　　　　　　　　　　　B. 30cm、24cm
　　C. 标高 7、标高 6　　　　　　　　　　D. 标高 6、标高 8

③ 创建体量的方式有(　　)。
　　A. 实心形式　　　　　　　　　　　　B. 空心形式
　　C. 两种都包括　　　　　　　　　　　D. 两种都不包括

④ Revit 软件中改变墙体厚度在(　　)命令中进行。
　　A. 顶部约束　　　B. 底部限制条件　　　C. 编辑类型　　　D. 注释

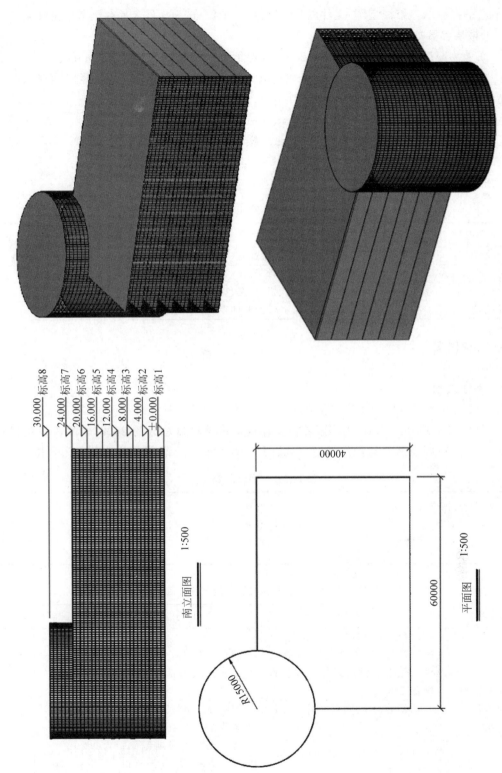

图 1-13-1 建筑体量三维模型图

（2）创建模型。创建体量楼层模型，根据图 1-13-1 所示的图纸绘制模型，将模型.rvt 源文件和.jpg 图片格式（三维模型图）文件以"体量楼层＋工位号"为文件名保存至考生文件夹中。

体量楼层参数如下。

① 面墙为厚度 200mm 的"常规－200mm 厚面墙"，定位线为核心层中心线。

② 幕墙系统为网格布局 600mm×1000mm（横向网格间距为 600mm，竖向网格间距为 1000mm），网格上均设置圆形竖梃，竖梃半径为 50mm。

③ 屋顶为厚度 400mm 的"常规－400mm 屋顶"。

④ 楼板为厚度 150mm 的"常规－150mm 楼板"，标高 1～标高 6 上均设置楼板。

2. 实施条件

实施条件如表 1-13-1 所示。

表 1-13-1　实施条件

实施条件内容	基本实施条件	备注
实训场地	准备一间计算机教室，每名学生配备一台计算机	必备
材料、工具	机房考场计算机统一安装软件 Revit 2018 或以上版本，每名学生自备一套绘图工具（橡皮、铅笔、黑色钢笔等）	按需配备
考评教师	要求由具备至少三年以上教学经验的专业教师担任	必备

3. 考核时量

三小时。

4. 评分细则

考核项目的评价（表 1-13-2）包括职业素养与操作规范（表 1-13-3）、作品（表 1-13-4）两个方面，总分为 100 分。其中，职业素养与操作规范占该项目总分的 20%，作品占该项目总分的 80%。只有职业素养与操作规范、作品两项考核均合格，总成绩才能评定为合格。

表 1-13-2　评分总表

职业素养与操作规范得分（权重系数 0.2）	作品得分（权重系数 0.8）	总分

表 1-13-3　职业素养与操作规范评分表

考核内容	评分标准	扣分标准	标准分	得分
职业素养与操作规范	检查给定的资料是否齐全，检查计算机运行是否正常，检查软件运行是否正常，做好考核前的准备工作	没有检查记 0 分，少检查一项扣 5 分，扣完标准分为止	20	
	图纸作业应图层清晰、取名规范	图层分类不规范扣 5 分，名称不规范扣 5 分，扣完标准分为止	20	
	严格遵守实训场地纪律，有环境保护意识	有违反实训场地纪律行为扣 10 分，没有环境保护意识、乱扔纸屑各扣 5 分	20	

续表

考核内容	评分标准	扣分标准	标准分	得分
职业素养与操作规范	不浪费材料,不损坏考核工具及设施	浪费材料、损坏考核工具及设施各扣10分	20	
	任务完成后,整齐摆放图纸、工具书、记录工具、凳子等,整理工作台面	任务完成后,没有整齐摆放图纸、工具书、记录工具扣10分;没有清理场地,没有摆好凳子、整理工作台面扣10分	20	
总 分			100	

表1-13-4 作品评分表

序号	考核内容	评分标准	扣分标准	标准分	得分
1	专业图识读(20分)	选择题①正确回答	回答错误扣5分	5	
		选择题②正确回答	回答错误扣5分	5	
		选择题③正确回答	回答错误扣5分	5	
		选择题④正确回答	回答错误扣5分	5	
2	创建BIM模型(80分)	按图纸绘制标高	未按图纸设置标高尺寸,每错一处扣1分,漏画一处扣1分,扣完标准分为止	6	
		按图纸绘制轴网	未按图纸设置轴网尺寸,每错一处扣2分,漏画一处扣2分,扣完标准分为止	10	
		按图纸绘制体量	未按图纸要求设置尺寸,每错一处扣2分,漏画一处扣2分,体量未扣减扣2分;未设置矩形体量楼板扣2分;未设置圆柱体量楼板扣2分	10	
		按图纸绘制幕墙及竖梃	未按图纸要求设置幕墙参数,每错一处扣2分,漏画一处扣2分;未设置矩形体量幕墙扣2分;未设置圆柱体量幕墙扣2分;	10	
		按图纸绘制墙体	未按图纸要求设置墙体参数,每错一处扣2分,漏画一处扣2分,扣完标准分为止	10	
		按图纸绘制楼板	未按图纸要求设置楼板参数,每错一处扣2分,漏画一处扣2分,扣完标准分为止	10	
		按图纸绘制屋顶	未按图纸要求设置屋顶参数,每错一处扣2分,漏画一处扣2分,扣完标准分为止	10	
		整体效果完整清晰	整体效果不完整、不清晰扣2.5分	5	
		保存项目源文件并导出.jpg	未按路径要求保存文件扣2分,未保存源文件扣2分,未导出.jpg文件扣5分	9	
总 分				100	

注:作品没有完成总工作量的60%以上,作品评分记0分。

实训任务 1-14　运用 BIM 技术基础创建凉亭模型

1. 任务描述

本实训任务图纸下载

正确识读图纸绘制模型并回答选择题。创建凉亭模型,完成后将模型源文件及.jpg 图片格式文件保存在"桌面"/"工位号"命名的文件夹中。

(1) 根据给定图 1-14-1 需绘制的模型完成下列选择题。

① 在该模型中,柱子高度为(　　)mm。
　A. 90　　　　　　B. 780　　　　　　C. 360　　　　　　D. 150

② 凉亭模型制作方式为(　　)。
　A. 常规模型　　　　　　　　　　　B. 概念体量

③ 凉亭顶的高度为(　　)mm。
　A. 180　　　　　　B. 150　　　　　　C. 200　　　　　　D. 250

④ 凉亭台阶的高度为(　　)mm。
　A. 90　　　　　　B. 100　　　　　　C. 30　　　　　　D. 60

(2) 创建模型。凉亭使用族常规模型,根据图 1-14-1 所示的参数尺寸绘制出模型,将模型 .rvt 源文件和 .jpg 图片格式(三维模型图),以"凉亭模型+工位号"为文件名保存至考生文件夹中。

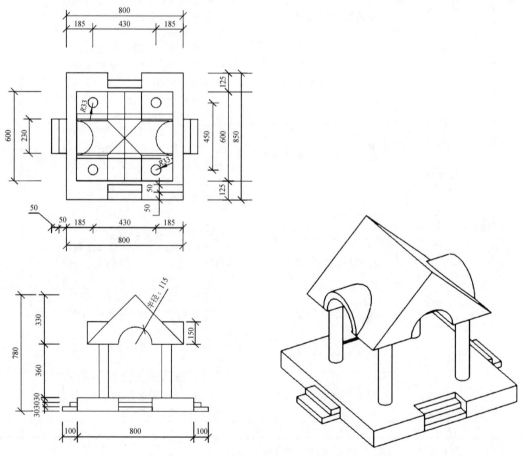

图 1-14-1　凉亭平面、立面及轴测图

2. 实施条件

实施条件如表 1-14-1 所示。

表 1-14-1 实施条件

实施条件内容	基本实施条件	备注
实训场地	准备一间计算机教室,每名学生配备一台计算机	必备
材料、工具	机房考场计算机统一安装软件 Revit 2018 或以上版本,每名学生自备一套绘图工具(橡皮、铅笔、黑色钢笔等)	按需配备
考评教师	要求由具备至少三年以上教学经验的专业教师担任	必备

3. 考核时量

三小时。

4. 评分细则

考核项目的评价(表 1-14-2)包括职业素养与操作规范(表 1-14-3)、作品(表 1-14-4)两个方面,总分为 100 分。其中,职业素养与操作规范占该项目总分的 20%,作品占该项目总分的 80%。只有职业素养与操作规范、作品两项考核均合格,总成绩才能评定为合格。

表 1-14-2 评分总表

职业素养与操作规范得分 (权重系数 0.2)	作品得分 (权重系数 0.8)	总分

表 1-14-3 职业素养与操作规范评分表

考核内容	评分标准	扣分标准	标准分	得分
职业素养与操作规范	检查给定的资料是否齐全,检查计算机运行是否正常,检查软件运行是否正常,做好考核前的准备工作	没有检查记 0 分,少检查一项扣 5 分,扣完标准分为止	20	
	图纸作业应图层清晰、取名规范	图层分类不规范扣 5 分,名称不规范扣 5 分,扣完标准分为止	20	
	严格遵守实训场地纪律,有环境保护意识	有违反实训场地纪律行为扣 10 分,没有环境保护意识、乱扔纸屑各扣 5 分	20	
	不浪费材料,不损坏考核工具及设施	浪费材料、损坏考核工具及设施各扣 10 分	20	
	任务完成后,整齐摆放图纸、工具书、记录工具、凳子等,整理工作台面	任务完成后,没有整齐摆放图纸、工具书、记录工具扣 10 分;没有清理场地,没有摆好凳子、整理工作台面扣 10 分	20	
总 分			100	

表 1-14-4　作品评分表

序号	考核内容	评分标准	扣分标准	标准分	得分
1	专业图识读（20分）	选择题①正确回答	回答错误扣5分	5	
		选择题②正确回答	回答错误扣5分	5	
		选择题③正确回答	回答错误扣5分	5	
		选择题④正确回答	回答错误扣5分	5	
2	创建BIM模型（80分）	绘制平台	未按图纸尺寸绘制平台，每错一处扣2分，漏画平台扣10分，扣完标准分为止	10	
		绘制台阶踏步	未按图纸尺寸绘制台阶踏步，每错一处扣2分，未设置正确高度扣2分，漏画一处扣4分，扣完标准分为止	16	
		绘制柱子	未按图纸尺寸绘制柱子，每错一处扣2分，未放置正确位置扣2分，未设置正确高度扣2分，漏画一处扣4分，扣完标准分为止	12	
		绘制双坡屋顶	未按图纸尺寸绘制双坡屋顶，每错一处扣1分，漏画一处扣2分，扣完标准分为止	5	
		绘制屋面拱形造型	未按图纸尺寸绘制屋顶拱形造型，每错一处扣2分，漏画一处扣5分，扣完标准分为止	20	
		整体效果完整清晰	整体效果不完整、不清晰扣3.5分	7	
		保存项目文件并导出.jpg	未按路径要求保存文件扣2分，未保存源文件扣3分，未导出.jpg文件扣5分	10	
		总　　分		100	

注：作品没有完成总工作量的60%以上，作品评分记0分。

实训任务 1-15　运用 BIM 技术基础创建体量模型

1. 任务描述

正确识读图纸绘制模型并回答选择题。创建体量模型，完成后将模型源文件及.jpg图片格式文件保存在"桌面"/"工位号"命名的文件夹中。

本实训任务图纸下载

(1) 根据给定的图 1-15-1 需绘制的模型完成下列选择题。

① 在该模型中，体量高度为（　　）。

　　A. 20000　　　　　B. 20150　　　　　C. 52000　　　　　D. 15000

② 体量模型的制作方式为（　　）。

　　A. 常规模型　　　　　　　　　　　B. 概念体量

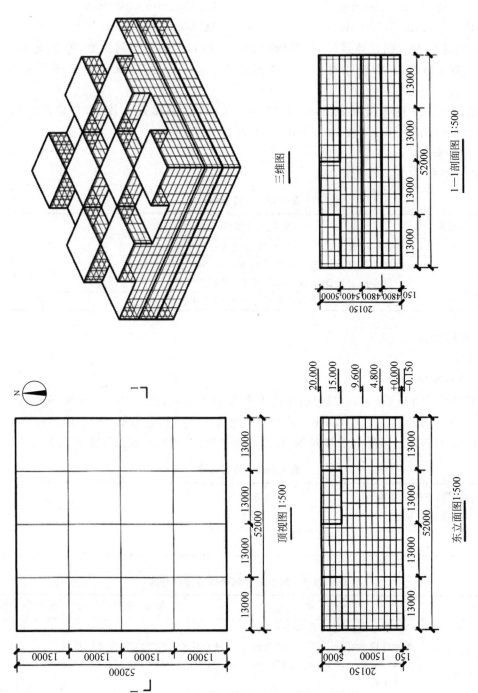

图 1-15-1 体量平面、立面及轴测图

③ 体量模型凸起的高度为（　　）mm。
   A. 5000　　　　　B. 1500　　　　　C. 2000　　　　　D. 2500
④ 体量模型幕墙网格尺寸为（　　）。
   A. 1000mm×2000mm　　　　　B. 1500mm×3000mm
   C. 1500mm×1500mm　　　　　D. 60mm×60mm

（2）创建模型。创建体量模型，根据图 1-15-1 所示的图纸绘制模型，将模型.rvt 源文件和.jpg 图片格式（三维模型图）文件以"体量模型＋工位号"为文件名保存至考生文件夹中。

根据图 1-15-1 的尺寸绘制出模型，包括幕墙、楼板和屋顶。其中，幕墙网格尺寸为 1500mm×3000mm，屋顶厚度为 125mm，楼板厚度为 150mm。

2．实施条件

实施条件如表 1-15-1 所示。

表 1-15-1　实施条件

实施条件内容	基本实施条件	备　注
实训场地	准备一间计算机教室，每名学生配备一台计算机	必备
材料、工具	机房考场计算机统一安装软件 Revit 2018 或以上版本，每名学生自备一套绘图工具（橡皮、铅笔、黑色钢笔等）	按需配备
考评教师	要求由具备至少三年以上教学经验的专业教师担任	必备

3．考核时量

三小时。

4．评分细则

考核项目的评价（表 1-15-2）包括职业素养与操作规范（表 1-15-3）、作品（表 1-15-4）两个方面，总分为 100 分。其中，职业素养与操作规范占该项目总分的 20％，作品占该项目总分的 80％。只有职业素养与操作规范、作品两项考核均合格，总成绩才能评定为合格。

表 1-15-2　评分总表

职业素养与操作规范得分 （权重系数 0.2）	作品得分 （权重系数 0.8）	总分

表 1-15-3　职业素养与操作规范评分表

考核内容	评分标准	扣分标准	标准分	得分
职业素养与操作规范	检查给定的资料是否齐全，检查计算机运行是否正常，检查软件运行是否正常，做好考核前的准备工作	没有检查记 0 分，少检查一项扣 5 分，扣完标准分为止	20	
	图纸作业应图层清晰、取名规范	图层分类不规范扣 5 分，名称不规范扣 5 分，扣完标准分为止	20	

续表

考核内容	评分标准	扣分标准	标准分	得分
职业素养与操作规范	严格遵守实训场地纪律，有环境保护意识	有违反实训场地纪律行为扣10分，没有环境保护意识、乱扔纸屑各扣5分	20	
	不浪费材料，不损坏考核工具及设施	浪费材料、损坏考核工具及设施各扣10分	20	
	任务完成后，整齐摆放图纸、工具书、记录工具、凳子等，整理工作台面	任务完成后，没有整齐摆放图纸、工具书、记录工具扣10分；没有清理场地，没有摆好凳子、整理工作台面扣10分	20	
总　分			100	

表1-15-4　作品评分表

序号	考核内容	评分标准	扣分标准	标准分	得分
1	专业图识读（20分）	选择题①正确回答	回答错误扣5分	5	
		选择题②正确回答	回答错误扣5分	5	
		选择题③正确回答	回答错误扣5分	5	
		选择题④正确回答	回答错误扣5分	5	
2	创建BIM模型（80分）	绘制体量	未按图纸尺寸绘制标高，每错一处扣1分，漏画一处扣2分，扣完标准分为止	10	
		绘制幕墙网格	未按图纸尺寸绘制幕墙网格，每错一处扣1分，漏画一处扣2分，扣完标准分为止	10	
		绘制屋顶	未按图纸尺寸绘制屋顶，每错一处扣2分，未设置屋顶厚度扣2分，漏画一处扣4分，扣完标准分为止	20	
		绘制楼板	未按图纸尺寸绘制楼板，每错一处扣2分，未设置楼板厚度扣2分，漏画一处扣4分，扣完标准分为止	20	
		整体效果完整清晰	整体效果不完整、不清晰扣5分	10	
		保存项目文件并导出.jpg	未按路径要求保存文件扣2分，未保存源文件扣3分，未导出.jpg文件扣5分	10	
总　分				100	

注：作品没有完成总工作量的60%以上，作品评分记0分。

模块2　岗位核心技能考核实训

技能项目1　民用建筑施工图设计(含初步设计)

"民用建筑施工图设计(含初步设计)"技能考核标准				
该项目要求学生熟悉掌握建筑制图国家标准,掌握《建筑工程设计文件编制深度规定》中建筑施工图设计文件深度要求,正确运用建筑专业CAD、天正软件及专业绘图工具,完成建筑施工图设计(含初步设计)深度的总平面、平面、立面、剖面及建筑构造设计				
技能要求	(1)能根据给定项目技术条件进行建筑施工图设计(含初步设计)深度的总平面图设计及成果绘制。 (2)能根据给定项目技术条件进行建筑施工图设计(含初步设计)深度的平面图、立面图、剖面图设计及成果绘制。 (3)能根据给定的项目技术条件进行建筑施工图构造设计及成果绘制。 (4)能正确运用建筑专业CAD、天正软件及专业绘图工具完成施工图设计(含初步设计)成果绘制			
职业素养要求	符合建筑师助理岗位的基本素养要求,体现良好的工作习惯。检查计算机及CAD、天正建筑软件运行是否正常。能按照建筑制图规范要求,正确运用专业制图CAD或天正软件和专业工具规范绘制给定条件的施工图(含初步设计)设计图。能准确把握专业线条和文字尺寸等规范绘制;图面线条、尺寸标注、文字样式等设置规范。设计、制图思路清晰,程序准确,操作得当,合理应用计算机。考核完毕后,图纸、工具书籍正确归位,不损坏考核工具、资料及设施,有良好的环境保护意识			
考核评价标准	"建筑施工图设计(含初步设计)"技能项目考核评价标准如下。			
^	评价内容	配分	考核点	备注
^	职业素养与操作规范(20分)	4	检查给定的资料是否齐全,检查计算机运行是否正常,检查软件运行是否正常,做好考核前的准备工作,少检查一项扣1分	出现明显失误造成计算机或软件、图纸、工具书和记录工具严重损坏等,严重违反考场纪律,造成恶劣影响的本大项记0分
^	^	4	图纸作业应图层清晰、取名规范,不规范一处扣1分	^
^	^	4	严格遵守实训场地纪律,有环境保护意识,违反一次扣1~2分(具体评分细则详见实训任务职业素养与操作规范评分表)	^
^	^	4	不浪费材料,不损坏考试工具及设施,浪费损坏一处扣2分	^
^	^	4	任务完成后,整齐摆放图纸、工具书、记录工具、凳子等,整理工作台面,未整洁一处扣2分	^

续表

	评价内容	配分	考 核 点	备 注
作品(80分)	绘图步骤清晰,图纸布置合理	16	熟悉施工图设计、制图步骤,完成图纸绘制任务,绘图质量达到要求,布图适中、匀称、美观,图面清晰,图示内容表达完整,未按要求完成扣2.4~8分(具体评分细则详见实训任务作品评分表)	没有完成总工作量的60%以上,作品评分记0分
	施工图定位准确,表达正确	48	熟练掌握建筑施工图的表达方式,尺寸标注准确,轴号标注准确,图例表达准确,每错一处扣0.4~3.2分(具体评分细则详见实训任务作品评分表)	
	线条线型、粗细表达清楚	16	根据建筑制图国家标准,准确设置线条线型和宽度,每错一处扣0.8~4分(具体评分细则详见实训任务作品评分表)	

"建筑施工图构造设计"技能项目考核评价标准如下。

	评价内容	配分	考 核 点	备 注
考核评价标准	职业素养与操作规范(20分)	4	检查考核内容、给定的图纸是否清楚,作图尺规工具是否干净整洁,做好考核前的准备工作,少检查一项扣1分	出现明显失误造成图纸、工具书和记录工具严重损坏等,严重违反考场纪律,造成恶劣影响的,本大项记0分
		4	图纸作业完整无损坏,考核成果纸面整洁无污物,污损一处扣2分	
		4	严格遵守实训场地纪律,有良好的环境保护意识,违反一次扣2分	
		4	不浪费材料,不损坏考核工具及设施,浪费一处扣2分	
		4	任务完成后,整齐摆放图纸(考试用纸和草稿纸)、工具书、记录工具、凳子,整理工作台面,保证工作台面和工作环境整洁无污物,未整洁一处扣2分	
作品(80分)	图纸内容按要求绘制完整	8	熟悉绘图步骤,完成图纸绘制任务,绘制图示内容表达完整,每缺失一处扣0.4~3.2分(具体评分细则详见实训任务作品评分表)	没有完成总工作量的60%以上,作品评分记0分
	建筑构造设计及表达规范准确	64	(1)能按要求正确绘制建筑各构造位置。 (2)能准确绘制与规范表达各构造及材料做法索引。 (3)能准确设计与规范表达各构造及材料细部尺寸。 (4)能按规范比例以施工图深度准确表达构造设计图。 每错一处扣0.8~8分(具体评分细则详见实训任务作品评分表)	
	线条线型、线宽表达规范	8	根据建筑制图国家标准,准确选择与绘制线条线型和宽度,每错一处扣0.8分(具体评分细则详见实训任务作品评分表)	

实训任务 2-1　民用建筑总平面施工图设计

本实训任务图纸下载

1. 任务描述

请对给定的某住宅小区总平面图(图 2-1-1,提供 CAD 电子文件,具体请扫描实训指导二维码,下同)进行识读,按照总平面施工图的制图标准及深度要求,运用天正建筑软件,在给定的 CAD 文件中完成总平面施工图设计,采用 1∶500 的比例出图,保存提交以"工位号+建筑施工图命名的 CAD"文件,保存并打印提交 PDF 出图文件。

总平面施工图设计要求如下。

(1) 用正确的线型补充描绘出用地红线,并标注用地红线的坐标。

(2) 依据给定的 2、3 号楼平面图(图 2-1-2),在总平面图中补绘其建筑物屋顶图示,总平面图为正上北下南。

(3) 以正确线型表达建筑物轮廓线,并标注建筑物名称、层数、四角定位坐标、总尺寸等。

(4) 依据规范要求完成竖向设计及深化表达。图 2-1-1 中已提供道路交叉点坐标和标高,需补充完整其他要素的表达,包括道路中心线、道路宽度、坡度、坡长、坡向、转弯半径等。

(5) 完善总平面施工图图面表达,补充图例和指北针。

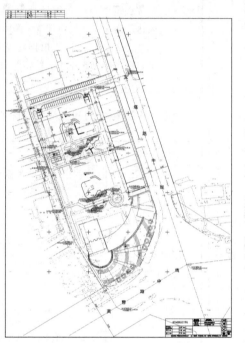

图 2-1-1　某住宅小区总平面图

2. 实施条件

实施条件如表 2-1-1 所示。

表 2-1-1　实施条件

实施条件内容	基本实施条件	备　注
实训场地	准备一间计算机教室,按考核人数,每人须配备一台装有相应考核软件的计算机	必备
材料、工具	计算机(装有 CAD、天正建筑软件),每名学生自备一套绘图工具(橡皮、铅笔、黑色钢笔等)、草稿纸	按需配备
考评教师	要求由具备至少三年以上教学经验的专业教师担任	必备

3. 考核时量

三小时。

4. 评分细则

考核项目的评价(表 2-1-2)包括职业素养与操作规范(表 2-1-3)、作品(表 2-1-4)两个方面,总分为 100 分。其中,职业素养与操作规范占该项目总分的 20%,作品占该项目总分的 80%。只有职业素养与操作规范、作品两项考核均合格,总成绩才能评定为合格。

表 2-1-2 评分总表

职业素养与操作规范得分（权重系数 0.2）	作品得分（权重系数 0.8）	总分

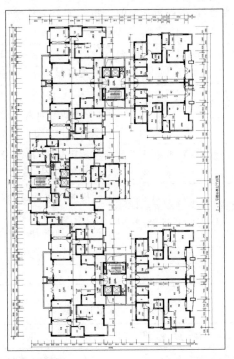

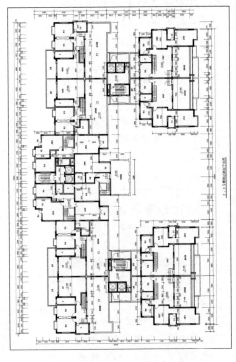

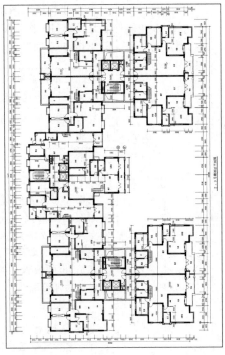

图 2-1-2 小区 2、3 号楼平面图

表 2-1-3　职业素养与操作规范评分表

考核内容	评分标准	扣分标准	标准分	得分
职业素养与操作规范	检查给定的资料是否齐全,检查计算机运行是否正常,检查软件运行是否正常,做好考核前的准备工作	没有检查记 0 分,少检查一项扣 5 分,扣完标准分为止	20	
	图纸作业应图层清晰、取名规范	图层分类不规范扣 5 分,名称不规范扣 5 分,扣完标准分为止	20	
	严格遵守考场纪律,有环境保护意识	有违反考场纪律行为扣 10 分,没有环境保护意识、乱扔纸屑各扣 5 分	20	
	不浪费材料,不损坏考试工具及设施	浪费材料、损坏考试工具及设施各扣 10 分	20	
	任务完成后,整齐摆放图纸、工具书、记录工具、凳子等,整理工作台面	任务完成后,没有整齐摆放图纸、工具书、记录工具扣 10 分;没有清理场地,没有摆好凳子、整理工作台面扣 10 分	20	
总　分			100	

表 2-1-4　作品评分表

序号	考核内容		评分标准	扣分标准	标准分	得分
1	绘图步骤清晰,图纸布置合理(20 分)		熟悉建筑施工图总平面图设计及绘制工作步骤,完成补绘工作,并正确提交 PDF 文件	建筑施工图总平面图设计及绘制步骤错误扣 3 分,补绘工作成果不完整扣 4 分,成果未按要求提交扣 3 分	10	
			绘图质量达到要求,内容表达完整,图纸布局合理	图纸布局不合理扣 5 分,整体深度未达到要求扣 5 分	10	
2	施工图定位准确,表达正确(60 分)	用地范围(10 分)	规范、准确地描绘出场地用地红线	用地红线绘制不完整扣 3 分,线型不正确扣 2 分	5	
			规范、准确地标注出用地红线的节点坐标	用地红线节点坐标,错漏一处扣 0.5 分,共 10 处	5	
		拟建建筑(20 分)	总图中 2、3 号住宅楼屋顶平面图的图形尺寸与其平面图文件中一致,且表达正确	屋面细节表达不完整扣 1 分,未表达细节扣 3 分	4	
			完整、正确地表达场地内所有建筑物外轮廓线	建筑物外轮廓线描绘错误一处扣 1 分,线型不正确扣 2 分,未描绘扣 4 分	4	
			完整、正确地表达场地内各建筑物名称及层数标注	建筑物名称错标或未标一处扣 1 分,共两处;层数错标或未标一处扣 1 分,共两处	4	

续表

序号	考核内容		评分标准	扣分标准	标准分	得分
2	施工图定位准确,表达正确(60分)	拟建建筑(20分)	准确、完整地标注出场地内各建筑物定位坐标。	建筑物定位坐标标注错、漏1处扣0.5分,共8处	4	
			系统完整地标注出建筑物自身尺寸及周边距离尺寸	建筑物相关尺寸标注错、漏一处扣1分,扣完标准分为止	4	
		道路(15分)	用正确的线型完整地表达出场地内所有道路中心线	道路中心线每错、漏一处扣1分,线型设置错误扣2分,扣完标准分为止	6	
			道路宽度及转弯半径标注完整、正确	道路宽度标注每错、漏一处扣0.5分,共6处;道路转弯半径每错、漏一处扣0.5分,共12处	9	
		竖向设计(15分)	补充道路竖向设计中的坡向、坡距及坡度标注	道路坡向标注每错、漏一处扣1分,道路坡度标注每错、漏一处扣1分,道路坡长标注每错、漏一处扣1分,扣完标准分为止	15	
3	施工图出图、比例及线型表达正确(20分)		在CAD文件中,按各图出图要求正确设置图纸比例	CAD文件中各图标注、填充等比例设置与出图比例不相符一处扣1分,扣完标准分为止	5	
			根据建筑制图国家标准,准确设置出图线型	线型及粗细设置错误一处扣1分,扣完标准分为止	5	
			地形图淡显设置	地形图未淡显扣5分	3	
			补充图例文字,标注图名	图例文字未标注或错误扣2分,图名未标注或错误扣2分,图形比例未标注或错误扣1分,指北针未标或错误扣2分	7	
	总 分				100	

注:作品没有完成总工作量的60%以上,作品评分记0分。

实训任务2-2 民用建筑平面施工图设计

1. 任务描述

请对给定的某住宅建筑方案平面图(图2-2-1,提供CAD电子文件)进行识读,按照建筑施工图制图标准及深度要求,运用天正建筑软件,在给定的CAD文件中完成架空层及一层平面图施工图设计工作任务,采用1∶100的比例出图,以"工位号"为文件名打印PDF文件并保存提交。

本实训任务图纸下载

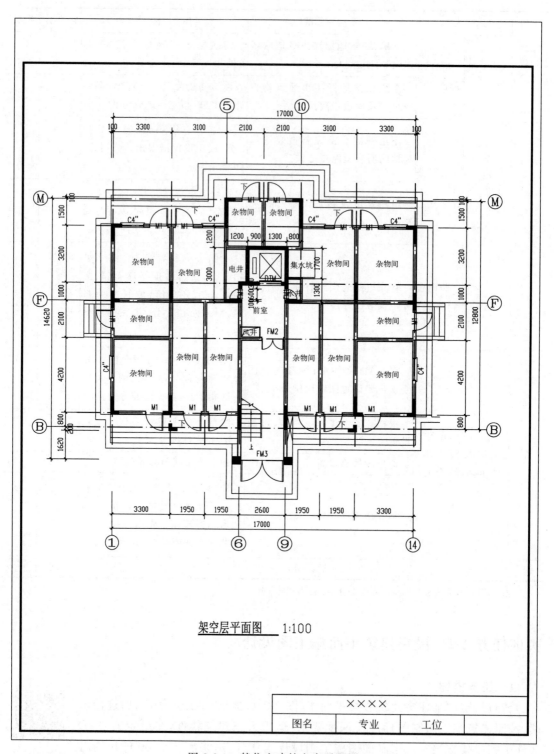

图 2-2-1 某住宅建筑方案平面图

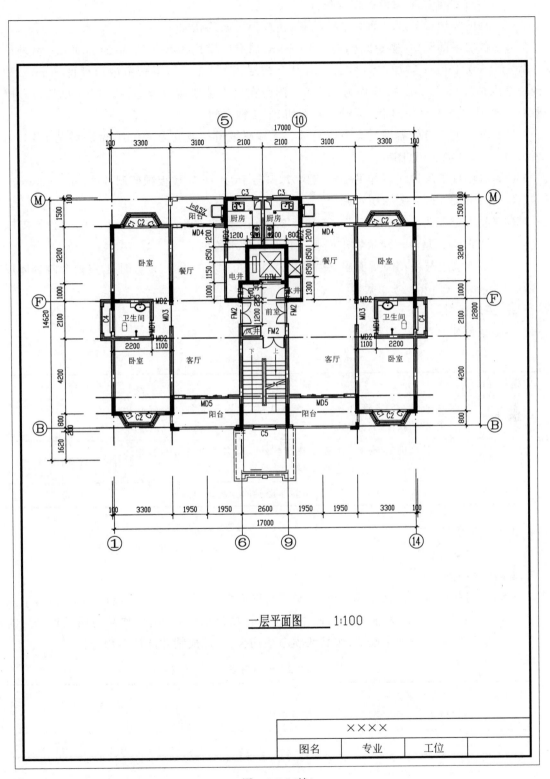

图 2-2-1(续)

建筑专业平面施工图设计技术条件。

(1) 轴网需协调各层平面图整体编制,建筑为正南北朝向。

(2) 首层平面图中,楼梯间标高−0.300m,储藏间室内地坪标高为±0.000m;室外地坪高度为−0.450m;首层层高为2.6m,其余楼层为3.0m。厨卫较室内地坪低30mm,阳台较室内地坪低50mm,找坡均为0.5%。阳台在适当位置需设置地漏。1—1剖切位置竖向剖切电梯及楼梯,2—2剖切位置竖向剖切3—4轴之间。

(3) 单元出入口处需满足无障碍要求。无障碍坡道的坡度为1∶10,做法详见13ZJ301第17页图1和第19页图6。

(4) 本项目厨房排气道详见2004XJ907,型号PCB-1～5楼板预留洞380mm×420mm。

(5) 门窗尺寸按方案图所示确定。

(6) 散水宽度为600mm,暗沟宽度为300mm,做法选用11ZJ901第7页图2砖砌暗沟—混凝土散水。暗沟于建筑物东南侧连接小区排水管网。

(7) 台阶采用灰色花岗石面层,做法详见11ZJ901第9页图15与图B,室外台阶具体尺寸为150mm×300mm(高×宽)。

2. 实施条件

实施条件如表2-2-1所示。

表2-2-1 实施条件

实施条件内容	基本实施条件	备 注
实训场地	准备一间计算机教室,按考核人数,每人须配备一台装有相应考核软件的计算机	必备
材料、工具	计算机(装有CAD、天正建筑软件),每名学生自备一套绘图工具(橡皮、铅笔、黑色钢笔等)、草稿纸	按需配备
考评教师	要求由具备至少三年以上教学经验的专业教师担任	必备

3. 考核时量

三小时。

4. 评分细则

考核项目的评价(表2-2-2)包括职业素养与操作规范(表2-2-3)、作品(表2-2-4)两个方面,总分为100分。其中,职业素养与操作规范占该项目总分的20%,作品占该项目总分的80%。只有职业素养与操作规范、作品两项考核均合格,总成绩才能评定为合格。

表2-2-2 评分总表

职业素养与操作规范得分 (权重系数0.2)	作品得分 (权重系数0.8)	总分

表 2-2-3 职业素养与操作规范评分表

考核内容	评分标准	扣分标准	标准分	得分
职业素养与操作规范	检查给定的资料是否齐全,检查计算机运行是否正常,检查软件运行是否正常,做好考核前的准备工作	没有检查记0分,少检查一项扣5分,扣完标准分为止	20	
	图纸作业应图层清晰、取名规范	图层分类不规范扣5分,名称不规范扣5分,扣完标准分为止	20	
	严格遵守考场纪律,有环境保护意识	有违反考场纪律行为扣10分;没有环境保护意识、乱扔纸屑各扣5分	20	
	不浪费材料,不损坏考试工具及设施	浪费材料、损坏考试工具及设施各扣10分	20	
	任务完成后,整齐摆放图纸、工具书、记录工具、凳子等,整理工作台面	任务完成后,没有整齐摆放图纸、工具书、记录工具扣10分;没有清理场地,没有摆好凳子、整理工作台面扣10分	20	
总 分			100	

表 2-2-4 作品评分表

序号	考核内容		评分标准	扣分标准	标准分	得分
1	绘图步骤清晰,图纸布置合理(20分)		熟悉建筑施工图平面图绘制工作步骤,正确提交PDF文件	绘制过程不正确,未按要求提交架空层平面图扣5分,未按要求提交一层平面图扣5分	10	
			绘图质量达到要求,内容表达完整,图纸布局合理	图纸布局不合理,整体深度未达到要求,每图扣5分	10	
2	施工图定位准确,表达正确(60分)	首层平面图(30分)	结合架空层及一层平面图,依据已有轴号进行系统的轴网编制,并将图中需标注轴号位置补充完整	需标注轴号处,每错、漏一处扣1分,扣完标准分为止	5	
			散水、暗沟表达,并标注尺寸	散水或暗沟线型不正确扣2分,尺寸错误扣2分	4	
			依据施工图深度要求,正确、规范地标注三道尺寸	尺寸标注不完整,缺漏一处扣1分,扣完标准分为止	5	
			依据施工图深度要求,正确、规范地标注门窗名称、尺寸,并按需补绘门口线	缺漏门窗名称或尺寸标注一处扣1分,缺漏门口线一处扣1分	3	
			依据施工图深度要求,正确、规范地标注各位置标高	标高标注错、漏一处扣0.5分,共6处	3	
			正确添加剖切符号	未表达或表达不正确每处扣1.5分,共两处	3	

续表

序号	考核内容		评分标准	扣分标准	标准分	得分
2	施工图定位准确,表达正确(60分)	首层平面图(30分)	正确标准索引符号：散水、暗沟、台阶、无障碍坡道及二层的厨房排气道	索引符号缺漏一处扣1分,共4处	4	
			正确标注楼梯间及台阶上下级数	楼梯级数标注错、漏一处扣1.5分,台阶错漏扣1.5分	3	
		二层平面图(30分)	结合架空层及一层平面图,依据已有轴号进行系统的轴网编制,并将图中需标注轴号位置补充完整	需标注轴号处,每错、漏一处扣1分,扣完标准分为止	5	
			依据施工图深度要求,正确、规范地标注三道尺寸	尺寸标注不完整,缺漏一处扣1分,扣完标准分为止	5	
			依据施工图深度要求,正确、规范地标注门窗名称、尺寸,补绘门口线	缺漏门窗名称及尺寸标注一处扣1分,缺漏门口线一处扣1分	5	
			正确组织阳台排水,补制地漏,并规范表达	未绘制阳台排水坡度及方向扣2分,未绘制地漏落水管扣1分,排水组织方案不合理扣1分	5	
			依据施工图深度要求,正确、规范地标注各位置标高	标高标注缺漏一处扣0.5分,共8处	4	
			正确标注楼梯间上下级数	级数标注错、漏一处扣1.5分,共2处	3	
			根据各功能空间需求,绘制空调穿墙孔洞	错、漏标注一处扣1.5分,共6处	3	
3	施工图出图、比例及线型表达正确(20分)		在CAD文件中,按各图出图要求正确设置图纸比例	CAD文件中各图标注、填充等比例设置与出图比例不相符,每一处扣1分,扣完标准分为止	6	
			根据建筑制图国家标准,准确设置出图线型	线型及粗细设置错误一处扣1分,扣完标准分为止	6	
			图名标注,文字备注	各图图名未标注或错误一处扣1分,需备注文字处未标注或错误标注一处扣1分,扣完标准分为止	8	
	总 分				100	

注：作品没有完成总工作量的60%以上,作品评分记0分。

实训任务 2-3　民用建筑剖面施工图设计

1. 任务描述

请对给定的某居住建筑(学生公寓)专业施工图的设计说明、平、立面图(图2-3-1,提供CAD文件,具体请扫描实训指导二维码)进行识读,按照建筑施工图制图标准及深度要求,运用天正建筑软件,在给定的CAD文件中,根据负一层平面2—2剖切线位置,完成2—2剖面施工图设计工作任务,采用1∶100

本实训任务图纸下载

的比例出图，以"工位号"为文件名打印 PDF 文件并保存提交。

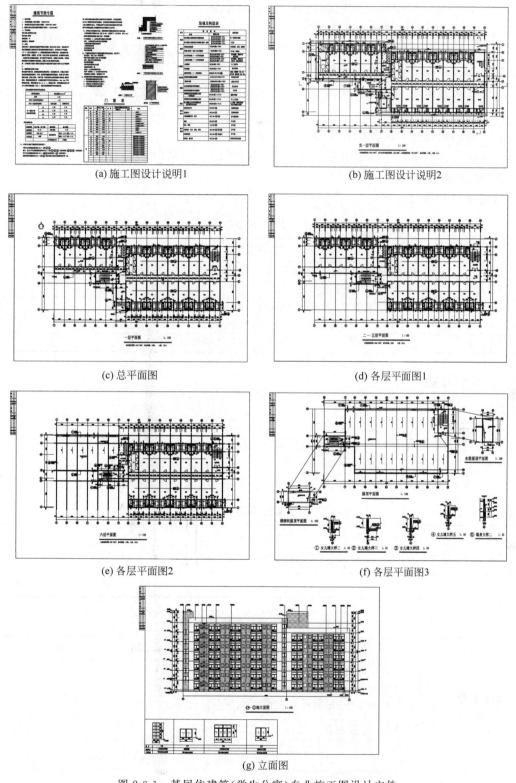

(a) 施工图设计说明1　　(b) 施工图设计说明2
(c) 总平面图　　(d) 各层平面图1
(e) 各层平面图2　　(f) 各层平面图3
(g) 立面图

图 2-3-1　某居住建筑(学生公寓)专业施工图设计文件

建筑专业剖面施工图设计技术条件如下。

(1) 层高均为 3.300m,卫生间结构板下沉 400mm。

(2) 门窗洞口高度尺寸详见门窗表。

(3) 屋面采用卷材防水屋面,双向找坡,3%坡向内天沟。内天沟宽度为 300mm,详见平面图。屋面做法详见 15ZJ001 屋 20。

(4) 散水宽度为 600mm,暗沟宽度为 300mm,做法选用 11ZJ901 第 7 页图 2 砖砌暗沟—混凝土散水。

(5) 楼梯间设计需符合相关规范及本项目平面要求。

(6) 屋面出入口做法索引中南标准图集 15ZJ201 第 16 页图 2。

2. 实施条件

实施条件如表 2-3-1 所示。

表 2-3-1 实施条件

实施条件内容	基本实施条件	备注
实训场地	准备一间计算机教室,按考核人数,每人须配备一台装有相应考核软件的计算机	必备
材料、工具	计算机(装有 CAD、天正建筑软件),每名学生自备一套绘图工具(橡皮、铅笔、黑色钢笔等)、草稿纸	按需配备
考评教师	要求由具备至少三年以上教学经验的专业教师担任	必备

3. 考核时量

三小时。

4. 评分细则

考核项目的评价(表 2-3-2)包括职业素养与操作规范(表 2-3-3)、作品(表 2-3-4)两个方面,总分为 100 分。其中,职业素养与操作规范占该项目总分的 20%,作品占该项目总分的 80%。只有职业素养与操作规范、作品两项考核均合格,总成绩才能评定为合格。

表 2-3-2 评分总表

职业素养与操作规范得分 (权重系数0.2)	作品得分 (权重系数0.8)	总分

表 2-3-3 职业素养与操作规范评分表

考核内容	评分标准	扣分标准	标准分	得分
职业素养与操作规范	检查给定的资料是否齐全,检查计算机运行是否正常,检查软件运行是否正常,做好考核前的准备工作	没有检查记 0 分,少检查一项扣 5 分,扣完标准分为止	20	
	图纸作业应图层清晰、取名规范	图层分类不规范扣 5 分,名称不规范扣 5 分,扣完标准分为止	20	

续表

考核内容	评 分 标 准	扣 分 标 准	标准分	得分
职业素养与操作规范	严格遵守考场纪律,有环境保护意识	有违反考场纪律行为扣10分,没有环境保护意识、乱扔纸屑各扣5分	20	
	不浪费材料,不损坏考试工具及设施	浪费材料、损坏考试工具及设施各扣10分	20	
	任务完成后,整齐摆放图纸、工具书、记录工具、凳子等,整理工作台面	任务完成后,没有整齐摆放图纸、工具书、记录工具扣10分;没有清理场地,没有摆好凳子、整理工作台面扣10分	20	
总 分			100	

表2-3-4 作品评分表

序号	考核内容		评 分 标 准	扣 分 标 准	标准分	得分
1	绘图步骤清晰,图纸布置合理(20分)		熟悉建筑施工图剖面图绘制工作步骤,并正确提交PDF文件	绘制过程不正确,成果未按要求提交,扣10分	10	
			绘图质量达到要求,内容表达完整,图纸布局合理	内容不完整,图纸布局不合理,扣10分	10	
2	施工图定位准确,表达正确(60分)	空间剖切关系正确(10分)	剖面图中空间关系与本工程平面图、立面图对应关系正确	每一处错误扣1分,扣完标准分为止	5	
			剖面图与平面剖切位置相符	每一处错误扣1分,扣完标准分为止	5	
		剖切空间构件表达完整、正确(30分)	依据项目相关技术要求,完整正确表达出剖切位置的墙体、梁、柱	错漏一处扣1分,扣完标准分为止	4	
			依据项目相关技术要求,完整正确表达出室外地面、底层地面、各层楼板	错漏一处扣1分,扣完标准分为止	4	
			依据项目相关技术要求,完整正确表达出屋架、屋顶、檐口、女儿墙	错漏一处扣1分,扣完标准分为止	4	
			依据项目相关技术要求,完整正确表达出门、窗、门窗过梁	错漏一处扣1分,扣完标准分为止	4	
			依据项目相关技术要求,完整正确表达出楼梯空间,包括剖切梯段、可见梯段、休息平台、楼层平台及栏杆	梯段台阶尺寸或数量错误扣2分,梯段剖切关系错误扣1分,休息平台或楼层平台及梁错绘缺绘各扣1分	4	

续表

序号	考核内容		评分标准	扣分标准	标准分	得分
2	施工图定位准确，表达正确(60分)	剖切空间构件表达完整、正确(30分)	依据项目相关技术要求，完整正确绘制出室外台阶	错绘或缺绘扣4分	4	
			依据项目相关技术要求，完整正确表达出卫生间地面下沉	错绘一处扣1分，扣完标准分为止	3	
			依据项目相关技术要求，完整正确表达出可见的门窗、柱、梁底线、构件投影线	错漏一处扣1分，扣完标准分为止	3	
		符号标注(20分)	正确绘制墙、柱与轴线及轴线编号	错标或缺标注一处扣1分，扣完为止	4	
			正确标注水平尺寸：总尺寸、进深尺寸、楼梯梯段及踏步尺寸	错漏一处扣1分，扣完标准分为止	4	
			正确标注外部高度尺寸：门、窗、洞口高度、层间高度、室内外高差、女儿墙高度、阳台栏杆高度、总高度	错漏一处扣1分，扣完标准分为止	3	
			正确标注内部高度尺寸：地沟深度、隔断、内窗、洞口、平台、吊顶等	错漏1处扣1分，扣完标准分为止	3	
			正确标注各处标高：主要结构和建筑构造部件的标高，室内地面、楼面、雨篷、屋面、女儿墙顶、高出屋面的构筑物等的标高，室外地面标高	错标或缺标注一处扣1分，扣完标准分为止	3	
			对应平、立面及技术条件正确标注标准图集索引号	错漏一处扣1分，扣完标准分为止	3	
3	施工图出图、比例及线型表达正确(20分)		在CAD文件中，按各图出图要求正确设置图纸比例	CAD文件中各图标注、填充等比例设置与出图比例不相符，每一处扣1分，扣完标准分为止	8	
			根据建筑制图国家标准，准确设置出图线型	线型及粗细设置错误一处扣1分，扣完标准分为止	6	
			图名标注，文字备注	各图图名未标注或错误一处扣1分；需备注文字处未标注或错误标注一处扣1分，扣完标准分为止	6	
	总 分				100	

注：作品没有完成总工作量的60%以上，作品评分记0分。

实训任务 2-4　民用建筑墙身构造设计

1. 任务描述

完成某综合楼施工图的墙体构造设计(图 2-4-1)。

本实训任务图纸下载

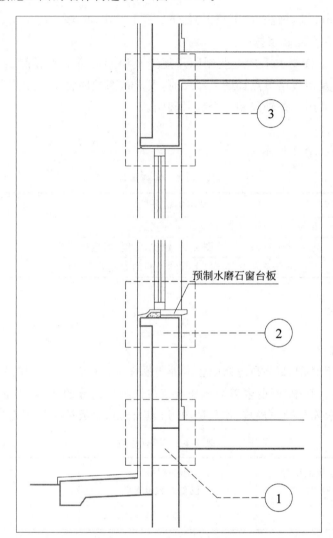

图 2-4-1　墙体构造示意图

(1) 任务内容。

① 某市一综合楼为四层砖混结构,室内外高差 450mm,建筑层高 3300mm,窗台高 900mm,窗高 1800mm。

② 墙身主体为烧结页岩多孔砖,墙体厚度取 240mm。

③ 钢筋混凝土楼板、圈梁、过梁整体现浇。

④ 门、窗材料自定。

⑤ 室内地坪层次(从下至上)如下:素土夯实、3∶7 灰土厚 100mm、C15 素混凝土层厚

100mm、20厚1∶3干硬性水泥砂浆结合层、500×500花岗石面层。

⑥ 内墙为20mm厚石灰砂浆抹面,外墙构造做法(由内至外)如下:20厚1∶3水泥砂浆、240厚烧结页岩多孔砖、15厚1∶3水泥砂浆找平、5厚聚合物砂浆、60厚半硬质矿(岩)棉板(墙体)、5厚聚合物抗裂砂浆(敷设耐碱玻纤网格布一层)、15厚1∶3水泥砂浆、真石漆面层喷涂(三层)。

⑦ 散水600mm长,做法(由下至上)如下:素土夯实、80厚碎砖垫层、60厚C20细石混凝土、20厚1∶2.5水泥砂浆抹平。

(2)成果要求:按要求采用专业制图尺规工具绘制墙身节点详图(比例1∶10),即墙脚、窗台处和过梁及楼板层节点详图。布图时,要求按照顺序将1、2、3节点从下到上布置在同一条垂直线上,共用一条轴线和一个编号圆圈。

2. 实施条件

实施条件如表2-4-1所示。

表2-4-1 实施条件

实施条件内容	基本实施条件	备注
实训场地	准备一间绘图教室,每名学生一张绘图桌	必备
材料、工具	每名学生自备一套绘图工具(橡皮、铅笔、黑色钢笔等)	按需配备
考评教师	要求由具备至少三年以上教学经验的专业教师担任	必备

3. 考核时量

三小时。

4. 评分细则

考核项目的评价(表2-4-2)包括职业素养与操作规范(表2-4-3)、作品(表2-4-4)两个方面,总分为100分。其中,职业素养与操作规范占该项目总分的20%,作品占该项目总分的80%。只有职业素养与操作规范、作品两项考核均合格,总成绩才能评定为合格。

表2-4-2 评分总表

职业素养与操作规范得分(权重系数0.2)	作品得分(权重系数0.8)	总分

表2-4-3 职业素养与操作规范评分表

考核内容	评分标准	扣分标准	标准分	得分
职业素养与操作规范	检查试卷内容、给定的图纸是否清楚,作图尺规工具是否干净整洁,做好考核前的准备工作	没有检查记0分,少检查一项扣5分	20	
	图纸作业完整无损坏,考试成果纸面整洁无污物	图纸作业损坏扣10分,考试成果纸面有污物扣10分	20	

续表

考核内容	评分标准	扣分标准	标准分	得分
职业素养与操作规范	严格遵守考场纪律,有环境保护意识	有违反考场纪律行为扣10分,没有环境保护意识、乱扔纸屑扣10分	20	
	不浪费材料,不损坏考试工具及设施	浪费材料、损坏考试工具及设施各扣10分	20	
	任务完成后,整齐摆放图纸、工具书、记录工具、凳子等,整理工作台面	任务完成后,没有整齐摆放图纸、工具书、记录工具扣10分;没有清理场地,没有摆好凳子、整理工作台面扣10分	20	
总 分			100	

表 2-4-4 作品评分表

序号	考核内容		评分标准	扣分标准	标准分	得分
1	图纸内容按要求绘制完整(10分)		墙脚、窗台处和过梁及楼板层节点三个详图按要求表达完整	墙脚、窗台处和过梁及楼板层节点三个详图缺失分别扣4分、3分、3分	10	
2	建筑构造设计及表达规范准确(80分)	绘制墙角位置构造方法与材料索引(30分)	正确绘制室内地坪位置构造方法	检测绘制考点错一处扣2分,扣完标准分为止	10	
			标注地坪层材料索引	标注错误或者缺标注每处扣1分,扣完标准分为止	5	
			正确绘制散水构造方法	检测绘制考点错一处扣2分,扣完标准分为止	10	
			标注散水部位材料索引	标注错误或者缺标注每处扣1分,扣完标准分为止	5	
		绘制窗台构造方法(25分)	正确绘制墙体构造	检测绘制考点错一处扣2分,扣完标准分为止	10	
			标注墙体部位材料索引	标注错误或者缺标注每处扣1分,扣完标准分为止	5	
			正确绘制窗台构造	检测绘制考点错一处扣2分,扣完标准分为止	10	
		绘制窗顶过梁、现浇钢筋混凝土楼板与圈梁的构造方法(10分)	正确绘制窗顶过梁构造	检测绘制考点错一处扣2分,扣完标准分为止	5	
			正确绘制现浇钢筋混凝土楼板与圈梁的构造	检测绘制考点错一处扣2分,扣完标准分为止	5	
		尺寸与标高标注(15分)	绘制防潮层的位置,并以尺寸或标高定位	检测绘制考点错一处扣1分	2	
			标注室外地坪标高、室内地坪标高、楼层标高	检测绘制考点错一处扣4分	12	
			标注散水长度	检测绘制考点错一处扣1分	1	

续表

序号	考核内容	评分标准	扣分标准	标准分	得分
3	线条线型、线宽表达规范（10分）	根据建筑制图国家标准，准确选择与绘制线条线型	检测考点错一处扣1分，扣完标准分为止	5	
		根据建筑制图国家标准，准确选择与绘制线条宽度	检测考点错一处扣1分，扣完标准分为止	5	
		总　分		100	

注：作品没有完成总工作量的60%以上，作品评分记0分。

实训任务 2-5　民用建筑挑窗构造设计

1. 任务描述

对给定的某住宅建筑挑窗构造详图（图 2-5-1）进行挑窗剖面节点构造设计。按建筑施工图的专业制图标准，采用专业制图工具按 1∶20 比例绘制挑窗 a—a 剖面。

本实训任务图纸下载

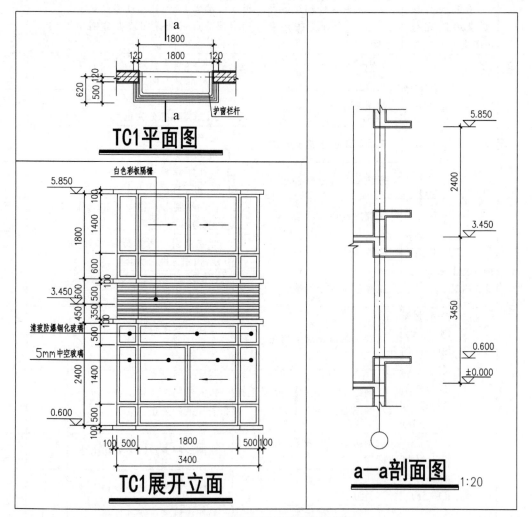

图 2-5-1　某住宅建筑挑窗构造详图

技术要求如下。

(1) 按 1∶20 比例完成 TC1 的 a—a 剖面。详图范围：左侧绘制部分室内墙体，用折断线折断。

(2) 窗台高 600mm，护栏高 900mm，窗边距悬挑外沿 50mm，挑窗下方放置空调外机，面层为白色塑钢百叶。

2. 实施条件

实施条件如表 2-5-1 所示。

表 2-5-1　实施条件

实施条件内容	基本实施条件	备注
实训场地	准备一间绘图教室，每名学生一张绘图桌	必备
资料	学生自备相关专业参考资料	按需配备
材料、工具	每名学生统一配备 A2 绘图纸一张，自备一套草稿用拷贝纸及绘图工具（A2 图板、三角板、丁字尺、针管笔、橡皮、铅笔）	按需配备
考评教师	要求由具备至少三年以上教学经验的专业教师担任	必备

3. 考核时量

三小时。

4. 评分细则

考核项目的评价（表 2-5-2）包括职业素养与操作规范（表 2-5-3）、作品（表 2-5-4）两个方面，总分为 100 分。其中，职业素养与操作规范占该项目总分的 20%，作品占该项目总分的 80%。只有职业素养与操作规范、作品两项考核均合格，总成绩才能评定为合格。

表 2-5-2　评分总表

职业素养与操作规范得分 （权重系数 0.2）	作品得分 （权重系数 0.8）	总分

表 2-5-3　职业素养与操作规范评分表

考核内容	评分标准	扣分标准	标准分	得分
职业素养与操作规范	检查试卷内容、给定的图纸是否清楚，作图尺规工具是否干净整洁，做好考核前的准备工作	没有检查记 0 分，少检查一项扣 5 分	20	
	图纸作业完整无损坏，考试成果纸面整洁无污物	图纸作业损坏扣 10 分，考试成果纸面有污物扣 10 分	20	
	严格遵守考场纪律，有环境保护意识	有违反考场纪律行为扣 10 分，没有环境保护意识、乱扔纸屑扣 10 分	20	
	不浪费材料，不损坏考试工具及设施	浪费材料、损坏考试工具及设施各扣 10 分	20	
	任务完成后，整齐摆放图纸、工具书、记录工具、凳子等，整理工作台面	任务完成后，没有整齐摆放图纸、工具书、记录工具扣 10 分；没有清理场地，没有摆好凳子、整理工作台面扣 10 分	20	
总　分			100	

表 2-5-4 作品评分表

序号	考核内容		评分标准	扣分标准	标准分	得分
1	图纸内容按要求绘制完整(10分)		窗台、空调外机位百叶窗、窗顶过梁及楼板层节点三个详图按要求表达完整	窗台、空调外机位百叶窗、窗顶过梁及楼板层节点三个详图缺失分别扣4分、3分、3分	10	
2	建筑构造设计及表达规范准确(80分)	挑窗剖面图(30分)	正确绘制挑窗剖切位置节点构造	挑窗剖面不符合任务要求扣10分,建筑材料表达不正确每处扣5分	10	
			侧窗投影位置正确	未绘制侧窗投影扣10分,绘制不正确每处扣5分	10	
			完成挑窗细部尺寸标注	未标注挑窗尺寸10分,标注错误每处扣2分	10	
		护窗栏杆绘制准确(25分)	正确绘制挑窗护窗栏杆	栏杆位置不正确或未绘制护窗栏杆扣10分	10	
			完成护窗栏杆尺寸标注	未标注栏杆尺寸扣10分	10	
			完成文字注释	未标注文字扣5分	5	
		空调机位塑钢百叶窗绘制准确(25分)	正确绘制空调机位塑钢百叶窗剖切位置	空调机位塑钢百叶窗位置不正确或未绘制,扣10分	10	
			完成空调机位塑钢百叶窗细部尺寸标注	未标注尺寸扣10分,尺寸绘制不正确每处扣2分	10	
			完成文字注释	未标注文字扣5分	5	
3	线条线型、线宽表达规范(10分)		根据建筑制图国家标准,准确选择与绘制线条线型	检测考点错一处扣1分,扣完标准分为止	5	
			根据建筑制图国家标准,准确选择与绘制线条宽度	检测考点错一处扣1分,扣完标准分为止	5	
	总 分				100	

注:作品没有完成总工作量的60%以上,作品评分记0分。

实训任务 2-6 民用建筑屋面泛水构造设计

1. 任务描述

对给定的某住宅建筑屋顶女儿墙构造轮廓底图(图 2-6-1)进行泛水节点构造设计,按建筑施工图的专业制图标准,采用专业制图工具按 1∶20 比例绘制构造大样图。

技术要求如下。

(1)屋面为现浇钢筋混凝土屋面板,按 1∶20 比例完成泛水构造大样。详图范围:右侧绘制部分室内楼板,用折断线折断。

(2)屋顶构造(由下至上)如下:10 厚混合砂浆、80 厚现浇钢筋混凝土屋面板、1∶6 水泥焦渣找坡度 2%(最薄处 20)、20 厚 1∶3 水泥砂浆找平层、刷基层处理剂一道、专用胶铺

本实训任务图纸下载

贴 3 厚 SBS 卷材一层、40 厚聚苯乙烯泡沫塑料、10 厚 1∶4 灰砂隔离层、35×495×495 钢筋混凝土预制板(内配 ϕ4@200 双向),1∶3 水泥砂浆勾缝。

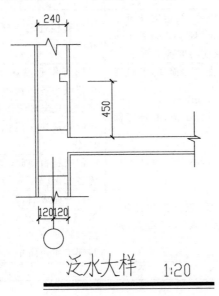

图 2-6-1　某住宅建筑屋顶女儿墙构造轮廓底图

2．实施条件

实施条件如表 2-6-1 所示。

表 2-6-1　实施条件

实施条件内容	基本实施条件	备　注
实训场地	准备一间绘图教室,每名学生一张绘图桌	必备
资料	学生自备相关专业参考资料	按需配备
材料、工具	每名学生统一配备 A3 绘图纸一张,自备一套草稿用拷贝纸及绘图工具(A2 图板、三角板、丁字尺、针管笔、橡皮、铅笔)	按需配备
考评教师	要求由具备至少三年以上教学经验的专业教师担任	必备

3．考核时量

三小时。

4．评分细则

考核项目的评价(表 2-6-2)包括职业素养与操作规范(表 2-6-3)、作品(表 2-6-4)两个方面,总分为 100 分。其中,职业素养与操作规范占该项目总分的 20%,作品占该项目总分的 80%。只有职业素养与操作规范、作品两项考核均合格,总成绩才能评定为合格。

表 2-6-2　评分总表

职业素养与操作规范得分 (权重系数 0.2)	作品得分 (权重系数 0.8)	总分

表 2-6-3　职业素养与操作规范评分表

考核内容	评分标准	扣分标准	标准分	得分
职业素养与操作规范	检查试卷内容、给定的图纸是否清楚，作图尺规工具是否干净整，做好考核前的准备工作	没有检查记 0 分，少检查一项扣 5 分	20	
	图纸作业完整无损坏，考试成果纸面整洁无污物	图纸作业损坏扣 10 分，考试成果纸面有污物扣 10 分	20	
	严格遵守考场纪律，有环境保护意识	有违反考场纪律行为扣 10 分，没有环境保护意识、乱扔纸屑扣 10 分	20	
	不浪费材料，不损坏考试工具及设施	浪费材料、损坏考试工具及设施各扣 10 分	20	
	任务完成后，整齐摆放图纸、工具书、记录工具、凳子等，整理工作台面	任务完成后，没有整齐摆放图纸、工具书、记录工具扣 10 分；没有清理场地，没有摆好凳子、整理工作台面扣 10 分	20	
总　分			100	

表 2-6-4　作品评分表

序号	考核内容	评分标准	扣分标准	标准分	得分
1	图纸内容按要求绘制完整（10 分）	泛水节点详图按要求表达完整	屋面和泛水节点构造两部分详图缺失各扣 5 分	10	
2	建筑构造设计及表达规范准确（80 分） 屋面构造绘制准确（40 分）	正确绘制屋面节点构造	屋面构造不符合任务要求扣 25 分，建筑材料表达不正确每处扣 5 分，扣完标准分为止	25	
		正确绘制屋面构造索引标注与细部尺寸标注	未标注墙体厚度扣 5 分，材料引注错误每处扣 2 分	15	
	泛水构造绘制准确（40 分）	正确绘制泛水构造并标注泛水收口尺寸	未正确绘制泛水扣 8 分，未标注泛水收口尺寸 5 分	15	
		正确表达泛水部位文字标注	未标注泛水做法扣 10 分	10	
		正确绘制附加卷材的位置并标注其尺寸	未绘制附加卷材扣 5 分，未标注附加卷材迎水面尺寸扣 3 分，未绘制附加卷材受水面尺寸扣 2 分	15	
3	线条线型、线宽表达规范（10 分）	根据建筑制图国家标准，准确选择与绘制线条线型	检测考点错一处扣 1 分，扣完标准分为止	5	
		根据建筑制图国家标准，准确选择与绘制线条宽度	检测考点错一处扣 1 分，扣完标准分为止	5	
总　分				100	

注：作品没有完成总工作量的 60% 以上，作品评分记 0 分。

实训任务 2-7　民用建筑楼梯构造设计

1. 任务描述

根据给定某住宅建筑的楼梯剖面图(图 2-7-1)完成楼梯构造平面图设计与绘制。

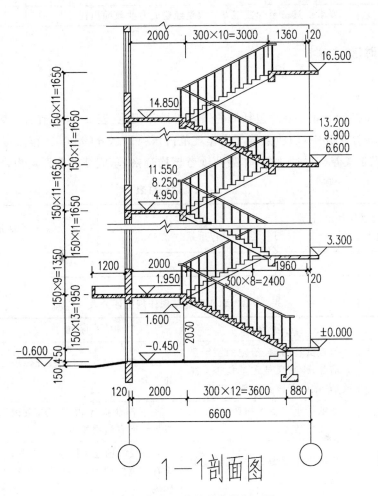

图 2-7-1　某住宅建筑的楼梯剖面图

任务内容为：某学生宿舍楼的层高为 3.3m，楼梯间开间尺寸为 4.0m，进深尺寸为 6.6m。楼梯平台下做出入口，室内外高差为 600mm，根据题意提供的 1—1 剖面图，按 1∶50 比例绘制楼梯间底层平面图、二层平面图、标准层平面图和顶层平面图，并用尺寸线注明休息平台宽度、梯段宽度、井道宽度(60mm)、平台标高等。

2. 实施条件

实施条件如表 2-7-1 所示。

表 2-7-1 实施条件

实施条件内容	基本实施条件	备注
实训场地	准备一间绘图教室，每名学生一张绘图桌	必备
资料	学生自备相关专业参考资料	按需配备
材料、工具	每名学生统一配备 A2 绘图纸一张，自备一套草稿用拷贝纸及绘图工具（A2 图板、三角板、丁字尺、针管笔、橡皮、铅笔）	按需配备
考评教师	要求由具备至少三年以上教学经验的专业教师担任	必备

3．考核时量

三小时。

4．评分细则

考核项目的评价（表 2-7-2）包括职业素养与操作规范（表 2-7-3）、作品（表 2-7-4）两个方面，总分为 100 分。其中，职业素养与操作规范占该项目总分的 20%，作品占该项目总分的 80%。只有职业素养与操作规范、作品两项考核均合格，总成绩才能评定为合格。

表 2-7-2 评分总表

职业素养与操作规范得分（权重系数 0.2）	作品得分（权重系数 0.8）	总分

表 2-7-3 职业素养与操作规范评分表

考核内容	评分标准	扣分标准	标准分	得分
职业素养与操作规范	检查试卷内容、给定的图纸是否清楚，作图尺规工具是否干净整洁，做好考核前的准备工作	没有检查记 0 分，少检查一项扣 5 分	20	
	图纸作业完整无损坏，考试成果纸面整洁无污物	图纸作业损坏扣 10 分，考试成果纸面有污物扣 10 分	20	
	严格遵守考场纪律，有环境保护意识	有违反考场纪律行为扣 10 分，没有环境保护意识、乱扔纸屑扣 10 分	20	
	不浪费材料，不损坏考试工具及设施	浪费材料、损坏考试工具及设施各扣 10 分	20	
	任务完成后，整齐摆放图纸、工具书、记录工具、凳子等，整理工作台面	任务完成后，没有整齐摆放图纸、工具书、记录工具扣 10 分；没有清理场地、没有摆好凳子、整理工作台面扣 10 分	20	
总分			100	

表 2-7-4 作品评分表

序号	考核内容		评分标准	扣分标准	标准分	得分
1	图纸内容按要求绘制完整(10分)		楼梯间四个平面按要求表达完整	楼梯间四个平面缺失一个扣2.5分	10	
2	建筑构造设计及表达规范准确(80分)	绘制楼梯间首层平面图(20分)	正确绘制楼梯首层平面图梯段平面形式,含踏步、栏杆扶手、剖断线、指示箭头及名称	楼梯首层平面图梯段平面形式绘制错误一处扣1.5分,扣完标准分为止	7.5	
			正确完成楼梯间首层尺寸标注,含休息平台宽度、梯段宽度、梯级数、井道宽度	检测考点错一处扣2分,扣完标准分为止	8	
			正确表达楼梯间首层标高标注,含室外地坪标高、楼梯间入口处标高、室内地坪标高	检测考点错一处扣1.5分,扣完标准分为止	4.5	
		绘制楼梯间二层平面图(25分)	正确绘制楼梯间二层平面图梯段平面形式,含踏步、栏杆扶手、剖断线、指示箭头及名称	楼梯间二层平面图梯段平面形式绘制错误一处扣1.5分,扣完标准分为止	8	
			正确完成楼梯间首层尺寸标注,含休息平台宽度、梯段宽度、梯级数、井道宽度	检测考点错一处扣2分,扣完标准分为止	8	
			正确表达楼梯间首层标高标注,含中间平台标高、楼层标高	检测考点错一处扣2分,扣完标准分为止	4	
			正确绘制雨篷平面形式	雨篷平面形式绘制错误扣5分	5	
		绘制楼梯间标准层平面图(20分)	正确绘制楼梯间标准层平面图梯段平面形式,含踏步、栏杆扶手、剖断线、指示箭头及名称	楼梯间标准层平面图梯段平面形式绘制错误一处扣1.6分,扣完标准分为止	8	
			正确完成楼梯间首层尺寸标注,含休息平台宽度、梯段宽度、梯级数、井道宽度	检测考点错一处扣2分,扣完标准分为止	8	
			正确表达楼梯间首层标高标注,含中间平台标高、楼层标高	检测考点错一处扣2分,扣完标准分为止	4	
		绘制楼梯间顶层平面图(15分)	正确绘制楼梯间顶层平面图梯段平面形式,含踏步、栏杆扶手、指示箭头及名称	楼梯间顶层平面图梯段平面形式绘制错误一处扣1.25分,扣完标准分为止	5	
			正确完成楼梯间顶层尺寸标注,含休息平台宽度、梯段宽度、梯级数、井道宽度	检测考点错一处扣1.25分,扣完标准分为止	5	
			正确表达楼梯间顶层标高标注,含中间平台标高、顶层标高	检测考点错一处扣2.5分,扣完标准分为止	5	
3	线条线型、线宽表达规范(10分)		根据建筑制图国家标准,准确选择与绘制线条线型	检测考点错一处扣1分,扣完标准分为止	5	
			根据建筑制图国家标准,准确选择与绘制线条宽度	检测考点错一处扣1分,扣完标准分为止	5	
			总 分		100	

注:作品没有完成总工作量的60%以上,作品评分记0分。

实训任务 2-8　民用建筑卫生间详图设计

1. 任务描述

对给定某住宅建筑户型方案平面图（图 2-8-1）的 2 号卫生间进行设备优化布置设计，按建筑施工图深度的专业制图标准，采用专业制图工具按 1∶50 比例绘制卫生间平面大样图。

技术条件如下。

（1）2 号卫生间及前室的轴线及轴线尺寸如图 2-8-1 所示。

本实训任务
图纸下载

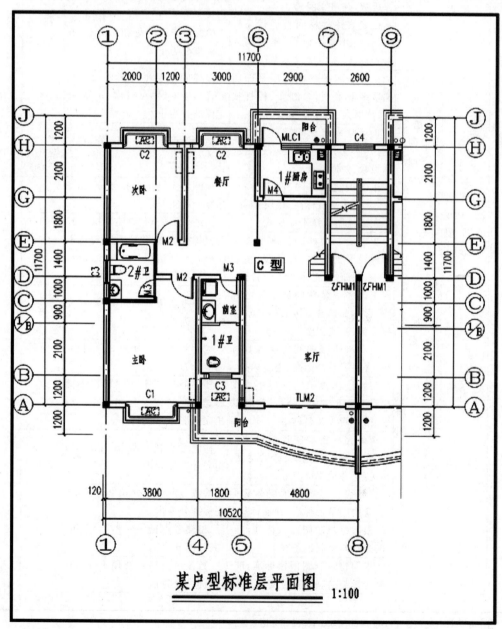

图 2-8-1　某住宅建筑户型方案平面图

(2) 卫生间相对楼层平面标高低 50mm。
(3) 卫生间内布置一个洗脸盆、一个坐便器和一个浴缸。
(4) 绘制卫生间地漏,地面排水排向地漏,排水坡度为 1%。

2. 实施条件
实施条件如表 2-8-1 所示。

表 2-8-1 实施条件

实施条件内容	基本实施条件	备 注
实训场地	准备一间绘图教室,每名学生一张绘图桌	必备
资料	学生自备相关专业参考资料	按需配备
材料、工具	每名学生统一配备 A2 绘图纸一张,自备一套草稿用拷贝纸及绘图工具(A2 图板、三角板、丁字尺、针管笔、橡皮、铅笔)	按需配备
考评教师	要求由具备至少三年以上教学经验的专业教师担任	必备

3. 考核时量
三小时。

4. 评分细则
考核项目的评价(表 2-8-2)包括职业素养与操作规范(表 2-8-3)、作品(表 2-8-4)两个方面,总分为 100 分。其中,职业素养与操作规范占该项目总分的 20%,作品占该项目总分的 80%。只有职业素养与操作规范、作品两项考核均合格,总成绩才能评定为合格。

表 2-8-2 评分总表

职业素养与操作规范得分 (权重系数 0.2)	作品得分 (权重系数 0.8)	总分

表 2-8-3 职业素养与操作规范评分表

考核内容	评分标准	扣分标准	标准分	得分
职业素养与操作规范	检查试卷内容、给定的图纸是否清楚,作图尺规工具是否干净整洁,做好考核前的准备工作	没有检查记 0 分,少检查一项扣 5 分	20	
	图纸作业完整无损坏,考试成果纸面整洁无污物	图纸作业损坏扣 10 分,考试成果纸面有污物扣 10 分	20	
	严格遵守考场纪律,有环境保护意识	有违反考场纪律行为扣 10 分,没有环境保护意识、乱扔纸屑扣 10 分	20	
	不浪费材料,不损坏考试工具及设施	浪费材料、损坏考试工具及设施各扣 10 分	20	
	任务完成后,整齐摆放图纸、工具书、记录工具、凳子等,整理工作台面	任务完成后,没有整齐摆放图纸、工具书、记录工具扣 10 分;没有清理场地,没有摆好凳子、整理工作台面扣 10 分	20	
总 分			100	

表 2-8-4 作品评分表

序号	考核内容		评分标准	扣分标准	标准分	得分
1	图纸内容按要求绘制完整（10分）		卫生间洁具布置、地漏按要求表达完整，建筑墙体表达完整，尺寸及索引标注完整	卫生间三件洁具及地漏缺少一项扣1分；四面建筑墙体缺少一项扣0.5分，未绘制扣4分；尺寸及索引标注缺少一项扣0.5分，未标注扣4分	10	
2	建筑构造设计及表达规范准确（80分）	洁具位置布置合理，尺寸及表达方式准确（30分）	洁具布置方案符合使用要求	共三项洁具，卫生间洁具布置、地漏布置不合理一项扣3分，未布置一项扣5分	15	
			洁具尺寸及选型符合要求	三件洁具，类型与卫生间类型不适配一件扣2分，洁具尺寸严重变形一件扣2分，少布置一项扣3分	9	
			空间尺度预留合理	空间预留尺度不够扣6分	6	
		排水组织合理且标高、坡向及地漏表达正确（25分）	卫生间地面标高取值及表达正确	标高取值不正确扣3分，未标标高扣5分	5	
			地漏位置选择合理，对空间使用影响较小	地漏位置布置不合理扣5分，未布置地漏扣10分	10	
			坡向组织正确、坡度正确，表达符合制图要求	坡向未指向地漏扣3分，坡度错误扣2分，未标注坡向箭头及坡度扣5分	5	
			绘制门口线	未绘制门口线扣5分	5	
		图纸总体符合施工图深度要求（25分）	1∶50比例图纸图例正确	全图未按比例绘图扣9分，两处厨具、烟道未按比例绘制各扣3分	9	
			周边尺寸、折断线表达完整	未表达开间进深尺寸扣3分，标注不完整扣1分，未绘制折断线扣2分	5	
			各设施名称表达完整	未标注炊具、烟道、地漏名称各扣2分	6	
			洁具定位尺寸表达完整	表达不清晰扣2分，未标注扣5分	5	
3	线条线型、线宽表达规范（10分）		根据建筑制图国家标准，准确选择与绘制线条线型	线型错一处扣1分，扣完标准分为止	5	
			根据建筑制图国家标准，准确选择与绘制线条宽度	线宽设置错一处扣1分，扣完标准分为止	5	
	总 分				100	

注：作品没有完成总工作量的60%以上，作品评分记0分。

技能项目 2　中小型民用建筑方案设计

	"中小型民用建筑方案设计"技能考核标准
	该项目要求学生熟悉掌握建筑制图国家标准,掌握《建筑工程设计文件编制深度规定》中建筑方案设计文件深度要求,正确运用建筑专业软件和制图工具,能根据给定的设计条件完成住宅建筑方案平面优化、户型组合选型设计与分析任务,要求学生熟悉掌握住宅建筑技术经济指标计算与复核规范要求,能根据给定的设计条件完成中小型公共建筑方案的平面功能布置、总平面停车场布置、无障碍设施布置、造型立面等设计与成果绘制,能按照建筑工程设计文件(方案设计)编制深度要求规范准确绘制成果
技能要求	(1) 能根据给定项目条件进行住宅建筑方案平面优化设计。 (2) 能根据给定项目技术条件进行住宅建筑常见户型选型设计与分析。 (3) 能根据给定项目条件进行中小型建筑技术经济指标计算与复核。 (4) 能根据给定项目条件进行中小型公共建筑平面布置设计与绘制。 (5) 能根据给定项目条件进行中小型公共建筑总平面停车场设计与绘制。 (6) 能根据给定项目条件进行中小型公共建筑无障碍设施布置设计与绘制。 (7) 能根据给定项目条件进行中小型公共建筑造型立面设计与绘制。
职业素养要求	符合建筑师助理岗位的基本职业素养要求,体现良好的工作习惯。清查图纸是否齐全,文字、图表表达应字迹工整、填写规范。建筑线条、尺寸标注、文字书写工整、规范;平面功能空间布局合理、空间尺度合适;技术经济指标计算及方案设计思路清晰、程序准确、操作得当,不浪费材料;考核完毕后图纸、工具书籍正确归位,不损坏考核工具、资料及设施,有良好的环境保护意识

"住宅建筑平面优化设计"技能项目考核评价标准如下。

评价内容		配分	考　核　点	备　注
职业素养与操作规范(20分)		4	检查考核内容、给定的图纸是否清楚,作图尺规工具是否干净整洁,做好考核前的准备工作,少检查一项扣1分	出现明显失误造成图纸、工具书和记录工具严重损坏等,严重违反考场纪律,造成恶劣影响的本大项记0分
		4	图纸作业完整无损坏,考核成果纸面整洁无污物,污损一处扣2分	
		4	严格遵守实训场地纪律,有良好的环境保护意识,违反一次扣2分	
		4	不浪费材料,不损坏考核工具及设施,浪费一处扣2分	
		4	任务完成后,整齐摆放图纸(考试用纸和草稿用纸)、工具书、记录工具、凳子,整理工作台面,保证工作台面和工作环境整洁无污物,未整洁一处扣2分	
作品(80分)	方案分析,指出设计错误	24	指出本设计中出现的几处规范性错误,在CAD中标识出,并以文字描述其主要问题,每错一处扣2.4~4.8分(具体评分细则详见实训任务作品评分表)	没有完成总工作量的60%以上,作品评分记0分
	方案优化设计	32	对应方案中存在的问题,完成方案优化设计,每错一处扣0.8~4.8分(具体评分细则详见实训任务作品评分表)	
	图纸绘制、比例及线型表达正确,图纸布置合理	24	根据建筑制图国家标准,线型、比例正确,绘制规范工整,图纸布置合理,图纸整体性完成度高,每错一处扣0.4~2.4分(具体评分细则详见实训任务作品评分表)	

续表

"住宅户型选型方案设计与分析"技能项目考核评价标准如下。

考核评价标准	评价内容		配分	考核点	备注
	职业素养与操作规范(20分)		4	检查考核内容,给定的图纸是否清楚,作图尺规工具是否干净整洁,做好考核前的准备工作,少检查一项扣1分	出现明显失误造成图纸、工具书和记录工具严重损坏等,严重违反考场纪律,造成恶劣影响的本大项记0分
			4	图纸作业完整无损坏,考核成果纸面整洁无污物,污损一处扣2分	
			4	严格遵守实训场地纪律,有良好的环境保护意识,违反一次扣2分	
			4	不浪费材料,不损坏考核工具及设施,浪费一处扣2分	
			4	任务完成后,整齐摆放图纸(考试用纸和草稿用纸)、工具书、记录工具、凳子,整理工作台面,保证工作台面和工作环境整洁无污物,未整洁一处扣2分	
	作品(80分)	方案图识读	24	正确回答方案图识读问题,每错一处扣4分(具体评分细则详见实训任务作品评分表)	没有完成总工作量的60%以上,作品评分记0分
		方案设计布局	56	满足分区原则;基本功能空间齐备,朝向、通风、采光良好;套内交通顺畅,纯交通空间较少;餐厨联系紧密,储藏空间满足使用需要;满足消防疏散规定;技术指标合理;主要功能空间面积分配合理;基本功能空间尺度满足规范;满足人体活动和家具设置,每错一处扣0.8~8分(具体评分细则详见实训任务作品评分表)	

"住宅建筑方案技术经济指标计算"技能项目考核评价标准如下。

评价内容		配分	考核点	备注
职业素养与操作规范(20分)		4	检查给定的资料是否齐全,检查计算机运行是否正常,检查软件运行是否正常,做好考核前的准备工作,少检查一项扣1分	出现明显失误造成计算机或软件、图纸、工具书和记录工具严重损坏等,严重违反考场纪律,造成恶劣影响的本大项记0分
		4	图纸作业应图层清晰、取名规范,不规范一处扣1分	
		4	严格遵守实训场地纪律,有环境保护意识,违反一次扣1~2分(具体评分细则详见实训任务职业素养与操作规范评分表)	
		4	不浪费材料,不损坏考试工具及设施,浪费损坏一处扣2分	
		4	任务完成后,整齐摆放图纸、工具书、记录工具、凳子等,整理工作台面,未整洁一处扣2分	
作品(80分)	技术经济指标计算准确	56	熟悉绘图步骤,完成技术指标计算复核编制任务,数据准确,符合相关规范规定,每错一处扣1.6~9.6分(具体评分细则详见实训任务作品评分表)	没有完成总工作量的60%以上,作品评分记0分
	CAD绘图及图纸设置规范	24	根据建筑制图国家标准和计算机辅助设计要求,完成出图设置,每错一处扣0.8~4.8分(具体评分细则详见实训任务作品评分表)	

续表

\"公共建筑平面布置设计\"技能项目考核评价标准如下。					

评价内容		配分	考 核 点	备 注
职业素养与操作规范(20分)		4	检查考核内容、给定的图纸是否清楚,作图尺规工具是否干净整洁,做好考核前的准备工作,少检查一项扣1分	出现明显失误造成图纸、工具书和记录工具严重损坏等,严重违反考场纪律,造成恶劣影响的本大项记0分
		4	图纸作业完整无损坏,考核成果纸面整洁无污物,污损一处扣2分	
		4	严格遵守实训场地纪律,有良好的环境保护意识,违反一次扣2分	
		4	不浪费材料,不损坏考核工具及设施,浪费一处扣2分	
		4	任务完成后,整齐摆放图纸(考试用纸和草稿用纸)、工具书、记录工具、凳子,整理工作台面,保证工作台面和工作环境整洁无污物,未整洁一处扣2分	
作品(80分)	图纸内容按要求绘制完整	16	图纸内容按要求表达完整,每错一处扣0.2~8分(具体评分细则详见实训任务作品评分表)	没有完成总工作量的60%以上,作品评分记0分
	平面布置满足规范要求	48	完整理解题目设计任务要求,设计满足基本功能和规范的要求,每错一处扣0.8~8分(具体评分细则详见实训任务作品评分表)	
	图纸深度符合成果深度要求	16	根据建筑制图国家标准,准确绘制线条线型及宽度,图纸表达深度符合成果深度要求,每错一处扣0.8~4分(具体评分细则详见实训任务作品评分表)	

\"公共建筑造型立面设计\"技能项目考核评价标准如下。

评价内容		配分	考 核 点	备 注
职业素养与操作规范(20分)		4	检查考核内容、给定的图纸是否清楚,作图尺规工具是否干净整洁,做好考核前的准备工作,少检查一项扣1分	出现明显失误造成图纸、工具书和记录工具严重损坏等,严重违反考场纪律,造成恶劣影响的本大项记0分
		4	图纸作业完整无损坏,考核成果纸面整洁无污物,污损一处扣2分	
		4	严格遵守实训场地纪律,有良好的环境保护意识,违反一次扣2分	
		4	不浪费材料,不损坏考核工具及设施,浪费一处扣2分	
		4	任务完成后,整齐摆放图纸(考试用纸和草稿用纸)、工具书、记录工具、凳子,整理工作台面,保证工作台面和工作环境整洁无污物,未整洁一处扣2分	
作品(80分)	图纸识读	16	正确回答方案图识读问题,每错一处扣4分(具体评分细则详见实训任务作品评分表)	没有完成总工作量的60%以上,作品评分记0分
	建筑造型设计及立面图绘制	48	建筑整体造型风格与提供的造型图例一致,建筑外墙饰面、建筑立面开窗、建筑入口(遮阳板)、屋顶女儿墙、台阶(斜坡)内容表达准确;建筑南立面图与所给建筑平面图方向对应,各层标高、室外地面标高和建筑最高点标高标注、立面配景、图示比例准确规范,每错一处扣1~8分(具体评分细则详见实训任务作品评分表)	
	图面规范表达	16	根据建筑制图国家标准,准确绘制线条线型及宽度,图纸表达深度符合成果深度要求,每错一处扣1.6~3.2分(具体评分细则详见实训任务作品评分表)	

(考核评价标准)

实训任务 2-9　住宅建筑户型平面优化设计

1. 任务描述

对给定某住宅建筑套型方案平面图(图 2-9-1)进行专业辨识,指出方案设计错误,运用专业绘图工具完成方案修正优化设计和成果绘制。

(1) 对该套型平面图进行识读,先在原图中以圆圈加序号(如①)的形式标出错误处,并在图右侧空白处填写不符合相关规范要求之处;再修正原有错误,以工具手绘图的形式按照 1∶100 比例在 A3 制图纸中完成本套型优化后平面图绘制,要求符合建筑方案图的制图标准与深度要求。

本实训任务图纸下载

(2) 住宅建筑套型平面优化设计要求。

① 优化过程中不能改变住宅建筑方案的户型类型。

② 平面设计必须符合现行《住宅建筑规范》《住宅设计规范》《建筑设计防火规范》《民用建筑设计标准》相关要求。

③ 每套住宅需配置两间卫生间,其中一间要求布置坐便器及浴缸。

④ 门窗开设不合理处需进行修正优化。

⑤ 家具布置合理,符合功能需求。已布置的家具与洁具如不合理,需进行修正优化。

2. 实施条件

实施条件如表 2-9-1 所示。

表 2-9-1　实施条件

实施条件内容	基本实施条件	备 注
实训场地	准备一间绘图教室,每名学生一张绘图桌	必备
资料	建筑方案设计文件编制深度规定、专业相关参考资料	按需配备
材料、工具	每名学生统一配备 A3 绘图纸一张,自备一套草稿用拷贝纸及绘图工具(A2 图板、三角板、丁字尺、0.1/0.3/1.0 规格针管笔、橡皮、铅笔)	按需配备
考评教师	要求由具备至少三年以上教学经验的专业教师担任	必备

3. 考核时量

三小时。

4. 评分细则

考核项目的评价(表 2-9-2)包括职业素养与操作规范(表 2-9-3)、作品(表 2-9-4)两个方面,总分为 100 分。其中,职业素养与操作规范占该项目总分的 20%,作品占该项目总分的 80%。只有职业素养与操作规范、作品两项考核均合格,总成绩才能评定为合格。

表 2-9-2　评分总表

职业素养与操作规范得分 (权重系数 0.2)	作品得分 (权重系数 0.8)	总分

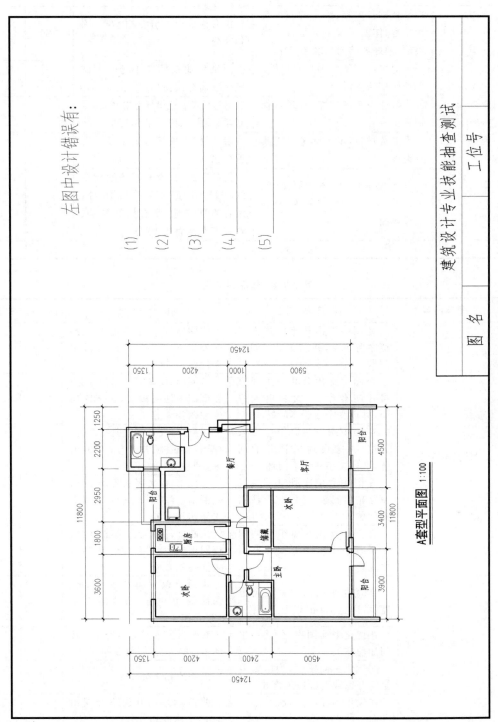

图 2-9-1 某住宅建筑套型方案平面图

表 2-9-3 职业素养与操作规范评分表

考核内容	评分标准	扣分标准	标准分	得分
职业素养与操作规范	检查试卷内容、给定的图纸是否清楚,作图尺规工具是否干净整洁,做好考核前的准备工作	没有检查记 0 分,少检查一项扣 5 分	20	
	图纸作业完整无损坏,考试成果纸面整洁无污物	图纸作业损坏扣 10 分,考试成果纸面有污物扣 10 分	20	
	严格遵守考场纪律,有环境保护意识	有违反考场纪律行为扣 10 分,没有环境保护意识、乱扔纸屑扣 10 分	20	
	不浪费材料,不损坏考试工具及设施	浪费材料、损坏考试工具及设施各扣 10 分	20	
	任务完成后,整齐摆放图纸、工具书、记录工具、凳子等,整理工作台面	任务完成后,没有整齐摆放图纸、工具书、记录工具扣 10 分;没有清理场地,没有摆好凳子、整理工作台面扣 10 分	20	
总 分			100	

表 2-9-4 作品评分表

序号	考核内容	评分标准	扣分标准	标准分	得分
1	方案分析,指出设计错误(30 分)	在图中圈出住宅中户内走道净宽不足,并以文字注明本问题	未圈出,仅文字注明扣 3 分;仅圈出未注明扣 3 分;未圈出未注明扣 6 分	6	
		在图中圈出公共卫生间直接开向客厅,且太靠近入户门,并以文字注明本问题	未圈出,仅文字注明扣 3 分;仅圈出未注明扣 3 分;未圈出未注明扣 6 分	6	
		在图中圈出主卧卫生间未开窗,也未设通风管井的问题,并以文字注明本问题	未圈出,仅文字注明扣 3 分;仅圈出未注明扣 3 分;未圈出未注明扣 6 分	6	
		在图中圈出次卧室从主卧室穿越的问题,并以文字注明本问题	未圈出,仅文字注明扣 3 分;仅圈出未注明扣 3 分;未圈出未注明扣 6 分	6	
		在图中圈出主卧卫生间门未开向主卧室,并以文字注明本问题	未圈出,仅文字注明扣 3 分;仅圈出未注明扣 3 分;未圈出未注明扣 6 分	6	
2	方案优化设计(40 分)	在优化平面图中修改走道宽度,净宽 1.0m 以上	走道修改后净宽达 1.1m,未修改扣 6 分,修改后大于 1.2m 扣 2 分	6	
		在优化平面图中,公共卫生间加前室	修改后公共卫生间仍直接开向客厅扣 2 分,未修改扣 6 分	6	
		在优化平面图中,为主卧卫生间开窗或增设通风管井	未修改扣 6 分	6	
		在优化平面图中,次卧室门开向公共走道	修改后户门开设不合理扣 2 分,未修改扣 6 分	6	

续表

序号	考核内容	评分标准	扣分标准	标准分	得分
2	方案优化设计(40分)	在优化平面图中,主卧卫生间门开向主卧室	修改后主卧卫生间门开设不合理扣2分,未修改扣6分	6	
		根据户型特征为各功能用房合理布置家具	一处布置不合理扣1分,扣完标准分为止	10	
3	图纸绘制、比例及线型表达正确,图纸布置合理(30分)	根据建筑制图国家标准,准确选择与绘制线条线型	绘制线条线型错一处扣2分,扣完标准分为止	6	
		根据建筑制图国家标准,准确选择与绘制线条宽度	绘制线条宽度错一处扣2分,扣完标准分为止	6	
		绘图比例为1∶100,表达正确——图例符合出图比例	绘图比例不正确扣3分;图例不符合出图比例一处扣0.5分,扣完标准分3分为止	6	
		尺寸标注、文字标注规范工整	标注不规范、不工整扣3分;标注错、漏一处扣0.5分,扣完标准分3分为止	6	
		图名标注、图纸布置合理,图纸整体性完成度高	图纸整体完成度不高扣2分,图名未标注或错误扣2分,图纸布置不合理扣2分	6	
		总 分		100	

注:作品没有完成总工作量的60%以上,作品评分记0分。

实训任务2-10　农村住宅建筑方案平面优化设计

1. 任务描述

对给定某低层农村住宅建筑方案平面图(图2-10-1)进行专业辨识,指出方案设计错误,运用专业绘图工具完成方案修正优化设计和成果绘制。

(1) 请对该低层农村住宅建筑平面图进行识读,先在原图中以圆圈加序号(如①)的形式标出错误处,并在图右侧空白处填写不符合相关规范要求之处,再修正原有错误,以工具手绘图的形式按照1∶100比例在A3制图纸中完成本套型优化后平面图绘制,要求符合建筑方案图的制图标准与深度要求。

本实训任务图纸下载

(2) 住宅建筑平面优化设计要求。

① 优化过程中不能改变住宅建筑方案户型类型。

② 平面设计必须符合现行《住宅建筑规范》《住宅设计规范》《建筑设计防火规范》《民用建筑设计标准》相关要求。

③ 依据农村住宅使用需求,合理布置家具、洁具。

④ 考虑入户视线美观需求,入户对景以实墙为宜。

⑤ 门窗位置及尺寸不合理处需进行修正优化。

⑥ 为主要功能用房增设空调室外机位。

2. 实施条件

实施条件如表2-10-1所示。

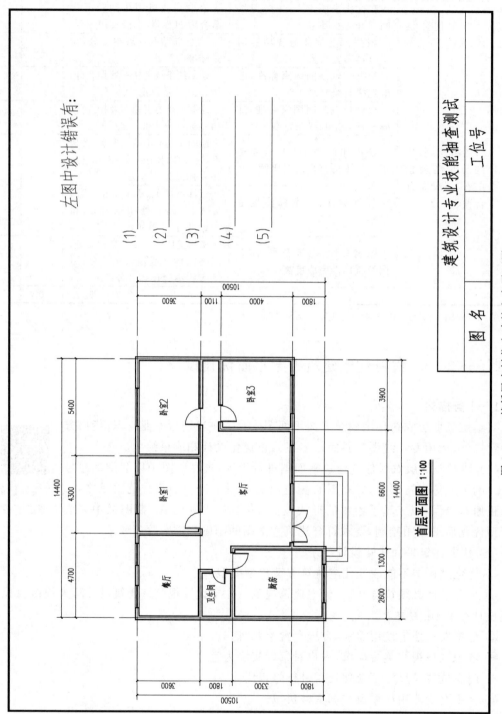

图 2-10-1 某低层农村住宅建筑方案平面图

表 2-10-1　实施条件

实施条件内容	基本实施条件	备注
实训场地	准备一间绘图教室,每生一台绘图桌	必备
资料	建筑方案设计文件编制深度规定;专业相关参考资料	按需配备
材料、工具	统一配备 A3 绘图纸每人 1 张,草稿用拷贝纸及绘图工具(A2 图板、三角板、丁字尺、0.1/0.3/1.0 规格针管笔、橡皮、铅笔)每名学生自备一套	按需配备
考评教师	要求由具备至少三年以上教学经验的专业教师担任	必备

3. 考核时量

三小时。

4. 评分细则

考核项目的评价(表 2-10-2)包括职业素养与操作规范(表 2-10-3)、作品(表 2-10-4)两个方面,总分为 100 分。其中,职业素养与操作规范占该项目总分的 20%,作品占该项目总分的 80%。只有职业素养与操作规范、作品两项考核均合格,总成绩才能评定为合格。

表 2-10-2　评分总表

职业素养与操作规范得分 (权重系数 0.2)	作品得分 (权重系数 0.8)	总分

表 2-10-3　职业素养与操作规范评分表

考核内容	评分标准	扣分标准	标准分	得分
职业素养与操作规范	检查试卷内容、给定的图纸是否清楚,作图尺规工具是否干净整洁,做好考核前的准备工作	没有检查记 0 分,少检查一项扣 5 分	20	
	图纸作业完整无损坏,考试成果纸面整洁无污物	图纸作业损坏扣 10 分,考试成果纸面有污物扣 10 分	20	
	严格遵守考场纪律,有环境保护意识	有违反考场纪律行为扣 10 分,没有环境保护意识、乱扔纸屑扣 10 分	20	
	不浪费材料,不损坏考试工具及设施	浪费材料、损坏考试工具及设施各扣 10 分	20	
	任务完成后,整齐摆放图纸、工具书、记录工具、凳子等,整理工作台面	任务完成后,没有整齐摆放图纸、工具书、记录工具扣 10 分;没有清理场地,没有摆好凳子、整理工作台面扣 10 分	20	
总　分			100	

表 2-10-4　作品评分表

序号	考核内容	评 分 标 准	扣 分 标 准	标准分	得分
1	方案分析,指出设计错误(30分)	准确指出走道净宽度不足,且造成空间浪费的问题	未圈出,仅文字注明扣3分;仅圈出未注明扣3分;未圈出未注明扣6分	6	
		准确指出卧室1房门正对入户大门的问题	未圈出,仅文字注明扣3分;仅圈出未注明扣3分;未圈出未注明扣6分	6	
		准确指出卧室2房门位置问题	未圈出,仅文字注明扣3分;仅圈出未注明扣3分;未圈出未注明扣6分	6	
		指出公共卫生间采光问题	未圈出,仅文字注明扣3分;仅圈出未注明扣3分;未圈出未注明扣6分	6	
		指出厨房占用好的朝向问题	未圈出,仅文字注明扣3分;仅圈出未注明扣3分;未圈出未注明扣6分	6	
2	方案优化设计(40分)	解决走道的问题	走道修改后净宽达1.1m,未修改扣6分,修改后大于1.2m扣3分	6	
		解决卧室1房门正对入户大门的问题	修改后户门正对面仍开设房间门扣3分,未修改扣6分	6	
		解决卧室2房门位置问题	修改后卧室房门仍处于墙中段,不利于家具布置扣4分,未修改6分	6	
		解决公共卫生间没有采光问题	修改后公共卫生间仍无法采光扣3分,未修改扣6分	6	
		解决厨房占用好的朝向问题	修改后厨房仍在南边扣3分,未修改扣6分	6	
		根据户型特征为各功能用房合理布置家具	一处布置不合理扣1分,扣完标准分为止	10	
3	图纸绘制、比例及线型表达正确,图纸布置合理(30分)	根据建筑制图国家标准,准确选择与绘制线条线型	绘制线条线型错一处扣2分,扣完标准分为止	6	
		根据建筑制图国家标准,准确选择与绘制线条宽度	绘制线条宽度错一处扣2分,扣完标准分为止	6	
		绘图比例(1∶100)表达正确,图例符合出图比例	绘图比例不正确扣3分;图例不符合出图比例一处扣0.5分,扣完标准分3分为止	6	
		尺寸标注、文字标注规范工整	标注不规范、不工整扣3分;标注错、漏一处扣0.5分,扣完标准分3分为止	6	
		图名标注、图纸布置合理,图纸整体性完成度高	图纸整体完成度不高扣2分,图名未标注或错误扣2分,图纸布置不合理扣2分	6	
		总　　分		100	

注:作品没有完成总工作量的60%以上,作品评分记0分。

实训任务 2-11　住宅户型选型方案设计与分析

1. 任务描述

根据给定住宅参考户型一、二平面图(图 2-11-1)及核心筒平面布置图(图 2-11-2),按制图规定应用天正建筑软件完成标准层单元平面组合设计,并回答相关识图问题。最后以"工位号"为文件名设置 PDF 文件并保存提交。

本实训任务图纸下载

(1) 绘图题。

① 南方城市小区某地块(面宽 33m,进深 17m,正南北向)拟建 25 层住宅单体,层高 3000mm。单体为一个单元,一梯三户,户型比为 2∶1,三室两厅两卫二户,两室两厅一卫一户。南向单元入口,每户至少应有两个主要空间(卧室或起居室)和一个阳台朝南;其余房间(卫生间至少有一间为明卫)均应有直接采光和自然通风;采用合理的核心筒布置形式,满足相关规范要求,公摊面积尽可能小。根据参考户型及核心筒布置按制图规定完成标准层单元平面组合设计。

② 结构:短肢剪力墙结构,外墙及分户墙厚 200mm,内墙厚 100mm。

③ 绘图比例为 1∶100。

④ 成果要求。

a. 按建筑专业制图标准,应用天正建筑软件完成绘制。

b. 统一采用 A2 图纸。

c. 完成标准层平面绘制,完成各类标注。

(2) 填空题:请根据任务要求回答如下问题。

① 本建筑的建筑类别为_____。

② 楼梯间安全出口的最近水平距离不应小于_____。

③ 本建筑每层的安全出入口不应小于_____。

④ 本建筑应采用的楼梯间形式为_____。

⑤ 本建筑合用前室使用面积不应小于_____,前室短边不应小于_____。

2. 实施条件

实施条件如表 2-11-1 所示。

表 2-11-1　实施条件

实施条件内容	基本实施条件	备　注
实训场地	准备一间计算机教室。按考核人数,每人须配备一台装有相应考核软件(CAD、天正建筑软件)的计算机	必备
材料、工具	每名学生自备一套绘图工具(橡皮、铅笔、黑色钢笔等)、草稿纸	按需配备
考评教师	要求由具备至少三年以上教学经验的专业教师担任	必备

3. 考核时量

三小时。

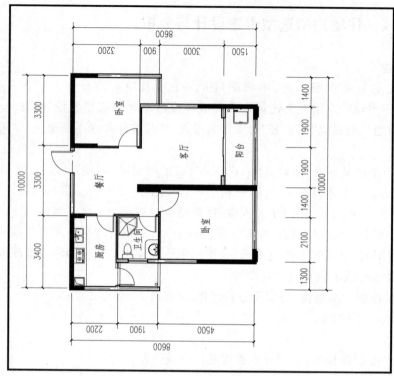

图 2-11-1 给定住宅参考户型一、二平面图

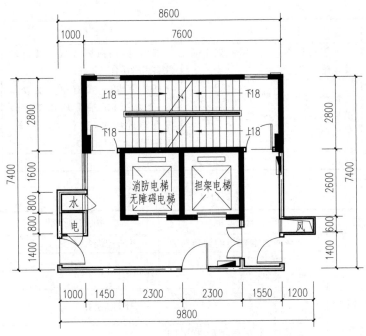

图 2-11-2 核心筒平面布置图

4. 评分细则

考核项目的评价(表 2-11-2)包括职业素养与操作规范(表 2-11-3)、作品(表 2-11-4)两个方面,总分为 100 分。其中,职业素养与操作规范占该项目总分的 20%,作品占该项目总分的 80%。只有职业素养与操作规范、作品两项考核均合格,总成绩才能评定为合格。

表 2-11-2 评分总表

职业素养与操作规范得分 (权重系数 0.2)	作品得分 (权重系数 0.8)	总分

表 2-11-3 职业素养与操作规范评分表

考核内容	评分标准	扣分标准	标准分	得分
职业素养与操作规范	检查给定的资料是否齐全,检查计算机运行是否正常,检查软件运行是否正常,做好考核前的准备工作	没有检查记 0 分,少检查一项扣 5 分,扣完标准分为止	20	
	图纸作业应图层清晰、取名规范	图层分类不规范扣 10 分,名称不规范扣 10 分,扣完标准分为止	20	
	严格遵守考场纪律,有环境保护意识	有违反考场纪律行为扣 10 分,没有环境保护意识、乱扔纸屑各扣 5 分	20	

续表

考核内容	评分标准	扣分标准	标准分	得分
职业素养与操作规范	不浪费材料,不损坏考试工具及设施	浪费材料、损坏考试工具及设施各扣10分	20	
	任务完成后,整齐摆放图纸、工具书、记录工具、凳子等,整理工作台面	任务完成后,没有整齐摆放图纸、工具书、记录工具扣10分;没有清理场地,没有摆好凳子、整理工作台面扣10分	20	
总 分			100	

表 2-11-4 作品评分表

序号	考核内容	评分标准	扣分标准	标准分	得分
1	方案图识读（30分）	正确回答本建筑的建筑类别	识图错误扣5分	5	
		正确回答楼梯间安全出口的最近水平距离	识图错误扣5分	5	
		正确回答本建筑每层的安全出入口数量	识图错误扣5分	5	
		正确回答本建筑应采用的楼梯间形式	识图错误扣5分	5	
		正确回答本建筑合用前室使用面积及前室短边尺寸	识图错误,每空各扣5分	10	
2	方案设计布局（70分）	满足至少有两个及两个以上居住主要使用空间布置良好朝向的南向	至少两个主要空间均未满足南向布置扣10分,只有1个居住空间满足要求扣5分	10	
		卧室、起居室、厨房、卫生间基本空间布置齐备,主要居住空间布置采光、通风良好	卧室、起居室、厨房、卫生间基本空间少布置一处扣1分,扣完标准分8分为止;主要居住空间布置无采光、通风各处扣1分,扣完标准分7分为止	15	
		建筑户型平面总尺寸和轴线尺寸标注清晰,符合题干要求	建筑户型平面总尺寸和轴线尺寸未标注,不符合题干要求每错一处扣1分,扣完标准分10分为止	10	
		户型比符合要求	户型比错误扣10分	10	
		单元组合平面户型按要求布置完整	单元组合平面户型不全扣10分	10	
		标出房间名称	未标出房间名称每处扣1分,扣完标准分5分为止	5	
		面积指标计算正确	面积指标计算错误每处扣1分,扣完标准分10分为止	10	
总 分				100	

注：作品没有完成总工作量的60%以上,作品评分记0分。

实训任务 2-12　住宅建筑方案技术经济指标计算

1. 任务描述

运用天正 CAD 绘图软件,按要求完成给定 2 号小高层住宅技术经济指标计算复核及成果绘制,以"工位号"为文件并名设置 PDF 文件并保存提交。

(1) 计算题要求:2 号小高层住宅(具体请扫描实训指导二维码,详见相关素材中的 DWG 文件)建筑层数为 11 层,共有 2-1、2-2、2-3、2-4、2-5、2-6 六种套型。其中,外墙厚度为 200mm,未采用保温做法。根据现行《住宅设计规范》(GB 50096—2011)和《建筑工程建筑面积计算规范》(GB/T 50353—2013)相关规范规定,运用天正 CAD 绘图软件,进行技术经济指标计算复核。

本实训任务图纸下载

(2) 成果要求:完成表 2-12-1 列出的各项内容计算,并在 DWG 文件中完成表中要求的各面积轮廓图绘制、复核(分类标注相关面积),并在 DWG 文件中列出该表。采用 1∶100 比例,以"考场号+工位号"为文件名设置 PDF 文件并保存提交。

表 2-12-1　2 号小高层住宅主要技术经济指标与依据

套型	套内使用面积/m²	套内使用面积轮廓图	套型阳台面积/m²	套型阳台面积轮廓图	套型总建筑面积/m²
2-1		另列表画出		另列表画出	
2-2		另列表画出		另列表画出	
2-3		另列表画出		另列表画出	
2-4		另列表画出		另列表画出	
2-5		另列表画出		另列表画出	
2-6		另列表画出		另列表画出	
2 号套型总建筑面积计算公式				另列表画出	

注:1. 单位保留小数点后两位,四舍五入。
2. 本表内容在 CAD 图纸上表达绘制。

2. 实施条件

实施条件如表 2-12-2 所示。

表 2-12-2　实施条件

实施条件内容	基本实施条件	备　注
实训场地	准备一间计算机教室。按考核人数,每人须配备一台装有相应考核软件(CAD、天正建筑软件)的计算机	必备
材料、工具	每名学生自备一套绘图工具(橡皮、铅笔、黑色钢笔等)、草稿纸	按需配备
考评教师	要求由具备至少三年以上教学经验的专业教师担任	必备

3. 考核时量

三小时。

4. 评分细则

考核项目的评价(表 2-12-3)包括职业素养与操作规范(表 2-12-4)、作品(表 2-12-5)两个方面,总分为 100 分。其中,职业素养与操作规范占该项目总分的 20%,作品占该项目总分的 80%。只有职业素养与操作规范、作品两项考核均合格,总成绩才能评定为合格。

表 2-12-3 评分总表

职业素养与操作规范得分 (权重系数0.2)	作品得分 (权重系数0.8)	总分

表 2-12-4 职业素养与操作规范评分表

考核内容	评分标准	扣分标准	标准分	得分
职业素养与操作规范	检查给定的资料是否齐全,检查计算机运行是否正常,检查软件运行是否正常,做好考核前的准备工作	没有检查记 0 分,少检查一项扣 5 分,扣完标准分为止	20	
	图纸作业应图层清晰、取名规范	图层分类不规范扣 5 分,名称不规范扣 5 分,扣完标准分为止	20	
	严格遵守考场纪律,有环境保护意识	有违反考场纪律行为扣 10 分,没有环境保护意识、乱扔纸屑各扣 5 分	20	
	不浪费材料,不损坏考试工具及设施	浪费材料、损坏考试工具及设施各扣 10 分	20	
	任务完成后,整齐摆放图纸、工具书、记录工具、凳子等,整理工作台面	任务完成后,没有整齐摆放图纸、工具书、记录工具扣 10 分;没有清理场地,没有摆好凳子、整理工作台面扣 10 分	20	
总 分			100	

表 2-12-5 作品评分表

序号	考核内容	评分标准	扣分标准	标准分	得分
1	技术经济指标计算(70分)	给定六个套型套内使用面积计算准确	每一套计算结果误差超过 1% 扣 2 分	12	
		给定六个套型阳台面积计算准确	每一套计算结果误差超过 1% 扣 2 分	12	
		给定六个套型总建筑面积计算准确	每一套计算结果误差超过 1% 扣 2 分	12	
		住宅楼建筑面积计算准确	误差 1%~2% 扣 6 分,误差超过 2% 扣 12 分	12	

续表

序号	考核内容	评分标准	扣分标准	标准分	得分
1	技术经济指标计算(70分)	2号住宅楼总建筑面积计算准确	误差1%～2%扣6分,误差超过2%扣12分	12	
		计算公式准确	未准确列出扣10分	10	
2	CAD绘图及图纸设置规范(30分)	套型套内使用面积轮廓线准确	每错一处扣1分,扣完标准分为止	5	
		套型阳台面积轮廓线准确	每错一处扣1分,扣完标准分为止	5	
		套型套内使用面积轮廓线准确	每错一处扣1分,扣完标准分为止	5	
		住宅楼各层建筑面积轮廓线准确	每错一处扣1分,扣完标准分为止	5	
		图层清晰	图层不清晰扣6分	6	
		文件格式、存储正确。以"考场号+工位号"为文件名,图纸按1:100比例保存成PDF文件,并按要求保存到相应路径下	未按格式要求存储文件,每错一处扣1分	4	
		总 分		100	

注:作品没有完成总工作量的60%以上,作品评分记0分。

实训任务2-13 中小学建筑普通教室平面布置设计

1. 任务描述

运用专业制图工具完成给定某小学普通教室平面布置设计,采用1:50比例绘制方案深度平面图。

绘图题要求:根据《中小学建筑设计规范》要求,在给定的小学普通教室平面图(图2-13-1,比例为1:100)中进行家具平面布置设计。

本实训任务图纸下载

(1)要求布置教室座位,满足学生座位数45座,课桌椅的前后排距不小于900mm,教室前方布置黑板及讲台,教室后方布置黑板报,靠窗布置两组空调。

(2)要求标注以下尺寸:单人桌尺寸、双人桌尺寸、纵向走道宽度、最前排课桌的前沿与前方黑板之间的水平距离、前排边座座椅与黑板远端的水平视角、最后排课桌后沿至墙壁的距离。

(3)成果要求:采用A3图幅工具尺规墨线作图,所有家具用细实线表达,图形绘制比例为1:50。

2. 实施条件

实施条件如表2-13-1所示。

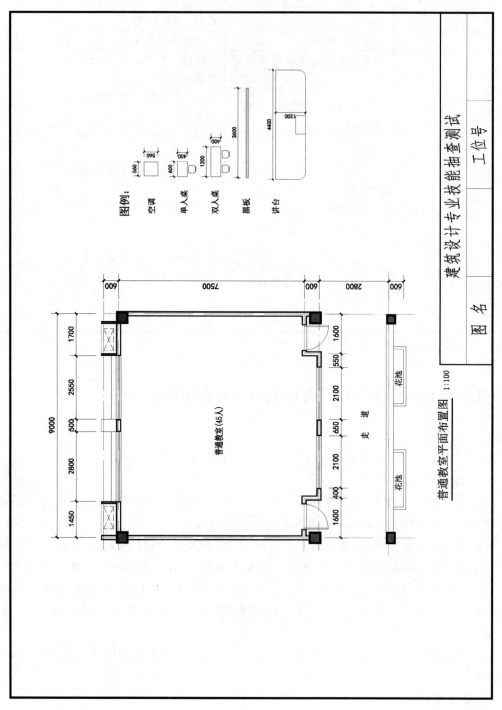

图 2-13-1 普通教室平面布置图

表 2-13-1　实施条件

实施条件内容	基本实施条件	备　注
实训场地	准备一间绘图教室,每名学生一张绘图桌	必备
材料、工具	每名学生统一配备 A3 绘图纸一张,自备一套绘图工具(2 号图板、丁字尺、三角板、橡皮、铅笔、针管笔等)	按需配备
考评教师	要求由具备至少三年以上教学经验的专业教师担任	必备

3．考核时量

三小时。

4．评分细则

考核项目的评价(表 2-13-2)包括职业素养与操作规范(表 2-13-3)、作品(表 2-13-4)两个方面,总分为 100 分。其中,职业素养与操作规范占该项目总分的 20%,作品占该项目总分的 80%。只有职业素养与操作规范、作品两项考核均合格,总成绩才能评定为合格。

表 2-13-2　评分总表

职业素养与操作规范得分 (权重系数 0.2)	作品得分 (权重系数 0.8)	总分

表 2-13-3　职业素养与操作规范评分表

考核内容	评 分 标 准	扣 分 标 准	标准分	得分
职业素养与操作规范	检查考核内容、给定的图纸是否清楚,作图尺规工具是否干净整洁,做好考核前的准备工作	没有检查记 0 分,少检查一项扣 5 分	20	
	图纸作业完整无损坏,考核成果纸面整洁无污物	图纸作业损坏扣 10 分,考试成果纸面有污物扣 10 分	20	
	严格遵守实训场地纪律,有环境保护意识	有违反实训场地纪律行为扣 10 分,没有环境保护意识、乱扔纸屑扣 10 分	20	
	不浪费材料,不损坏考核工具及设施	浪费材料、损坏考核工具及设施各扣 10 分	20	
	任务完成后,整齐摆放图纸、工具书、记录工具、凳子等,整理工作台面	任务完成后,没有整齐摆放图纸、工具书、记录工具扣 10 分;没有清理场地,没有摆好凳子、整理工作台面扣 10 分	20	
总　分			100	

表 2-13-4 作品评分表

序号	考核内容		评分标准	扣分标准	标准分	得分
1	图纸内容按要求绘制完整（20分）		教室平面家具布置及尺寸按要求表达完整	教室平面家具布置及尺寸未按要求完整表达各扣10分	20	
2	平面布置满足规范要求（60分）	教室讲台、黑板布置方向正确，课桌椅的数量满足要求（25分）	教室讲台位置布置合理，课桌椅等家具按照所给图例按比例布置	每少一项扣2分，扣完标准分为止	10	
			课桌椅的数量满足45座要求	每少一张扣2分，扣完标准分为止	15	
		课桌椅前后排距、纵向走道宽度及水平视角等满足相关设计规范要求（35分）	课桌椅前后排距满足规范要求	课桌椅的前后排距小于900mm扣5分	5	
			纵向走道宽度满足规范要求	纵向走道宽度小于600mm，扣5分	5	
			最前排课桌的前沿与前方黑板之间的水平距离满足规范要求	水平距离不宜小于2.20m，小于则扣5分	5	
			前排边座座椅与黑板远端的水平视角满足规范要求	水平视角小于30°扣5分，不标注角度值扣10分	10	
			最后排课桌的后沿与前方黑板的水平距离满足规范要求	水平距离应不大于8m，超过此要求扣5分	5	
			最后排课桌后沿至后墙面或固定家具的净距满足规范要求	净距不应小于1.10m，小于则扣5分	5	
3	图纸深度符合成果深度要求（20分）		用给定图例清晰表达教室家具布置	未按给定图例清晰表达扣5分	5	
			标注教室两个安全疏散口之间的安全距离	数据未标或者标错扣5分	5	
			标注内走道及疏散门的宽度尺寸	标错一个扣1分，扣完标准分为止	5	
			根据建筑制图国家标准，准确选择与绘制线条线型及宽度	绘制线条线型及宽度错一处扣1分，扣完标准分为止	5	
	总 分				100	

注：作品没有完成总工作量的60%以上，作品评分记0分。

实训任务 2-14 幼儿园建筑活动单元平面布置设计

1. 任务描述

运用专业制图工具完成给定某幼儿园活动单元平面家具布置设计，采用 1∶100 比例绘制方案深度平面图。

绘图题要求如下。

（1）根据给定图例（图 2-14-1，比例为 1∶100），依据相关设计规范，对幼儿园活动单元平面进行家具平面布置设计。

本实训任务图纸下载

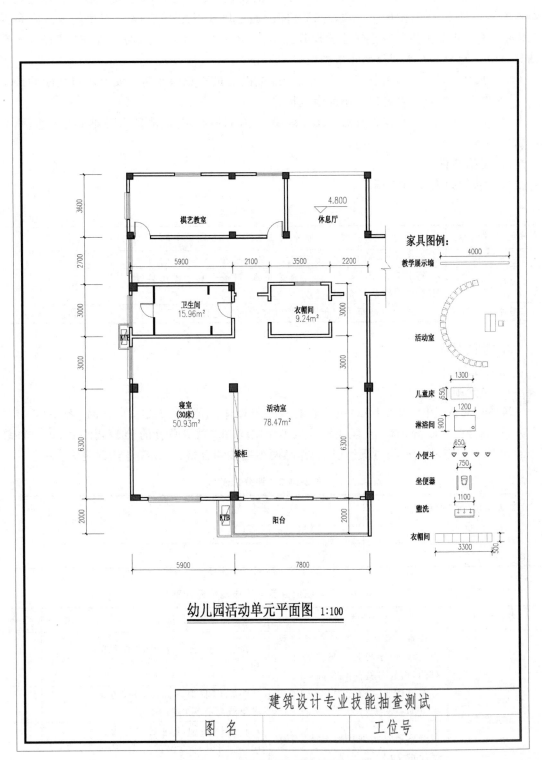

图 2-14-1 幼儿园活动单元平面图

（2）活动室家具按照所给图例布置一组。活动室要有完整的教学展示墙面。寝室避开结构主体布置 30 个儿童床位，要求床铺之间的通道尺寸不能小于 1m。卫生间盥洗室布置 2 组水龙头；儿童坐便器及小便斗合理分区布置，各 4 个；淋浴区布置 2 个淋浴隔间，所有洁具数量不能少。衣帽间靠墙布置两组储物柜。

（3）尺寸标注要求：标注活动单元安全疏散门的最小宽度及两个安全出口之间的最小尺寸、两侧布置房间的内走道最小的净宽尺寸。

（4）成果要求：采用 A3 图幅工具尺规墨线作图，所有家具、洁具均用细实线表达，图形绘制比例为 1∶100。

2. 实施条件

实施条件如表 2-14-1 所示。

表 2-14-1 实施条件

实施条件内容	基本实施条件	备注
实训场地	准备一间绘图教室，每名学生一张绘图桌	必备
材料、工具	每名学生统一配备 A3 绘图纸一张，自备一套绘图工具（2 号图板、丁字尺、三角板、橡皮、铅笔、针管笔等）	按需配备
考评教师	要求由具备至少三年以上教学经验的专业教师担任	必备

3. 考核时量

三小时。

4. 评分细则

考核项目的评价（表 2-14-2）包括职业素养与操作规范（表 2-14-3）、作品（表 2-14-4）两个方面，总分为 100 分。其中，职业素养与操作规范占该项目总分的 20%，作品占该项目总分的 80%。只有职业素养与操作规范、作品两项考核均合格，总成绩才能评定为合格。

表 2-14-2 评分总表

职业素养与操作规范得分 （权重系数 0.2）	作品得分 （权重系数 0.8）	总分

表 2-14-3 职业素养与操作规范评分表

考核内容	评分标准	扣分标准	标准分	得分
职业素养与操作规范	检查考核内容、给定的图纸是否清楚，作图尺规工具是否干净整洁，做好考核前的准备工作	没有检查记 0 分，少检查一项扣 5 分	20	
	图纸作业完整无损坏，考核成果纸面整洁无污物	图纸作业损坏扣 10 分，考试成果纸面有污物扣 10 分	20	
	严格遵守实训场地纪律，有环境保护意识	有违反实训场地纪律行为扣 10 分，没有环境保护意识、乱扔纸屑扣 10 分	20	

续表

考核内容	评分标准	扣分标准	标准分	得分
职业素养与操作规范	不浪费材料,不损坏考核工具及设施	浪费材料、损坏考核工具及设施各扣10分	20	
	任务完成后,整齐摆放图纸、工具书、记录工具、凳子等,整理工作台面	任务完成后,没有整齐摆放图纸、工具书、记录工具扣10分;没有清理场地,没有摆好凳子、整理工作台面扣10分	20	
总 分			100	

表 2-14-4 作品评分表

序号	考核内容	评分标准	扣分标准	标准分	得分
1	图纸内容按要求绘制完整(20分)	教室平面家具布置及尺寸按要求表达完整	教室平面家具布置及尺寸未按要求完整表达各扣10分	20	
2	平面布置满足规范要求(60分)	活动室、寝室、衣帽间、卫生间家具布置满足功能需求(25分): 活动单元室内空间家具布置合理,家具按照所给图例按比例布置	家具漏画一组扣1分,比例不正确扣1分,扣完标准分为止	5	
		活动室的家具布置应有利于室内教学活动的开展,要有完整的教学展示墙	家具布置不合理扣2分,教学展示墙未表达扣2分	4	
		寝室的家具布置要有利于教师对孩子们的照看,寝室床位的数量满足要求	每少一个床位扣2分,扣完标准分为止	12	
		按所给图例绘制储物柜,数量要求准确	数量每少一组扣2分	4	
		卫生间干湿分区,洁具数量满足相关设计规范要求(35分): 坐便器和小便斗分区明确,数量按要求设置	每少一个扣2分	15	
		按数量要求布置淋浴隔间	每少一个扣5分	10	
		卫生间满足干湿分离,各个功能区分区明确,相对独立	未进行干湿分区扣5分	5	
		寝室床位之间的观察通道净宽不小于1m	观察通道尺度不合理扣5分	5	
3	图纸深度符合成果深度要求(20分)	用给定图例清晰表达活动单元的家具布置	未按给定图例清晰表达扣4分	4	
		绘制安全疏散门,数量及开启方向正确	每少画一个扣2分	4	
		标注活动单元两个安全疏散口之间的距离	数据未标或者标错扣4分	4	
		标注内走道及疏散门的宽度尺寸	标错一个扣2分,扣完标准分为止	4	
		根据建筑制图国家标准,准确选择与绘制线条线型及宽度	检测考点错一处扣1分,扣完标准分为止	4	
总 分				100	

注:作品没有完成总工作量的60%以上,作品评分记0分。

实训任务 2-15　停车场平面布置设计

1. 任务描述

某社区活动中心场地平面(图 2-15-1)拟利用新增用地完成机动车停车场改扩建设计,其中社区活动中心建筑东侧原有场地已布置自行车停车场,现要求运用专业制图工具在其余用地范围内进行停车场设计,采用 1∶500 比例绘制停车场平面图。

本实训任务图纸下载

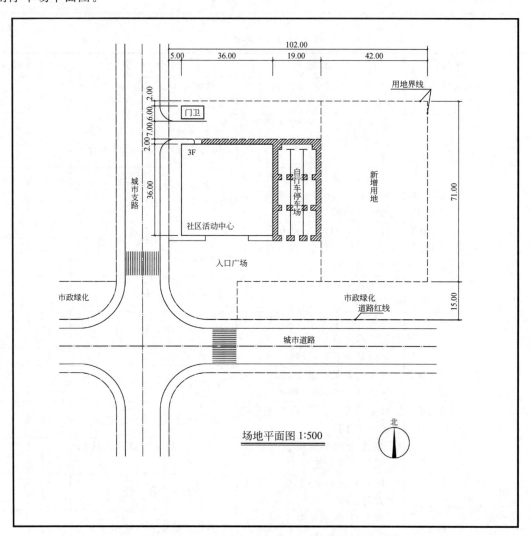

图 2-15-1　某社区活动中心场地平面图

绘图要求:根据给定设计范围,在满足设计要求的前提下合理安排车位布局。结合场地周边城市道路组织机动车停车场的出入口,合理设置机动车出入口数量,车行、人行入口分开设置,合理安排残疾人车位的位置,确保残疾人的出行安全。成果表达方式:工具尺规墨线作图。

(1) 设计要求。

① 解决好总体布局,包括分区、出入口、停车位、客流和货流组织与环境的结合等问题。

② 保留原有门卫和出入口,至少设一个人行出入口,用地范围内尽可能多布置小汽车停车位(含残疾人停车位 6 人),停车位尺寸及布置要求见停车位布置平面图(图 2-15-2)。

(2) 技术要求。

① 场内车行道宽度不小于 7m,要求车行道贯通无盲端,停车方式采用 3 辆一组的成组垂直式。

② 场内停放车位超过 50 辆时,出入口不少于两个,两个出入口的净距应大于 10m。

③ 停车场用地范围及建筑周边至少留出 2m 宽的绿化带,残疾人停车位及原门卫处可不设,自行车停车带与建筑物、道路及小汽车停车位之间也应留出 2m 宽的绿化带。

④ 停车场的汽车通道由城市道路引入,单车道引道宽度为 5m,双车道为 7m。

⑤ 机动车停车位参照停车位布置平面图绘制。

(3) 任务成果要求。

① 根据上述条件和要求,画出停车场平面图,要求表示车行方向,车行、人行出入口位置,停车位及绿化带。

② 注明相关尺寸、各停车带(可不绘车位线)的停车数量及停车场的车位总数。

③ A2 图幅出图(420mm×594mm),比例为 1∶500;线型粗细有别,运用合理;文字与数字书写工整;采用手工工具作图。

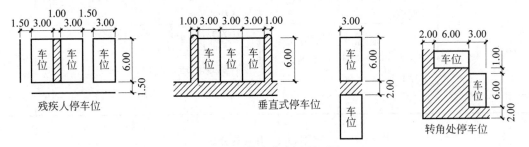

图 2-15-2 停车位布置平面图

2. 实施条件

实施条件如表 2-15-1 所示。

表 2-15-1 实施条件

实施条件内容	基本实施条件	备 注
实训场地	准备一间绘图教室,每名学生一张绘图桌	必备
材料、工具	每名学生统一配备印有答题图示的 A2 绘图纸一张、考试草稿用 A2 拷贝纸 1 张。自备一套其他绘图工具(A2 图板、三角板、丁字尺、针管笔、橡皮、铅笔)	按需配备
考评教师	要求由具备至少三年以上教学经验的专业教师担任	必备

3. 考核时量

三小时。

4. 评分细则

考核项目的评价(表 2-15-2)包括职业素养与操作规范(表 2-15-3)、作品(表 2-15-4)两个方面,总分为100分。其中,职业素养与操作规范占该项目总分的20%,作品占该项目总分的80%。只有职业素养与操作规范、作品两项考核均合格,总成绩才能评定为合格。

表 2-15-2 评分总表

职业素养与操作规范得分 (权重系数0.2)	作品得分 (权重系数0.8)	总分

表 2-15-3 职业素养与操作规范评分表

考核内容	评分标准	扣分标准	标准分	得分
职业素养与操作规范	检查考核内容、给定的图纸是否清楚,作图尺规工具是否干净整洁,做好考核前的准备工作	没有检查记0分,少检查一项扣5分	20	
	图纸作业完整无损坏,考核成果纸面整洁无污物	图纸作业损坏扣10分,考试成果纸面有污物扣10分	20	
	严格遵守实训场地纪律,有环境保护意识	有违反实训场地纪律行为扣10分,没有环境保护意识、乱扔纸屑扣10分	20	
	不浪费材料,不损坏考核工具及设施	浪费材料、损坏考核工具及设施各扣10分	20	
	任务完成后,整齐摆放图纸、工具书、记录工具、凳子等,整理工作台面	任务完成后,没有整齐摆放图纸、工具书、记录工具扣10分;没有清理场地,没有摆好凳子、整理工作台面扣10分	20	
总 分			100	

表 2-15-4 作品评分表

序号	考核内容	评分标准	扣分标准	标准分	得分
1	图纸内容按要求绘制完整(20分)	停车场机动车位、自行车位、残疾人车位、车行出入口、车行方向线、人行出入口、绿化带、尺寸标注均按要求表达完整	停车场机动车位、自行车位、残疾人车位、车行出入口、车行方向线、人行出入口、绿化带、尺寸标注未按要求完整表达各扣2.5分	20	
2	平面布置满足规范要求(60分)	场地内停车位数量满足题目要求,出入口数量满足规范要求(40分)	车位数设计合理	车位数统计错误扣5分	5	
			出入口数量、位置满足规范要求	出入口数量错误扣2分,位置错一处扣2分,扣完标准分为止	5	
			残疾人车位的布局位置合理	残疾人车位位置错误扣5分,布置方式错误扣2分	5	
			道路转弯半径设计合理,满足消防车的要求	道路转弯半径设计不合理一处扣5分,扣完标准分为止	10	
			图例表达准确	图例表达错误一处扣2分,扣完标准分为止	5	

续表

序号	考核内容		评分标准	扣分标准	标准分	得分
2	平面布置满足规范要求（60分）	场地内交通组织顺畅，通道宽度和转弯半径符合规范要求（20分）	内部车行道宽度满足规范要求	内部车行道宽度不满足规范要求扣10分	10	
			车行路线方向组织合理，用箭头清晰表达场地内车行路线	车行路线方向组织不合理，每错一处扣2分，扣完标准分为止	10	
			车行道与城市道路连接顺畅	车行道与城市道路连接不顺畅错一处扣5分，扣完标准分为止	10	
3	图纸深度符合成果深度要求（20分）		用指定图例清晰表达场地内的停车位	未按指定图例清晰表达扣5分	5	
			用指定图例清晰表达场地内的残疾人车位	未按指定图例清晰表达扣5分	5	
			按要求标注相关尺寸	未完整标注扣2分，未标注相关尺寸扣5分	5	
			根据建筑制图国家标准，准确选择与绘制线条线型及宽度	绘制线条线型及宽度错一处扣1分，扣完标准分为止	5	
	总 分				100	

注：作品没有完成总工作量的60%以上，作品评分记0分。

实训任务2-16 公共建筑无障碍设施平面布置设计

1. 任务描述

运用专业制图工具完成某办公建筑出入口及无障碍坡道设计，优化卫生间及无障碍专用卫生间平面布置设计，采用1∶50比例绘制施工图深度平面图。

本实训任务图纸下载

（1）绘图题要求：对给定的某办公建筑局部平面图（图2-16-1）进行建筑出入口及无障碍坡道设计，优化卫生间及无障碍专用卫生间平面布置设计。按建筑施工图文件深度的专业制图标准，采用专业制图工具按1∶50比例在指定的平面图上绘制建筑出入口无障碍坡道、台阶及卫生间平面大样图。

（2）出入口无障碍坡道及台阶设计条件。

① 建筑出入口处室内外高差为0.45m，设置三级台阶（300mm×150mm）及无障碍坡道。

② 出入口平台宽度为3200mm。

③ 无障碍坡道宽度为1200mm，坡度为1∶12，坡道平台为1500mm。

④ 坡道靠墙及临空设栏杆扶手，休息平台处靠墙栏杆水平长度为2400mm，扶手起点终点延伸300mm，靠墙扶手内侧与墙面距离为50mm。

⑤ 在中南标准图集里，机磨纹花岗石无障碍坡道的编号索引为13ZJ301 $\frac{6}{19}$、靠墙不锈钢扶手的编号索引为13ZJ301 $\frac{7}{16}$、坡道外侧不锈钢栏杆扶手的编号索引为13ZJ301 $\frac{7}{8}$、入口台阶混凝土花岗石贴面台阶的编号索引为11ZJ901 $\frac{10}{9}$ 做法。

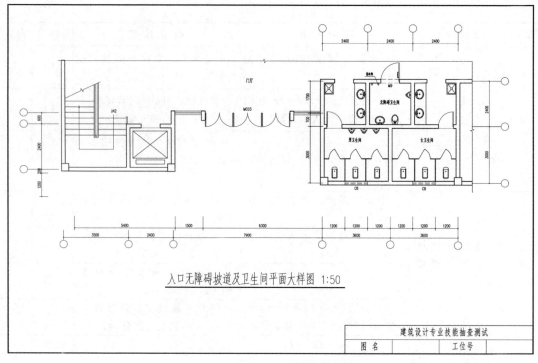

图 2-16-1　某办公建筑局部平面图

⑥ 标注无障碍坡道及台阶的相关尺寸(含平面尺寸及坡度坡长、室内外高差等)。

(3) 卫生间平面设备布置条件。

① 标注卫生间及前室的轴线及轴线尺寸。

② 标注前室相对楼地层平面标高低 20mm,卫生间相对楼地层平面标高低 50mm。

③ 前室布置两个洗手盆和一个污水池;卫生间内布置三个蹲位,并设有隔断。

④ 标注洗手盆的中心定位尺寸,标注洗脸台(宽 600mm)、污水池(600mm×500mm)、隔断的长宽尺寸,标注蹲便器中心定位尺寸。

⑤ 前室和卫生间设地漏,地面排水排向地漏,排水坡度为 0.5%。

⑥ 在中南标准图集里,污水池的编号索引为 15ZJ512 $\frac{3}{42}$、蹲便器安装的编号索引为 15ZJ512 $\frac{3}{38}$、厕所塑料隔断的编号索引为 15ZJ512 $\frac{3}{31}$。

(4) 无障碍卫生间平面设备布置条件。

① 标注卫生间和前室的轴线及轴线尺寸。

② 标注卫生间相对楼层平面标高低 20mm,并表达高差用坡道衔接。

③ 卫生间内布置一个坐便器、一个小便器、一个洗手盆。

④ 坐便器、小便器、洗手盆均设无障碍安全抓杆。

⑤ 标注坐便器、小便器、洗手盆的中心定位尺寸。

⑥ 用虚线表示直径 1500mm 的轮椅回转尺寸。

⑦ 卫生间设地漏,地面排水排向地漏,排水坡度为 0.5%。

⑧ 在中南标准图集里,坐便器安全抓杆的编号索引为 13ZJ301 $\frac{2}{65}$、坐便器多用途安

全抓杆的编号索引为 13ZJ301 $\frac{1}{66}$、小便器安全抓杆的编号索引为 13ZJ301 $\frac{1}{63}$、洗手盆安全抓杆的编号索引为 13ZJ301 $\frac{1}{62}$、平开门拉手的编号索引为 13ZJ301 $\frac{1}{27}$。

2. 实施条件

实施条件如表 2-16-1 所示。

表 2-16-1 实施条件

实施条件内容	基本实施条件	备 注
实训场地	准备一间绘图教室,每名学生一张绘图桌	必备
材料、工具	每名学生统一配备印有答题图示的 A2 绘图纸一张,考试草稿用 A2 拷贝纸一张,自备一套其他绘图工具(A2 图板、三角板、丁字尺、针管笔、橡皮、铅笔)	按需配备
考评教师	要求由具备至少三年以上教学经验的专业教师担任	必备

3. 考核时量

三小时。

4. 评分细则

考核项目的评价(表 2-16-2)包括职业素养与操作规范(表 2-16-3)、作品(表 2-16-4)两个方面,总分为 100 分。其中,职业素养与操作规范占该项目总分的 20%,作品占该项目总分的 80%。只有职业素养与操作规范、作品两项考核均合格,总成绩才能评定为合格。

表 2-16-2 评分总表

职业素养与操作规范得分 (权重系数 0.2)	作品得分 (权重系数 0.8)	总分

表 2-16-3 职业素养与操作规范评分表

考核内容	评分标准	扣分标准	标准分	得分
职业素养与操作规范	检查考核内容、给定的图纸是否清楚,作图尺规工具是否干净整洁,做好考核前的准备工作	没有检查记 0 分,少检查一项扣 5 分	20	
	图纸作业完整无损坏,考核成果纸面整洁无污物	图纸作业损坏扣 10 分,考试成果纸面有污物扣 10 分	20	
	严格遵守实训场地纪律,有环境保护意识	有违反实训场地纪律行为扣 10 分,没有环境保护意识、乱扔纸屑扣 10 分	20	
	不浪费材料,不损坏考核工具及设施	浪费材料、损坏考核工具及设施各扣 10 分	20	
	任务完成后,整齐摆放图纸、工具书、记录工具、凳子等,整理工作台面	任务完成后,没有整齐摆放图纸、工具书、记录工具扣 10 分;没有清理场地,没有摆好凳子、整理工作台面扣 10 分	20	
总 分			100	

表 2-16-4　作品评分表

序号	考核内容		评分标准	扣分标准	标准分	得分
1	图纸内容按要求绘制完整(20分)		无障碍坡道、入口台阶、无障碍卫生间洁具、无障碍卫生间安全设施、卫生间地漏及坡度、详图索引、尺寸标注、标高标注均按要求表达完整	无障碍坡道、入口台阶、无障碍卫生间洁具、无障碍卫生间安全设施、卫生间地漏及坡度、详图索引、尺寸标注、标高标注未按要求完整表达各扣2.5分	20	
2	平面布置满足规范要求(60分)	洁具位置布置合理,尺寸及表达方式准确(20分)	洁具及安全设施布置方案符合使用要求	布置不合理扣3分,缺设备扣5分	5	
			洁具定位尺寸符合要求	洁具定位尺寸不符合要求错一处扣1分,扣完标准分为止	5	
			洁具及无障碍设施做法索引符合要求	洁具及无障碍设施做法索引未表达或表达错一处1分,共8处	8	
			轮椅回转表达及尺寸标注符合要求	轮椅回转未表达或尺寸标注错误扣2分	2	
		排水组织合理,标高、坡向及地漏表达正确(20分)	地面标高取值及表达正确	标高取值不正确扣2分,未标标高扣4分	4	
			地漏位置选择合理,对空间使用影响较小	地漏位置布置不合理扣2分,未布置地漏扣5分	5	
			坡向组织正确、坡度正确,表达符合制图要求	坡向未指向地漏扣3分,坡度错误扣3分,未标注坡向箭头及坡度扣6分	6	
			绘制门口线	门口线位置不对扣3分,未绘制门口线扣5分	5	
		无障碍坡道、入口台阶组织合理,标高、坡向及宽度表达正确(20分)	坡道、台阶平面布置合理	坡道、台阶布置不合理各扣2分	4	
			坡道、栏杆、扶手、坡度、平台、台阶尺寸标注正确	未标注尺寸或标注错误一处扣1分,共8处	8	
			坡道、台阶做法索引	坡道、台阶做法索引未表达或表达错误各扣1分,共2处	2	
			栏杆、扶手做法索引	栏杆、扶手做法索引未表达或表达错误各扣1分	2	
			室内外标高标注正确	标高标注错误一处扣2分,共2处	4	
3	图纸深度符合成果深度要求(20分)		1∶50比例图纸图例正确	未按比例绘图扣3分	3	
			细部尺寸标注完整	表达不清晰扣2分,未表达扣3分	3	
			文字引注表达完整	未标注名称一处扣1分,扣完标准分为止	3	
			定位尺寸表达完整	表达不清晰扣1分,未标注扣3分	3	
			根据建筑制图国家标准,准确选择与绘制线条线型及宽度	绘制线条线型及宽度错一处扣1分,扣完标准分为止	4	
			图面表达工整	图面较工整扣2分,不工整扣4分	4	
			总　分		100	

注:作品没有完成总工作量的60%以上,作品评分记0分。

实训任务 2-17　公共建筑造型立面设计

1. 任务描述

运用专业制图工具，参照给定的建筑平面图（图 2-17-1）和建筑造型风格参考图例（图 2-17-2～图 2-17-4），完成某小型茶室建筑造型立面设计，手绘比例为 1∶100。

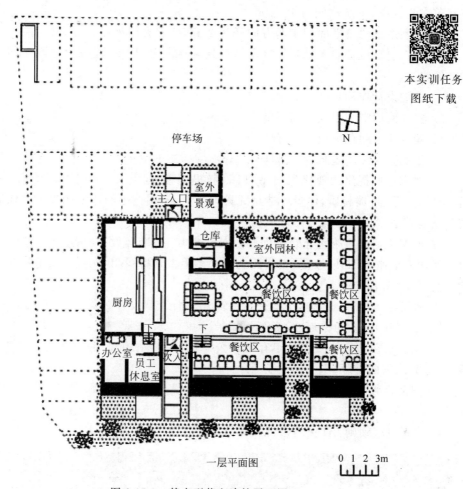

图 2-17-1　某小型茶室建筑平面图

（1）识读给定的小型茶室建筑平面图并回答以下问题。

① 在给定的建筑平面图中，建筑主入口朝向为（　　）向。

　　A. 南　　　　　　B. 北　　　　　　C. 东　　　　　　D. 西

② 在判断建筑标高时，应把（　　）所在的地面标高标为±0.000,高于它的为正值（+，但+常省略），低于它的为负值（-）。

　　A. 厨房　　　　　　　　　　　　　B. 员工休息室
　　C. 办公室　　　　　　　　　　　　D. 北面餐饮区

③ 设定室内楼梯踏步高度为150mm，在给定的建筑一层平面图中，北面餐饮区比南面

餐饮区（　　）。

  A. 高 300mm   B. 高 750mm

  C. 低 300mm   D. 低 750mm

  ④ 在绘制小型茶室建筑外立面图时，按题干应采用（　　）比例绘制。

  A. 1∶100   B. 1∶150   C. 1∶300   D. 不需要

（2）绘图题：参照给定的建筑平面图和建筑造型风格参考图例，设计及手绘某小型茶室建筑南立面图，手绘比例为 1∶100。

① 小型茶室建筑平面图东西方向开间 21m，南北方向进深 15m，共一层。

② 建筑造型设计需考虑餐饮区所需的景观开窗面积，在给定平面图基础上优化餐饮区的开窗设置。

③ 造型设计应满足如下要求。

 a. 主要使用空间建筑层高不低于 4.2m。

 b. 建筑主入口门洞高为 2.4m。

 c. 建筑室内外高差至少不低于 0.15m。

 d. 要求参照提供的现代风格造型图例，提炼参考图例中如门、窗、挑檐、女儿墙、落地窗、台阶、扶手、外墙材质、体量等造型元素，并将参考图例中的造型元素运用在造型设计中，使茶室建筑造型风格与参考图例风格一致。

 e. 根据给定小型茶室建筑平面图及其比例尺寸，准确设计并绘制茶室建筑南立面图。要求运用专业制图工具，按 1∶100 比例手绘钢笔工具墨线图，配有立面植物配景，标注标高和层高，注明图名比例。

 f. 图面绘制内容：标题"小型茶室建筑外立面造型设计"、落款（工位号、时间）、建筑南立面图（1∶100）及其相关尺寸、标高和配景。

 g. 按要求在考场统一配备印有考试公章的 A3 绘图纸上手绘绘制内容中所要求的内容，规范完成图面排版。

 h. 图面排版要求：排版表达合理，建筑方案设计图表达准确，所有图示墨线表达，无须上色。

 i. 绘制要求细则：详情请参考作品评分表。

图 2-17-2 　建筑造型风格参考图例 1

图 2-17-3　建筑造型风格参考图例 2

图 2-17-4　建筑造型风格参考图例 3

2. 实施条件

实施条件如表 2-17-1 所示。

表 2-17-1　实施条件

实施条件内容	基本实施条件	备注
实训场地	准备一间绘图教室，每名学生一张绘图桌	必备
材料、工具	每名学生统一配备 A3 绘图纸一张、考试草稿用 A2 拷贝纸一张，自备一套其他绘图工具（A2 图板、三角板、丁字尺、针管笔、橡皮、铅笔、水性笔、马克笔、彩铅、尺规等）	按需配备
考评教师	要求由具备至少三年以上教学经验的专业教师担任	必备

3. 考核时量

三小时。

4. 评分细则

考核项目的评价（表 2-17-2）包括职业素养与操作规范（表 2-17-3）、作品（表 2-17-4）两个方面,总分为100分。其中,职业素养与操作规范占该项目总分的20%,作品占该项目总分的80%。只有职业素养与操作规范、作品两项考核均合格,总成绩才能评定为合格。

表 2-17-2　评分总表

职业素养与操作规范得分 (权重系数0.2)	作品得分 (权重系数0.8)	总分

表 2-17-3　职业素养与操作规范评分表

考核内容	评分标准	扣分标准	标准分	得分
职业素养与操作规范	检查考核内容、给定的图纸是否清楚,作图尺规工具是否干净整洁,做好考核前的准备工作	没有检查记0分,少检查一项扣5分	20	
	图纸作业完整无损坏,考核成果纸面整洁无污物	图纸作业损坏扣10分,考试成果纸面有污物扣10分	20	
	严格遵守实训场地纪律,有环境保护意识	有违反实训场地纪律行为扣10分,没有环境保护意识、乱扔纸屑扣10分	20	
	不浪费材料,不损坏考核工具及设施	浪费材料、损坏考核工具及设施各扣10分	20	
	任务完成后,整齐摆放图纸、工具书、记录工具、凳子等,整理工作台面	任务完成后,没有整齐摆放图纸、工具书、记录工具扣10分;没有清理场地,没有摆好凳子、整理工作台面扣10分	20	
总　分			100	

表 2-17-4　作品评分表

序号	考核内容	评分标准	扣分标准	标准分	得分
1	图纸的识读 (20分)	正确识读建筑主入口朝向	回答错误扣5分	5	
		正确判断在建筑设计中,室内地面标高±0.000的概念	回答错误扣5分	5	
		正确判断南北餐饮区之间的高差	回答错误扣5分	5	
		正确判断小型茶室建筑外立面图绘制的比例	回答错误扣5分	5	
2	建筑造型设计及立面图绘制(60分)	建筑整体造型风格与提供的造型图例一致	建筑整体造型不符扣5分	5	
		建筑外墙饰面材料表达与提供的造型图例相符	建筑外墙饰面材料表达不相符扣5分	5	
		建筑立面开窗表达准确	无阴影表达扣5分	5	
		建筑入口(遮阳板)、开窗(窗台)、屋顶女儿墙、台阶(斜坡)内容表达准确	遗漏建筑入口(遮阳板)、开窗(窗台)、屋顶女儿墙、台阶(斜坡)一处扣1.25分,扣完标准分为止	5	

续表

序号	考核内容	评分标准	扣分标准	标准分	得分
2	建筑造型设计及立面图绘制(60分)	绘制的建筑南立面图与所给建筑平面图方向、轮廓对应	方向不正确、轮廓不对应扣5分	5	
		比例表达准确	未按比例要求扣5分	5	
		标注各层标高、室外地面标高和建筑最高点标高	错标或漏标各层标高、室外地面标高和建筑最高点标高一处扣2分,扣完标准分为止	10	
		立面配景表达完整,尺度准确	缺少配景表达扣10分	10	
		正确标注图示名称、比例1:100	图示名称、比例缺失或错误各扣5分	10	
3	图面规范表达(20分)	标题"小型茶室建筑外立面造型设计"、落款(学生班级、学号、姓名、时间)标注完整	标题"小型茶室建筑外立面造型设计"、落款(学生班级、学号、姓名、时间)缺失各扣2分	4	
		图框、图号规格统一	图框缺失、图号规格不统一各扣2分	4	
		图面版式设计布图均衡协调	图面版式设计布图不均衡、不协调扣4分	4	
		图面文字尺寸标注工整,图示线条线型、线宽表达准确清晰	图面文字尺寸标注不工整,图示线条线型、线宽表达不准确清晰各扣2分	4	
		立面图正稿墨线表达	仅铅笔草稿扣4分	4	
	总 分			100	

注:作品没有完成总工作量的60%以上,作品评分记0分。

技能项目3 居住区规划方案技术设计

"居住区规划方案技术设计"技能考核标准	
该项目要求学生熟悉掌握建筑制图国家标准,掌握《建筑工程设计文件编制深度规定》中规划方案设计文件深度要求,具有识读居住区规划设计文件的能力,掌握居住区规划方案分析图的Photoshop绘制技巧。能正确运用建筑专业软件和制图工具,根据给定的居住区设计条件完成居住区交通组织、空间环境设计分析任务,能审阅设计图纸是否符合国家现行规范和技术规定;要求学生熟悉掌握规划总平面图技术经济指标计算规范要求	
技能要求	(1)能根据给定项目技术条件进行居住区交通组织及空间环境设计分析。 (2)能根据给定项目技术条件进行居住区总平面设计分析。 (3)能正确运用建筑专业软件和制图工具绘制规划方案及分析图。 (4)能根据给定项目条件进行规划总平面(CAD)技术经济指标计算
职业素养要求	符合建筑师助理岗位的基本职业素养要求,体现良好的工作习惯。检查计算机及CAD、Photoshop绘图软件运行是否正常。清查图纸是否齐全,文字、图表表达应字迹工整、填写规范。建筑线条、尺寸标注、文字书写工整规范;专业识图及规划方案设计思路清晰,制图程序准确,工具操作得当,不浪费材料。考核完毕后,图纸、工具书籍正确归位,不损坏考核工具、资料及设施,有良好的环境保护意识

续表

"居住区规划交通组织及空间环境分析"技能项目考核评价标准如下。

考核评价标准	评价内容		配分	考核点	备注
	职业素养与操作规范(20分)		4	检查给定的资料是否齐全,检查计算机运行是否正常,检查软件运行是否正常,做好考核前的准备工作,少检查一项扣1分	出现明显失误造成计算机或软件、图纸、工具书和记录工具严重损坏等,严重违反考场纪律,造成恶劣影响的本大项记0分
			4	图纸作业应图层清晰、取名规范,不规范一处扣1分	
			4	严格遵守实训场地纪律,有环境保护意识,违反一次扣1~2分(具体评分细则详见实训任务职业素养与操作规范评分表)	
			4	不浪费材料,不损坏考试工具及设施,浪费损坏一处扣2分	
			4	任务完成后,整齐摆放图纸、工具书、记录工具、凳子等,整理工作台面,未整洁一处扣2分	
	作品(80分)	熟练操作Photoshop软件	16	分析图结构清晰完整,图示内容表达完整,图面清晰,按照要求格式保存绘制图样到指定文件夹,错一处扣1.6~4.8分(具体评分细则详见实训任务作品评分表)	没有完成总工作量的60%以上,作品评分记0分
		绘制交通分析图	32	图名正确,分析图中各要素编排合理,结构清晰,图面简洁、明晰、美观,不遗漏内容,每错一处扣0.8~4分(具体评分细则详见实训任务作品评分表)	
		绘制环境景观分析图	32	图名正确,分析图中各要素编排合理,结构清晰,图面简洁、明晰、美观,不遗漏内容,每错一处扣0.8~4分(具体评分细则详见实训任务作品评分表)	

"居住区街坊技术指标计算"技能项目考核评价标准如下。

评价内容		配分	考核点	备注
职业素养与操作规范(20分)		4	检查给定的资料是否齐全,检查计算机运行是否正常,检查软件运行是否正常,做好考核前的准备工作,少检查一项扣1分	出现明显失误造成图纸、工具书和记录工具严重损坏等,严重违反考场纪律,造成恶劣影响的本大项记0分
		4	图纸作业应图层清晰、取名规范,不规范一处扣1分	
		4	严格遵守实训场地纪律,有环境保护意识,违反一次扣1~2分(具体评分细则详见职业素养与操作规范评分表)	
		4	不浪费材料,不损坏考试工具及设施,浪费损坏一处扣2分	
		4	任务完成后,整齐摆放图纸、工具书、记录工具、凳子等,整理工作台面,未整洁一处扣2分	
作品(80分)	计算过程规范性	8	有条理地记录计算过程,错一处扣1.6分(具体评分细则详见实训任务作品评分表)	没有完成总工作量的60%以上,作品评分记0分
	技术指标计算	72	正确计算建筑基底面积、商业建筑面积、多层公租房建筑面积、高层公租房建筑面积、不计容建筑面积、物业管理用房建筑面积、地下车库面积、容积率、建筑密度、绿地率,错一处扣0.8~3.2分(具体评分细则详见实训任务作品评分表)	

实训任务 2-18　居住区规划交通组织及空间环境分析

1. 任务描述

根据所提供的居住区方案设计总平面图(图 2-18-1),使用 Photoshop 等绘图软件完成道路交通分析图与景观设计分析图绘制。

图 2-18-1　居住区方案设计总平面图

(1) 请根据提供的本项目道路交通详细资料绘制其交通分析图,具体要求如下。

① 对外交通与出入口。规划地块交通条件优越,周边有 218 国道,商贸路、金鹿路、创业路等城市道路作为对外的主要通道。为保证各区块交通顺畅及满足疏散安全的需要,规划居住区共设五处车行出入口,多处人行出入口。

② 道路系统与分级。地块的道路系统规划力求遵照保证地块内部顺畅便捷的原则进

行,依托周边道路骨架,形成两居住街坊相独立的道路结构。以均衡的服务性为原则布置居住街坊的主要附属道路,住宅单元内则通过其他附属道路与主要附属道路相衔接,从而形成安静安全、美化顺畅、层次分明的车行道路系统。

规划地块道路具体参照道路规划控制表(表2-18-1)和道路横断面图(图2-18-2)。

表 2-18-1　道路规划控制表

路　　名	规划等级	断面形式	红线宽度/m
218国道	公路	一块板	12
商贸路	城市次干路	一块板	28
金鹿路	城市次干路	一块板	28
创业路	城市次干路	一块板	18
北三东路	城市支路	一块板	12
	街坊主要附属道路	一块板	12
	街坊主要附属道路	一块板	10
	街坊其他附属道路	一块板	6
	街坊其他附属道路	一块板	4
	街坊其他附属道路	一块板	2.6

③ 成果要求。图幅大小为A3,图面美观,图名准确,分析图需采用不同颜色、不同线型或线宽正确表达国道、城市道路、街坊主要附属道路、街坊其他附属道路、汽车站(北部角落为汽车站)客车流线、景观步行道等道路等级、功能及各道路的横断面图,要求成图像素清晰,最终成果以"道路交通分析图"为名保存为PSD和JPG两种格式,存放在以"工位号"命名的文件夹中进行提交。

(2)请根据本项目的具体绿地系统和景观体系详细资料绘制其环境景观分析图,具体信息如下。

① 绿地系统。规划地块绿地分为四类:城市公园绿地、居住区绿地、城市道路绿化和218国道绿化带。

a. 城市公园绿地:以现状废弃水渠联通南千渠为基础构建的绿化景观带,是串联各居住街坊的步行景观环的一部分。

b. 居住区绿地:以两大居住街坊集中绿地为核心,沿附属道路网络伸展,串联公共绿地与宅旁绿地,并与居住区整体空间环境融会贯通,共同组成"点、线、面"相结合的绿地系统。

c. 城市道路绿化:沿规划区周边城市道路两侧布置线状绿化系统。

d. 218国道绿化带。

② 景观体系。

a. 景观节点(图2-18-3)。

公共绿地中心广场:结合公园绿地入口轴线和规划区主要步行景观带,形成以休闲游憩为主题的活动广场。

居住区入口景观节点:包括两大居住街坊主入口节点及其集中绿地。

居住区其他景观节点:为获得居住区内均衡的绿地景观而打造的规模较大的绿地景观节点,可与集中绿地、公共绿地形成丰富的绿地景观系统。

b. 景观轴线。居住区的景观轴线串联居住区内的各类景观节点,并连通至城市公共绿地,形成规划区景观系统的骨架。

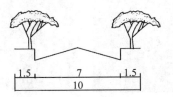

南部主要附属道路断面

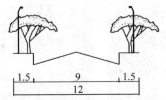

北部主要附属道路断面

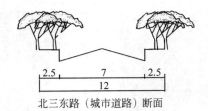

北三东路（城市道路）断面

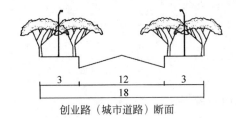

创业路（城市道路）断面

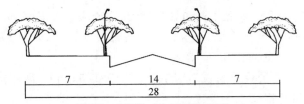

商贸路、金鹿路（城市道路）断面

图 2-18-2　道路横断面图

(a) 居住区广场

(b) 百香园

图 2-18-3　规划景观节点

(c) 居住街坊景观

(d) 入口景观

(e) 休闲广场

(f) 公园景观

(g) 河道景观

(h) 公园雕塑

图 2-18-3（续）

③ 规划景观节点（图 2-18-3）。

④ 成果要求。

a. 图幅大小为 A3，图面美观。

b. 图名准确。

c. 分析图需突出各重点景观节点和景观轴线，准确表达公共绿地、主要景观节点、次要景观节点、绿化景观轴、公园景观轴、河道景观轴及景观规划（不少于五张，可参考图 2-18-3，也可网上搜索）等相关信息，成图需像素清晰。

d. 最终成果以"环境景观分析图"为名保存为 PSD 和 JPG 两种格式，存放在以"工位号"命名的文件夹中进行提交。

2．实施条件

实施条件如表 2-18-2 所示。

表 2-18-2　实施条件

实施条件内容	基本实施条件	备 注
实训场地	准备一间计算机教室。按考核人数，每人须配备一台装有相应考核软件的计算机	必备
资料	每名学生一套考核文字资料	按需配备
材料、工具	按考核人数，每人配备一台装有相应考核软件的计算机，每人统一配备 A4 草稿纸一张	按需配备
考评教师	要求由具备至少三年以上教学经验的专业教师担任	必备

3. 考核时量

三小时。

4. 评分细则

考核项目的评价（表2-18-3）包括职业素养与操作规范（表2-18-4）、作品（表2-18-5）两个方面，总分为100分。其中，职业素养与操作规范占该项目总分的20%，作品占该项目总分的80%。只有职业素养与操作规范、作品两项考核均合格，总成绩才能评定为合格。

表2-18-3 评分总表

职业素养与操作规范得分（权重系数0.2）	作品得分（权重系数0.8）	总分

表2-18-4 职业素养与操作规范评分表

考核内容	评分标准	扣分标准	标准分	得分
职业素养与操作规范	检查给定的资料是否齐全，检查计算机运行是否正常，检查软件运行是否正常，做好考核前的准备工作	没有检查记0分，少检查一项扣5分，扣完标准分为止	20	
	图纸作业应图层清晰、取名规范	图层分类不规范扣5分，名称不规范扣5分，扣完标准分为止	20	
	严格遵守实训场地纪律，有环境保护意识	有违反实训场地纪律行为扣10分，没有环境保护意识、乱扔纸屑各扣5分	20	
	不浪费材料，不损坏考核工具及设施	浪费材料、损坏考核工具及设施各扣10分	20	
	任务完成后，整齐摆放图纸、工具书、记录工具、凳子等，整理工作台面	任务完成后，没有整齐摆放图纸、工具书、记录工具扣10分；没有清理场地，没有摆好凳子、整理工作台面扣10分	20	
总 分			100	

表2-18-5 作品评分表

序号	考核内容	评分标准	扣分标准	标准分	得分
1	熟练操作Photoshop软件(20分)	图幅正确	图幅大小不正确扣6分	6	
		分析图注重版式设计及色彩搭配的整体性、协调性	分析图版面不美观扣2分，色彩搭配的整体协调性差扣2分	4	
		按照要求格式保存绘制图样到指定文件夹	文件未正确命名扣4分，没有按照要求格式保存到指定文件夹扣6分	10	

续表

序号	考核内容	评分标准	扣分标准	标准分	得分
2	绘制交通分析图(40分)	图名正确	图名不正确扣2分	2	
		分析图中准确表达国道、城市次道路、城市支路、居住街坊主要附属道路、街坊附属道路、景观步行道、汽车站(北部角落为汽车站)客车等位置及流线等	国道、城市次道路、城市支路、居住街坊主要附属道路、街坊附属道路、景观步行道、汽车站(北部角落为汽车站)客车等位置或流线每一项表达错误或缺失扣3分	21	
		分析图图示结构需清晰,各不同功能道路需采用不同的颜色、不同的线型或不同线宽	道路交通分析图中各功能道路及流线所采用线型或线宽不明晰扣5分	5	
		完整表达各级道路断面图	缺失各级道路断面图各扣1分,共5分	5	
		准确完整表达国道、城市次道路、城市支路、居住街坊主要附属道路、街坊附属道路、景观步行道、汽车站(北部角落为汽车站)客车流线图例	图例不完整一项扣1分,未表达图例扣7分	7	
3	绘制环境景观分析图(40分)	图名正确	图名不正确扣2分	2	
		准确清晰表达主要景观节点、次要景观节点、绿化景观轴、公园景观轴、河道景观轴	主要景观节点、次要景观节点、绿化景观轴、公园景观轴、河道景观轴表达错误或缺失各扣4分	20	
		分析图图示结构清晰完整,突出重要景观节点及轴线	比较分析图中次要景观节点,未突出主要景观节点扣4分;各重要轴线所采用线型或线宽不明晰扣4分	8	
		准确表达主要景观节点、次要景观节点、绿化景观轴、公园景观轴、河道景观轴等图例	图例每缺一项扣1分,未表达图例扣5分	5	
		景观规划示意图不少于五张	少一张扣1分	5	
		总 分		100	

注:作品没有完成总工作量的60%以上,作品评分记0分。

实训任务 2-19　居住区街坊技术指标计算

1. 任务描述

根据给定的某居住街坊规划总平面图(图 2-19-1),计算以下居住街坊技术指标。

(1) 计算居住街坊技术指标。

① 住宅套(户)数。

本实训任务
图纸下载

② 居住人数。
③ 建筑总基底面积。
④ 住宅总建筑面积。
⑤ 便民服务设施（商业）总建筑面积。
⑥ 总建筑面积。
⑦ 容积率。
⑧ 建筑密度。
⑨ 地面停车位。
（2）成果要求。
① 在CAD或卷面上保留计算过程。
② 第1、2、9项取整数，其余数据保留两位小数。
③ 需要表示出数据的单位。
④ 字迹清晰工整。

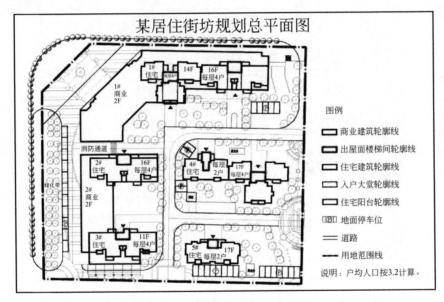

图 2-19-1　某居住街坊规划总平面图

2. 实施条件

实施条件如表 2-19-1 所示。

表 2-19-1　实施条件

实施条件内容	基本实施条件	备 注
实训场地	准备一间绘图教室，每名学生一张绘图桌	必备
材料、工具	每名学生统一配备 A4 图纸一张、草稿用 A4 打印纸一张，自备一套计算及成果表达工具（钢笔、橡皮、铅笔、计算器等）	按需配备
考评教师	要求由具备至少三年以上教学经验的专业教师担任	必备

3. 考核时量

三小时。

4. 评分细则

考核项目的评价(表 2-19-2)包括职业素养与操作规范(表 2-19-3)、作品(表 2-19-4)两个方面,总分为 100 分。其中,职业素养与操作规范占该项目总分的 20%,作品占该项目总分的 80%。只有职业素养与操作规范、作品两项考核均合格,总成绩才能评定为合格。

表 2-19-2 评分总表

职业素养与操作规范得分 (权重系数 0.2)	作品得分 (权重系数 0.8)	总分

表 2-19-3 职业素养与操作规范评分表

考核内容	评分标准	扣分标准	标准分	得分
职业素养与操作规范	检查考核内容、给定的图纸是否清楚,作图尺规工具是否干净整洁,做好考核前的准备工作	没有检查记 0 分,少检查一项扣 5 分	20	
	图纸作业完整无损坏,考核成果纸面整洁无污物	图纸作业损坏扣 10 分,考试成果纸面有污物扣 10 分	20	
	严格遵守实训场地纪律,有环境保护意识	有违反实训场地纪律行为扣 10 分,没有环境保护意识、乱扔纸屑扣 10 分	20	
	不浪费材料,不损坏考核工具及设施	浪费材料、损坏考核工具及设施各扣 10 分	20	
	任务完成后,整齐摆放图纸、工具书、记录工具、凳子等,整理工作台面	任务完成后,没有整齐摆放图纸、工具书、记录工具扣 10 分;没有清理场地,没有摆好凳子、整理工作台面扣 10 分	20	
总 分			100	

表 2-19-4 作品评分表

序号	考核内容	评分标准	扣分标准	标准分	得分
1	计算过程规范性(10 分)	有条理地记录计算过程	未保留计算过程每项扣 2 分,扣完标准分为止	10	
2	技术指标计算(90 分)	正确计算住宅套(户)数	计算过程错误扣 4 分,结果错误扣 4 分,缺单位扣 2 分	10	
		正确计算居住人数	计算过程错误扣 4 分,结果错误扣 4 分,缺单位扣 2 分	10	
		正确计算建筑总基底面积	计算过程错误扣 4 分,结果错误扣 3 分,缺单位扣 2 分,未保留两位小数扣 1 分	10	

续表

序号	考核内容	评分标准	扣分标准	标准分	得分
2	技术指标计算(90分)	正确计算住宅总建筑面积	计算过程错误扣4分,结果错误扣3分,缺单位扣2分,未保留两位小数扣1分	10	
		正确计算便民服务设施(商业)总建筑面积	计算过程错误扣4分,结果错误扣3分,缺单位扣2分,未保留两位小数扣1分	10	
		正确计算总建筑面积	计算过程错误扣4分,结果错误扣3分,缺单位扣2分,未保留两位小数扣1分	10	
		正确计算容积率	计算过程错误扣4分,结果错误扣3分,未保留两位小数扣1分,加单位扣2分	10	
		正确计算建筑密度	计算过程错误扣4分,结果错误扣3分,缺单位扣2分,未保留两位小数扣1分	10	
		正确计算地面停车位	计算过程错误扣4分,结果错误扣4分,缺单位扣2分	10	
	总 分			100	

注:作品没有完成总工作量的60%以上,作品评分记0分。

技能项目4 居住区景观方案技术设计

"居住区景观方案技术设计"技能考核标准
该项目要求学生熟悉《居住区环境景观设计导则》和《城市居住区规划设计标准》,掌握《风景园林图例图示标准》,能准确识读园林景观设计方案图;掌握植物空间组景方法,能正确运用建筑专业制图工具对居住区环境景观方案进行分析与表达
技能要求	(1)能正确识读居住区景观方案总平面图。 (2)能对居住区景观方案进行分析。 (3)能根据给定项目景观方案图进行合理的分析图绘制。 (4)能正确识读园林景观设计方案图。 (5)能对景观绿地中的植物组景进行合理美观的表达
职业素养要求	符合建筑师助理岗位的基本职业素养要求,体现良好的工作习惯。清查图纸是否齐全,文字、图表表达应字迹工整、填写规范。建筑线条、尺寸标注、文字书写工整规范;专业识图及景观方案分析思路清晰,制图程序准确,工具操作得当,不浪费材料。考核完毕后图纸、工具书籍正确归位,不损坏考核工具、资料及设施,有良好的环境保护意识

续表

考核评价标准	评价内容		配分	考核点	备注
	"居住区景观方案技术设计"技能项目考核评价标准如下。				
	职业素养与操作规范(20分)		4	检查给定的资料是否齐全,检查计算机运行是否正常,检查软件运行是否正常,做好考核前的准备工作,少检查一项扣1分	出现明显失误造成图纸、工具书和记录工具严重损坏等,严重违反考场纪律,造成恶劣影响的本大项记0分
			4	图纸作业应图层清晰、取名规范,不规范一处扣1分	
			4	严格遵守实训场地纪律,有环境保护意识,违反一次扣1~2分(具体评分细则详见实训任务职业素养与操作规范评分表)	
			4	不浪费材料,不损坏考试工具及设施,浪费损坏一处扣2分	
			4	任务完成后,整齐摆放图纸、工具书、记录工具、凳子等,整理工作台面,未整理一处扣2分	
	作品(80分)	图纸内容按要求绘制完整	16	图示内容按要求表达完整,每错一处扣1.6~2.4分(具体评分细则详见实训任务作品评分表)	没有完成总工作量的60%以上,作品评分记0分
		设计表达正确	32	景观结构主次关系分析准确;不遗漏次要景观节点;图例表达准确,图例与分析图对应表达准确;能选用图例进行表达;能合理表达出空间位置、层次、体量及数量关系;平面构图布局合理,各图示之间匹配度高,每错一处扣0.8~5.6分(具体评分细则详见实训任务作品评分表)	
		图示表达规范整体	32	图例选型准确美观,图例的线条线型、粗细表达清楚,注重色彩搭配、图面整体性、协调性,每错一处扣0.8~5.6分(具体评分细则详见实训任务作品评分表)	

实训任务2-20 居住区景观方案分析设计

1. 任务描述

根据所提供的某居住区景观方案设计总平面图(图2-20-1)进行交通流线与景观结构分析,使用Photoshop等绘图软件,根据给定的总平面底图(图2-20-1)绘制交通流线与景观结构分析图,并完成相应的排版任务。

成果要求如下。

(1)图纸为A3图幅,分辨率为150像素。

(2)图名图例准确。交通流线与景观结构分析图图例如图2-20-1所示。

(3)交通流线分析:内部流线应与城市道路相接,设置两条车行流线、一条一级游步道路,若干次级游步道及八个人流集散空间,如图2-20-2所示。

(4)景观结构分析:该区域设置五个主要景观节点,即主入口水景、LOGO组景、会所建筑、微地形景石、生态泳池;五个次要景观节点,即架空层泛会所、廊柱广场、活动广场、运动球场、绿茵广场。由主入口水景、LOGO组景、会所建筑、微地形景石四个主要景观节点

本实训任务图纸下载

形成一条南北向主要景观轴线；由生态泳池、架空层泛会所、活动广场、运动球场四个景观节点形成一条东西向次要景观轴线。

（5）排版要求：排版一张以"居住区景观规划设计"为标题的A3展板，包含景观规划总平面图(1∶1500)、交通流线分析图及道路意向图[图2-20-3(a)]、景观结构分析图及节点意向图[图2-20-3(b)]三部分。

（6）最终成果以"居住区景观规划设计"命名，保存为PSD和JPG两个格式，存放在以"工位号"命名的文件夹中进行提交。

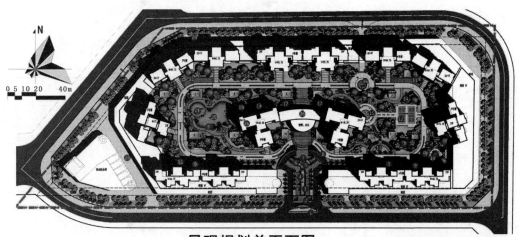

景观规划总平面图

图例：
1. 主入口绿地
2. 入口岗亭
3. 入口喷水雕塑
4. 景观木栈道
5. LOGO景墙
6. 入口跌水景观
7. 主入口景观亭
8. 主园路（隐形消防）
9. 绿地汀步
10. 东南亚绿茵广场
11. 入户花园
12. 羽毛球场
13. 阳光草地
14. 景观树阵
15. 活动广场
16. 廊柱广场
17. 绿荫步廊道
18. 微地形景石
19. 鲜花广场
20. 生态泳池（大众区）
21. 生态泳池（戏水区）
22. 泳池休息平台
23. 绿荫组合景墙
24. 风情商业街
25. 架空层泛会所
26. 会所建筑

技术经济指标

类别	面积/m²
总用地面积	44499.04
建筑占地面积	14930.04
实际用地面积	32455.89
景观用地	25630.01
绿化面积	10647.5
生态泳池	736.41
广场面积	2305.22
木质铺装	423.61
景观园路	3360.64

图2-20-1　某居住区景观方案设计总平面图

(a) 道路意向图

(b) 节点意向图

图2-20-2　道路、节点意向图

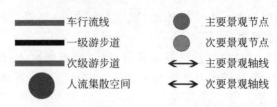

(a) 交通流线分析图图例   (b) 景观结构分析图图例

图 2-20-3   交通流线与景观结构分析图图例

2. 实施条件

实施条件如表 2-20-1 所示。

表 2-20-1   实施条件

实施条件内容	基本实施条件	备注
实训场地	准备一间计算机教室。按考核人数，每人须配备一台装有相应考核软件的计算机	必备
材料、工具	计算机中装有 AutoCAD 绘图软件、Photoshop 软件、PDF 及 Microsoft Office 等系列软件	按需配备
考评教师	要求由具备至少三年以上教学经验的专业教师担任	必备

3. 考核时量

三小时。

4. 评分细则

考核项目的评价(表 2-20-2)包括职业素养与操作规范(表 2-20-3)、作品(表 2-20-4)两个方面，总分为 100 分。其中，职业素养与操作规范占该项目总分的 20%，作品占该项目总分的 80%。只有职业素养与操作规范、作品两项考核均合格，总成绩才能评定为合格。

表 2-20-2   评分总表

职业素养与操作规范得分 （权重系数0.2）	作品得分 （权重系数0.8）	总分

表 2-20-3   职业素养与操作规范评分表

考核内容	评分标准	扣分标准	标准分	得分
职业素养与操作规范	检查给定的资料是否齐全，检查计算机运行是否正常，检查软件运行是否正常，做好考核前的准备工作	没有检查记 0 分，少检查一项扣 5 分，扣完标准分为止	20	
	图纸作业应图层清晰、取名规范	图层分类不规范扣 5 分，名称不规范扣 5 分，扣完标准分为止	20	

续表

考核内容	评分标准	扣分标准	标准分	得分
职业素养与操作规范	严格遵守实训场地纪律,有环境保护意识	有违反实训场地纪律行为扣10分,没有环境保护意识、乱扔纸屑各扣5分	20	
	不浪费材料,不损坏考核工具及设施	浪费材料、损坏考核工具及设施各扣10分	20	
	任务完成后,整齐摆放图纸、工具书、记录工具、凳子等,整理工作台面	任务完成后,没有整齐摆放图纸、工具书、记录工具扣10分;没有清理场地,没有摆好凳子、整理工作台面扣10分	20	
总 分			100	

表 2-20-4　作品评分表

序号	考核内容		评分标准	扣分标准	标准分	得分
1	图纸内容按要求绘制完整(10分)		图示内容表达完整、图面清晰、布局合理	不清晰完整扣3分,扣完标准分为止	5	
			按照要求格式保存绘制图样到指定文件夹	没有按照要求格式保存绘制图样到指定文件夹扣3分,扣完标准分为止	5	
2	设计表达正确(60分)	居住区交通流线分析(30分)	按要求运用给定的线型图示及色彩准确分析并清晰表达出两条车行流线的位置	两条车行道的位置分析表达错误,每处扣2分	4	
			按要求运用给定的线型图示及色彩准确分析并清晰表达出一条一级游步道和若干条次级游步道的位置	一条一级游步道和若干次级游步道的位置分析表达错误,每处扣2分,五处及五处以上扣完该项全部分数	10	
			按要求运用给定的线型图示及色彩准确分析并清晰表达出八个人流集散空间的位置	八个人流集散空间的位置分析表达错误,每处扣1.5分	12	
			正确标注该居住区交通流线分析图的图例及图示名称	错标或漏标图例图示名称每一处扣1分,未表达图例图示扣4分	4	
			按要求运用给定的线型图示及色彩准确分析并清晰表达主次景观轴线	主次景观轴线分线不清晰扣3分,主次景观轴线分色不清晰扣3分	6	
			按要求运用给定的线型图示及色彩准确分析并清晰表达五个主要景观节点	五个主要景观节点的位置分析表达错误,每处扣2分	10	

续表

序号	考核内容		评分标准	扣分标准	标准分	得分
2	设计表达正确(60分)	居住区景观结构分析(30分)	按要求运用给定的线型图示及色彩准确分析并清晰表达五个次要景观节点	五个次要景观节点的位置分析表达错误,每处扣2分	10	
			正确标注该居住区景观结构分析图的图例及图示名称	错标或漏标图例图示名称每一处扣1分,未表达图例图示扣4分	4	
3	图示表达规范整体(30分)		选用的图纸大小为A3,分辨率为150像素,运用Photoshop进行排版	选用图纸大小不对扣3分,分辨率不对扣3分	6	
			"居住区景观规划设计"标题正确;"景观规划总平面图""交通流线分析图及道路意向图""景观结构分析图及节点意向图"图名正确。	一处标题、三处图名标注错误,每处扣2分	8	
			景观规划总平面图以1:1500比例布图,分析图大小一致,去色化处理	景观规划总平面图未按图幅要求布局排版扣5分,两个分析图大小不一致扣5分,两个分析图未去色化处理每份扣3分	16	
	总 分				100	

注:作品没有完成总工作量的60%以上,作品评分记0分。

实训任务 2-21　居住区景观组景方案技术设计

1. 任务描述

分析给定的某居住区组团景观中的一个植物组景立面图(图 2-21-1),从提供的植物平面图例图示(表 2-21-1)中选择恰当的植物,运用专业制图工具,完成该植物组景的平面方案设计与表达。

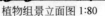

图 2-21-1　植物组景立面线稿图

本实训任务图纸下载

表 2-21-1　植物图例图示

图例	植物名称	植物类型	图例	植物名称	植物类型
	香樟	大乔		观叶石楠球	中灌
	桂花	小乔		茶花球	小灌
	圆柏	小乔		麦冬	地被
	南天竹	中灌			

设计要求如下。

(1) 必须从所给的植物平面图例图示表中选择恰当的植物种类和平面图例进行设计与表达。

(2) 每种植物的数量应与所给立面图里的信息一致。

(3) 植物的位置关系、体量层次关系表达准确，与所给立面图里的信息匹配。

(4) 图示表达规范、整体、美观。

(5) 在平面方案图中用引出标注标出所选植物名称及数量。

(6) 附约 200 字简要设计说明。

(7) 成果采用 A3 图幅工具尺规墨线作图，图形绘制比例为 1∶80。

考场统一提供盖有考试公章并打印了图 2-21-1 的 A3 绘图纸。

2．实施条件

实施条件如表 2-21-2 所示。

表 2-21-2　实施条件

实施条件内容	基本实施条件	备　注
实训场地	准备一间绘图教室，每名学生一张绘图桌	必备
材料、工具	每名学生统一配备印有答题图示的 A3 绘图纸一张、考试草稿用 A2 拷贝纸一张，自备一套绘图工具（A2 图板、三角板、丁字尺、针管笔、橡皮、铅笔、马克笔或彩铅）	按需配备
考评教师	要求由具备至少三年以上教学经验的专业教师担任	必备

3．考核时量

三小时。

4. 评分细则

考核项目的评价(表 2-21-3)包括职业素养与操作规范(表 2-21-4)、作品(表 2-21-5)两个方面,总分为 100 分。其中,职业素养与操作规范占该项目总分的 20%,作品占该项目总分的 80%。只有职业素养与操作规范、作品两项考核均合格,总成绩才能评定为合格。

表 2-21-3 评分总表

职业素养与操作规范得分 (权重系数 0.2)	作品得分 (权重系数 0.8)	总分

表 2-21-4 职业素养与操作规范评分表

考核内容	评分标准	扣分标准	标准分	得分
职业素养与操作规范	检查考核内容、给定的图纸是否清楚,作图尺规工具是否干净整洁,做好考核前的准备工作	没有检查记 0 分,少检查一项扣 5 分	20	
	图纸作业完整无损坏,考核成果纸面整洁无污物	图纸作业损坏扣 10 分,考试成果纸面有污物扣 10 分	20	
	严格遵守实训场地纪律,有环境保护意识	有违反实训场地纪律行为扣 10 分,没有环境保护意识、乱扔纸屑扣 10 分	20	
	不浪费材料,不损坏考核工具及设施	浪费材料、损坏考核工具及设施各扣 10 分	20	
	任务完成后,整齐摆放图纸、工具书、记录工具、凳子等,整理工作台面	任务完成后,没有整齐摆放图纸、工具书、记录工具扣 10 分;没有清理场地,没有摆好凳子、整理工作台面扣 10 分	20	
总 分			100	

表 2-21-5 作品评分表

序号	考核内容	评分标准	扣分标准	标准分	得分
1	图纸内容按要求绘制完整(10 分)	组景平面的植物图示、体量、数量、名称标注及设计说明按要求表达完整	组景平面的植物图示、体量、数量、名称标注及设计说明未按要求完整表达每处各扣 2 分	10	
2	设计表达正确(60 分)	植物种类选择恰当,图例表达准确	七种植物中,植物选择不恰当、重复每个扣 1.5 分;七个选用的平面图例与给定的植物平面图例不符每错一个扣 1.5 分	21	
		植物的位置、数量、体量层次关系表达清晰,与立面图匹配度高	植物的位置、数量、体量、层次关系表达不清晰、不准确,与立面图所给信息不相符每处扣 3 分	12	
		平面图的尺度大小与所给立面图尺度相对应	平面图的尺度大小与所给立面图尺度对应度不高扣 6 分	6	

续表

序号	考核内容	评分标准	扣分标准	标准分	得分
2	设计表达正确(60分)	植物种类的图示说明标注正确、清楚	七种植物种类的图示说明标注错误每个扣2分,没有标注植物种类图示说明扣7分	14	
		设计说明语言简练、条理清楚,能说明植物层次、品种、数量	设计说明条理不清晰扣4分,没有说明植物层次、品种、数量每处扣1分	7	
3	图示表达规范整体(30分)	植物平面图例绘制中,清晰准确地表达出植物的种植点	14个植物平面图例中,没有清晰准确绘制出种植点每个扣0.5分,没有绘制种植点扣7分	7	
		使用中实线或粗实线绘制植物平面图例的外轮廓线	没有使用中实线或粗实线绘制植物平面图例的外轮廓线扣6分	6	
		图例说明文字标注工整,使用细实线绘制图示线条	图例说明文字标注不工整,图示线条表达不准确,每处各扣2分	4	
		平面图正稿墨线表达	仅铅笔草稿扣8分	8	
		图名正确(植物组景平面图)、落款规范(学生班级、学号、姓名、时间)	图名(植物组景平面图)、落款(学生班级、学号、姓名、时间)有缺失、遗漏一处扣1分。	5	
		总 分		100	

注:作品没有完成总工作量的60%以上,作品评分记0分。

技能项目5 建筑设计投标方案(含调研)、汇报及建筑施工图设计(含初步设计)文件编制

"建筑设计投标方案(含调研)、汇报及建筑施工图设计(含初步设计)文件编制"技能考核标准	
该项目要求学生熟练掌握建筑方案投标(含调研)文本、方案汇报PPT文件的编制技能,熟练掌握建筑方案报建及建筑施工图设计(含初步设计)文件的编制技能。熟悉建筑设计文件汇编深度规定要求,能根据给定项目任务要求及设计图纸条件,掌握运用Photoshop、PPT等专业软件进行中小型建筑方案投标(含调研)文本、方案汇报PPT文件的编制技能,掌握运用CAD、天正建筑软件编制建筑施工图设计(含初步设计)文件	
技能要求	(1)熟练掌握CAD、天正、Photoshop等专业软件应用于建筑设计文件编制的操作技能。 (2)熟练掌握PPT等办公软件应用于建筑方案汇报文件编制的操作技能。 (3)能根据给定建筑设计方案图编制方案投标(含调研)文件。 (4)能根据给定建筑设计图编制方案汇报PPT文件。 (5)能根据给定建筑施工图设计(含初步设计)图进行建筑施工图设计(含初步设计)文件编制

续表

职业素养要求	符合建筑师助理岗位的基本素养要求,体现良好的工作习惯。能清查给定的资料是否齐全完整,检查计算机CAD、天正、Photoshop、PPT软件运行是否正常,图纸作业应字迹工整、填写规范,操作完毕后图纸、工具书籍正确归位,不损坏考核工具、资料及设施,有良好的环境保护意识				
考核评价标准	"建筑设计投标方案(含调研)、汇报文件编制"技能项目考核评价标准如下。				
	评价内容		配分	考核点	备注
	职业素养与操作规范(20分)		4	检查给定的资料是否齐全,检查计算机运行是否正常,检查软件运行是否正常,做好考核前的准备工作,少检查一项扣1分	出现明显失误造成计算机或软件、图纸、工具书和记录工具严重损坏等,严重违反考场纪律,造成恶劣影响的本大项记0分
	^		4	图纸作业应图层清晰、取名规范,不规范一处扣1分	^
	^		4	严格遵守实训场地纪律,有环境保护意识,违反一次扣1~2分(具体评分细则详见实训任务职业素养与操作规范评分表)	^
	^		4	不浪费材料,不损坏考试工具及设施,浪费、损坏一处扣2分	^
	^		4	任务完成后,整齐摆放图纸、工具书、记录工具、凳子等,整理工作台面,未整洁一处扣2分	^
	作品(80分)	封面设计具有一定的创新性,图文布局合理	16	图幅大小设计合理,项目名称与设计文件中的吻合,色彩搭配协调,标题文字大小合理,每错一处扣2.4~4分(具体评分细则详见实训任务作品评分表)	没有完成总工作量的60%以上,作品评分记0分
	^	文件目录结构清晰	24	目录结构清晰,与设计文件的先后顺序对应,每错一处扣1.6~8分(具体评分细则详见实训任务作品评分表)	^
	^	文件内页设计合理	16	熟练运用PPT软件,制作统一的内页版式,每错一处扣1.6分(具体评分细则详见实训任务作品评分表)	^
	^	文件内容图片及文字的编排合理	24	熟练运用Photoshop软件,将所给设计文件的图片与文本内页结合,布局合理,图片大小协调,字体编排合理,每错一处扣0.8~3.2分(具体评分细则详见实训任务作品评分表)	^
	"建筑施工图设计(含初步设计)文件编制"技能项目考核评价标准如下。				
	评价内容		配分	考核点	备注
	职业素养与操作规范(20分)		4	检查给定的资料是否齐全,检查计算机运行是否正常,检查软件运行是否正常,做好考核前的准备工作,少检查一项扣1分	出现明显失误造成计算机或软件、图纸、工具书和记录工具严重损坏等,严重违反考场纪律,造成恶劣影响的本大项记0分
	^		4	图纸作业应图层清晰、取名规范,不规范一处扣1分	^
	^		4	严格遵守实训场地纪律,有环境保护意识,违反一次扣1~2分(具体评分细则详见实训任务职业素养与操作规范评分表)	^
	^		4	不浪费材料,不损坏考试工具及设施,浪费损坏一处扣2分	^
	^		4	任务完成后,整齐摆放图纸、工具书、记录工具、凳子等,整理工作台面,未整洁一处扣2分	^

续表

评价内容		配分	考核点	备注
考核评价标准	作品（80分）			
	图纸内容完整，提交规范	16	完成整套建筑施工图的整理汇编及补绘工作，并正确提交PDF文件；绘图质量达到要求，内容表达完整，图纸布局合理，每错一处扣1.6~8分（具体评分细则详见实训任务作品评分表）	没有完成总工作量的60%以上，作品评分记0分
	施工图定位准确，表达正确	48	熟练规范表达建筑施工图设计文件编制顺序，图纸布局及文件封面设置规范完整；图纸内容补充完整，每错一处扣0.8~2.4分（具体评分细则详见实训任务作品评分表）	
	施工图出图、比例及线型表达正确	16	根据建筑制图国家标准，在CAD文件中按出图要求正确设置图纸比例；准确设置出图线型；立面填充淡显设置及图名标注、文字备注规范，每错一处扣0.8分（具体评分细则详见实训任务作品评分表）	

实训任务 2-22 建筑设计投标方案文本文件编制

1. 任务描述

根据给定的某项目方案设计文件（图 2-22-1，扫描实训指导二维码，详见相关素材），运用 PPT 应用程序编制该项目的投标方案文件。

文件编制要求如下。

本实训任务图纸下载

根据给定的某项目方案设计文件，运用 PPT 应用程序编制该项目的投标方案文件，包含封面、封底、目录、文本内页、设计说明等内容，图副大小为 A3，将设计文件按照一定的顺序合理编排，每个内页上只能排一张图片，最终以"工位号＋项目名称"命名，以 PDF 格式提交设计成果。其具体要求如下。

（1）制作 PPT 封面：封面包含名称（"湘潭市示范性综合实践基地"）、效果图等，封面右下用宋体四号字体标注"专业：×××　工位号：××××"。

（2）制作 PPT 目录：目录一共分为四个篇章，即设计表现篇、规划分析篇、建筑设计篇、设计说明篇。

（3）正文内容需按照图 2-22-1 中所给的图纸和文字合理编排，其中设计表现篇主要是鸟瞰图、透视图及总图；规划分析篇要求从整体概况开始，再依次分析区位、基地现状、设计原则及各类分析图等，按照设计工作程序合理编排顺序；建筑设计篇主要是各建筑单体平、立、剖面的表达，按照教育培训楼—学工体验楼—食堂—学员宿舍的顺序进行排序（注意：建筑设计先平面图，再立面图，最后剖面图），最后是设计说明。

（4）成果要求：项目名称准确，封面设计有一定的创意，目录结构清晰明了，版面风格统一，正文布局合理，成图像素清晰。最终投标文件以"工位号＋项目名称"命名提交。

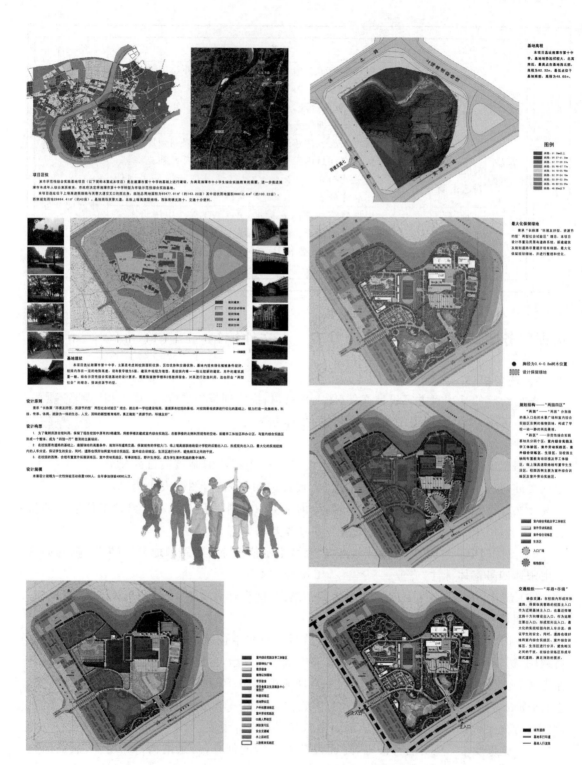

图 2-22-1 某项目方案设计文件

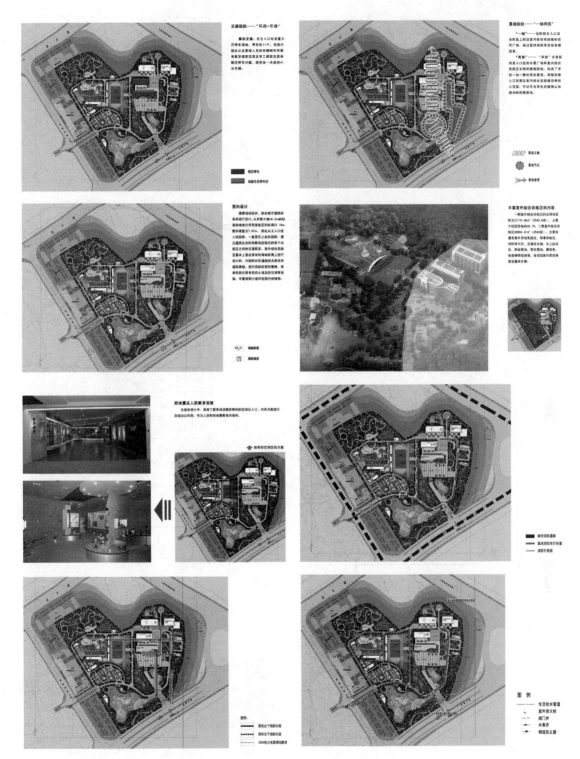

图 2-22-1(续)

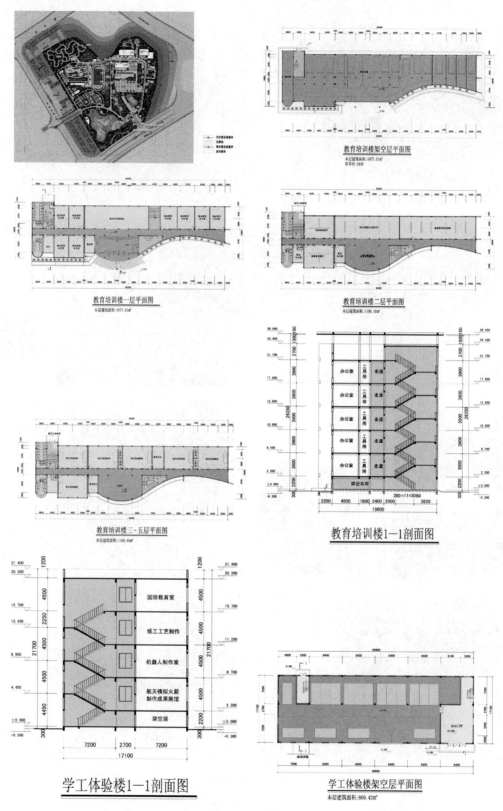

图 2-22-1(续)

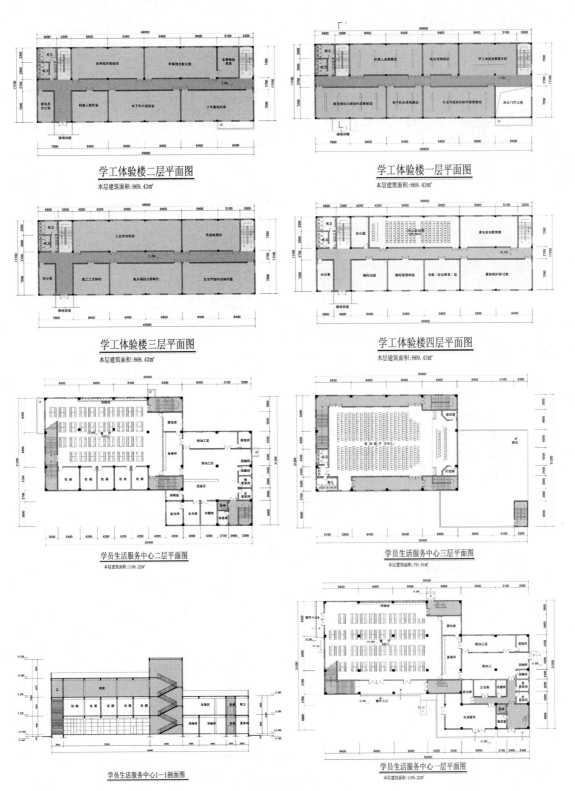

图 2-22-1(续)

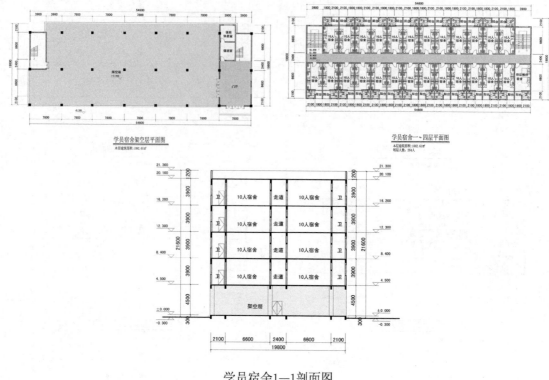

学员宿舍1—1剖面图

图 2-22-1(续)

2. 实施条件

实施条件如表 2-22-1 所示。

表 2-22-1 实施条件

实施条件内容	基本实施条件	备 注
实训场地	准备一间计算机教室。按考核人数,每人须配备一台装有相应考核软件的计算机	必备
资料	学生自备建筑方案设计文件编制深度规定及专业相关参考资料	按需配备
材料、工具	统一配备的计算机必须装有 PPT 操作软件,统一配备 A4 草稿纸每人一张	按需配备
考评教师	要求由具备至少三年以上教学经验的专业教师担任	必备

3. 考核时量

三小时。

4. 评分细则

考核项目的评价(表 2-22-2)包括职业素养与操作规范(表 2-22-3)、作品(表 2-22-4)两个方面,总分为 100 分。其中,职业素养与操作规范占该项目总分的 20%,作品占该项目总分的 80%。只有职业素养与操作规范、作品两项考核均合格,总成绩才能评定为合格。

表 2-22-2　评分总表

职业素养与操作规范得分 （权重系数0.2）	作品得分 （权重系数0.8）	总分

表 2-22-3　职业素养与操作规范评分表

考核内容	评分标准	扣分标准	标准分	得分
职业素养与操作规范	检查给定的资料是否齐全，检查计算机运行是否正常，检查软件运行是否正常，做好考核前的准备工作	没有检查记0分，少检查一项扣5分，扣完标准分为止	20	
	图纸作业应图层清晰、取名规范	图层分类不规范扣5分，名称不规范扣5分，扣完标准分为止	20	
	严格遵守实训场地纪律，有环境保护意识	有违反实训场地纪律行为扣10分，没有环境保护意识，乱扔纸屑各扣5分	20	
	不浪费材料，不损坏考核工具及设施	浪费材料、损坏考核工具及设施各扣10分	20	
	任务完成后，整齐摆放图纸、工具书、记录工具、凳子等，整理工作台面	任务完成后，没有整齐摆放图纸、工具书、记录工具扣10分；没有清理场地，没有摆好凳子、整理工作台面扣10分	20	
总　分			100	

表 2-22-4　作品评分表

序号	考核内容	评分标准	扣分标准	标准分	得分
1	封面设计具有一定的创新性，图文布局合理(20分)	按要求设计封面和封底一体化，满足两个A3页面规格，分为封面和封底两部分	封面、封底缺失各扣5分	10	
		完成封面的图文排版，不能出现个人相关信息	出现个人相关信息扣5分	5	
		标题完整，文字大小适中，版式美观，图面清晰	不清晰或不完整扣5分	5	
2	文件目录结构清晰(30分)	所列目录名称与设计文件内容对应	每错一处扣2分，扣完标准分为止	10	
		目录按照设计文件编排顺序合理安排	每错一处扣2分，扣完标准分为止	10	
		不遗漏题干要求的所有设计内容的编排	每错一处扣2分，扣完标准分为止	10	

续表

序号	考核内容	评分标准	扣分标准	标准分	得分
3	文件内页设计合理(20分)	按A3尺寸规格设置内页图幅	未按A3尺寸规格设置内页图幅扣10分	10	
		内页应该反映项目的名称及图名	内页未反映项目的名称及图名每错一处扣2分,扣完标准分为止	10	
4	文件内容图片及文字编排合理(30分)	熟练运用PPT软件,在内页内进行给定图片的排版	内页未按给定图片排版每错一处扣2分,扣完标准分为止	10	
		熟练运用PPT软件,在内页内进行文字的排版,图中文字大小应统一,突出主标题,注重色彩搭配的整体性、协调性	各内页文字大小不统一、主标题不突出、色彩搭配缺乏整体协调性各扣4分	12	
		每页文本中图名应与图片所示内容主题吻合	每错一处扣2分,扣完标准分为止	8	
		总　分		100	

注：作品没有完成总工作量的60%以上,作品评分记0分。

实训任务 2-23　建筑设计投标方案 PPT 汇报文件编制

1. 任务描述

根据给定的某小学方案设计文件(图 2-23-1,扫描实训指导二维码,详见相关素材)编制该项目的方案设计汇报 PPT。

具体要求如下。

本实训任务图纸下载

(1) 根据给定的某小学方案设计文件,封面标题为"徐州市新城区经 10 路小学方案设计",封面右下用宋体四号字体标注"专业：×××　工位号：×××"。

(2) 制作 PPT 封面、目录和封底。目录一共分为五个篇章,即效果图篇、项目背景篇、方案分析篇、技术图纸篇、专业说明篇,应表示一级、二级目录。

(3) 制作总平面功能、流线分析图。根据图 2-23-1 中给出的各分析文字描述,运用实训指导二维码中提供的素材"效果图篇-A05 总平面图"和"方案分析篇-C06 总平面功能分区参考",使用 Photoshop 软件制作总平面功能、流线分析图。

总平面功能分区包括主入口广场、次入口广场、行政办公区、主教学区、生活配套区、体育馆、室外运动休闲区、停车场。

流线分析图内容包括人行流线、车行流线、消防流线、城市道路车行流线。

(4) 制作文本内页,文本图幅大小为 A3,将设计文件分篇章按照一定的顺序合理编排,每个内页上只能编排一个内容。除总平面功能、流线分析图需绘制外,实训指导二维码提供的其他素材可直接使用。

(5) 整个文本分为以下五个篇章。

① 效果图篇：主要是效果图及总图。

(a) 效果图篇——鸟瞰图

(b) 效果图篇——总平面图

(c) 效果图篇——效果图1

(d) 效果图篇——效果图2

(e) 项目背景篇——区位分析图参考

(f) 项目背景篇——周边现状分析图参考

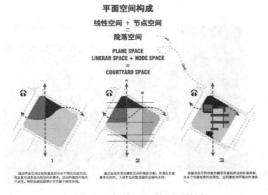

(g) 方案分析篇——总平面构成

(h) 方案分析篇——设计理念分析图参考

图 2-23-1 某小学方案设计文件

(i) 方案分析篇——总平面功能体块

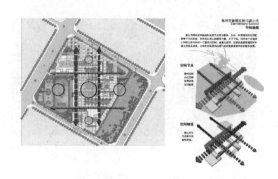

(j) 方案分析篇——轴线关系

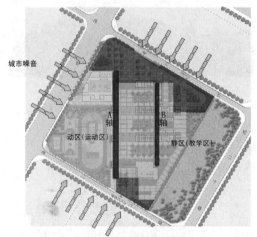

(k) 方案分析篇——总平面功能
分析及"两轴一心"分析参考

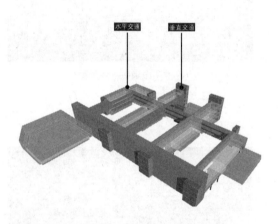

(l) 方案分析篇——建筑平面波线分析图参考

(m) 方案分析篇——总平面图景观分析图1

(n) 方案分析篇——总平面图景观分析图2

图 2-23-1(续)

(o) 方案分析篇——建筑平面功能分析图1

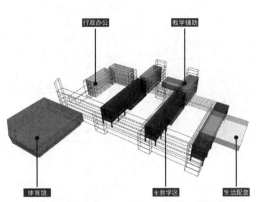

(p) 方案分析篇——建筑平面功能分析图2

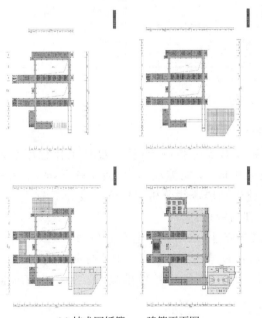

(q) 技术图纸篇——建筑平面图

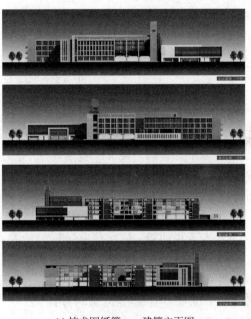

(r) 技术图纸篇——建筑立面图

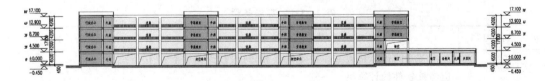

(s) 技术图纸篇——建筑剖面图

图 2-23-1(续)

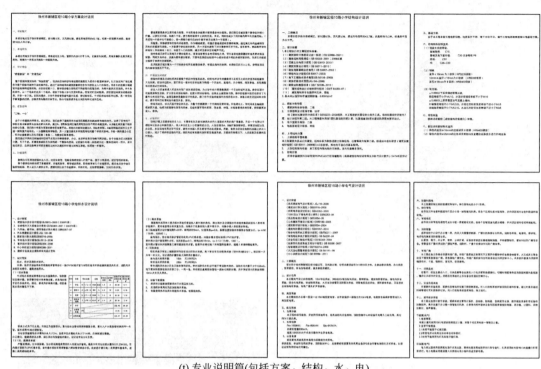

(t) 专业说明篇(包括方案、结构、水、电)

图 2-23-1(续)

② 项目背景篇：要求从整体概况开始分析区位。

③ 方案分析篇：要求从基地现状、设计原则及各类分析图等，按照设计工作程序合理编排顺序。编排顺序为扉页、设计理念、平面空间构成、功能体块、总平面功能分析图、总平面流线分析图、轴线关系、景观分析、景观意向、建筑功能流线分析和建筑流线分析图。

④ 技术图纸篇：主要是各建筑单体平、立、剖面的表达。

⑤ 专业说明篇：依次按照建筑设计专业、结构专业、水专业和电专业顺序排版。

（6）项目名称准确，封面设计有一定的创意，目录结构清晰明了，PPT 内页格式统一，版面中图文布局合理，成图像素清晰。可使用 PPT 或 InDesign 软件排版，最终导成 PDF 格式，以"工位号＋项目名称"命名并提交。

2. 实施条件

实施条件如表 2-23-1 所示。

表 2-23-1 实施条件

实施条件内容	基本实施条件	备 注
实训场地	准备一间计算机教室。按考核人数，每人须配备一台装有相应考核软件的计算机	必备
资料	学生自备建筑方案设计文件编制深度规定及专业相关参考资料	按需配备
材料、工具	统一配备的计算机必须装有 CAD、Photoshop、PPT 操作软件，统一配备 A4 草稿纸每人 1 张	按需配备
考评教师	要求由具备至少三年以上教学经验的专业教师担任	必备

3. 考核时量

三小时。

4. 评分细则

考核项目的评价(表 2-23-2)包括职业素养与操作规范(表 2-23-3)、作品(表 2-23-4)两个方面,总分为 100 分。其中,职业素养与操作规范占该项目总分的 20%,作品占该项目总分的 80%。只有职业素养与操作规范、作品两项考核均合格,总成绩才能评定为合格。

表 2-23-2 评分总表

职业素养与操作规范得分 (权重系数 0.2)	作品得分 (权重系数 0.8)	总分

表 2-23-3 职业素养与操作规范评分表

考核内容	评分标准	扣分标准	标准分	得分
职业素养与操作规范	检查给定的资料是否齐全,检查计算机运行是否正常,检查软件运行是否正常,做好考核前的准备工作	没有检查记 0 分,少检查一项扣 5 分,扣完标准分为止	20	
	图纸作业应图层清晰、取名规范	图层分类不规范扣 5 分,名称不规范扣 5 分,扣完标准分为止	20	
	严格遵守实训场地纪律,有环境保护意识	有违反实训场地纪律行为扣 10 分,没有环境保护意识、乱扔纸屑各扣 5 分	20	
	不浪费材料,不损坏考核工具及设施	浪费材料、损坏考核工具及设施各扣 10 分	20	
	任务完成后,整齐摆放图纸、工具书、记录工具、凳子等,整理工作台面	任务完成后,没有整齐摆放图纸、工具书、记录工具扣 10 分;没有清理场地,没有摆好凳子、整理工作台面扣 10 分	20	
总 分			100	

表 2-23-4 作品评分表

序号	考核内容	评分标准	扣分标准	标准分	得分
1	封面设计具有一定的创新性,图文布局合理(20 分)	封面应包含效果图、项目全称及落款(学生姓名、班级、指导教师、时间),完成封面的图文排版	封面缺效果图、项目全称及落款分别扣 3 分、3 分、4 分	10	
		标题文字大小适中,版式美观,背景图片清晰	标题文字大小不合理、版式不美观、背景图片不清晰分别扣 4 分、3 分、4 分	10	

续表

序号	考核内容	评分标准	扣分标准	标准分	得分
2	文件目录结构清晰(30分)	所列目录名称与设计文件内容对应	每错一处扣2分,扣完标准分为止	10	
		目录按照设计文件编排顺序合理安排	每错一处扣2分,扣完标准分为止	10	
		不遗漏题干要求的所有设计内容的编排	每错一处扣2分,扣完标准分为止	10	
3	文件内页设计合理(20分)	幻灯片的大小按标准(4:3)尺寸设置	每错一处扣2分,扣完标准分为止	10	
		内页应该反映项目的名称及图名,版式设计简单明了	内页未反映项目的名称及图名每错一处扣2分,扣完标准分为止	10	
4	文件内容图片及文字编排合理(30分)	熟练运用Photoshop、PowerPoint办公软件,按给定素材对PPT内容进行合理排版	每错一处扣1分,扣完标准分为止	3	
		总平面功能分析图(15分) 熟练运用Photoshop、PowerPoint设计软件,对给定正文内解释性文字进行合理编排。在灰色总平面底图上用符号、色块表达不同功能分区。表现方式一:在明显位置标明图例,包含符号或色块、相对应的文字说明。表现方式二:将功能名称直接标注在分析图功能色块上	表示错误、漏项一处扣2分,扣完标准分为止	10	
		每页正文中图名等文字大小应统一,突出主标题,应与图片所示内容主题吻合	每错一处扣1分,扣完标准分为止	2	
		总平面流线分析图(15分) 熟练运用Photoshop、PowerPoint办公软件对设计图纸内容进行合理排版	每错一处扣1分,扣完标准分为止	3	

续表

序号	考核内容	评分标准	扣分标准	标准分	得分
4	文件内容图片及文字编排合理(30分)	总平面流线分析图(15分)	熟练运用Photoshop、PowerPoint设计软件,对给定正文内解释性文字进行合理编排。人流、车流、消防流线、城市道路车行流线采用不同颜色带箭头虚线表达。在明显位置标明图例,包含线型和文字说明。底图颜色以灰调为主,也可用实线线型表示轮廓	表示错误、漏项一处扣2分,扣完标准分为止	10	
		每页正文中图名等文字大小应统一,突出主标题,应与图片所示内容主题吻合	每错一处扣1分,扣完标准分为止	2	
		总　分		100	

注：作品没有完成总工作量的60%以上,作品评分记0分。

实训任务 2-24　建筑施工图设计文件编制

1. 任务描述

请对给定的某住宅建筑施工图各专业图示(见图2-24-1,扫描实训指导二维码,详见相关素材)进行识读,按照建筑专业施工图的编制及深度要求,运用天正建筑软件,在给定的CAD文件中完成整套施工图纸的汇编工作,汇编内容包括封面、目录、说明及所有给定的施工图设计图示等,以"工位号＋建筑施工图"为文件名完成整套建筑专业施工图汇编,采用规范比例及线型,完成布局出图。保存提交以"工位号＋建筑施工图"命名的CAD文件保存并打印提交PDF出图文件。

本实训任务图纸下载

建筑施工图文件汇编技术条件如下。

(1) 本工程为扬州新能源虎豹房屋开发有限公司投资建设的奥都花城Ⅵ-5号住宅楼,设计方为湖南城建职业技术学院,制图设计为王某,核对为文某,负责项目的一级注册建筑师是罗某。本套施工图纸出图日期为2020年11月,设计编号为20202-08。

(2) 完善图纸内容：车库层指北针及所有图纸中大样图索引标注。

(3) 依据给定的图框模板,按规范比例布局图框、图签及图纸内容。

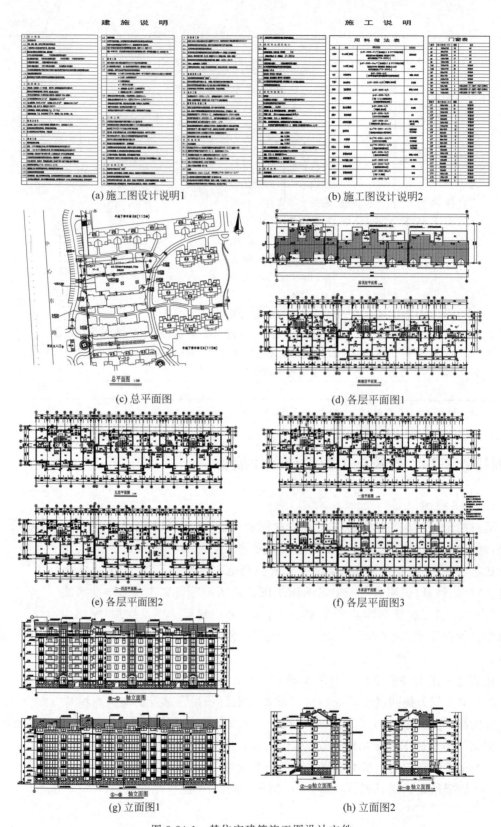

图 2-24-1 某住宅建筑施工图设计文件

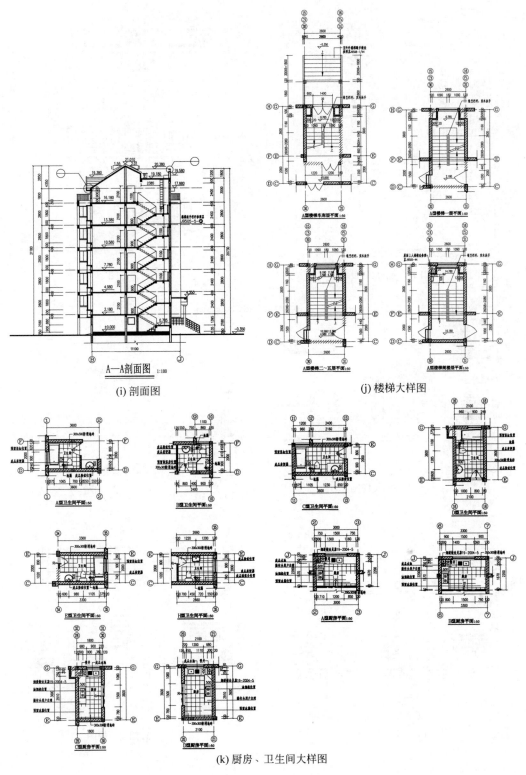

图 2-24-1(续)

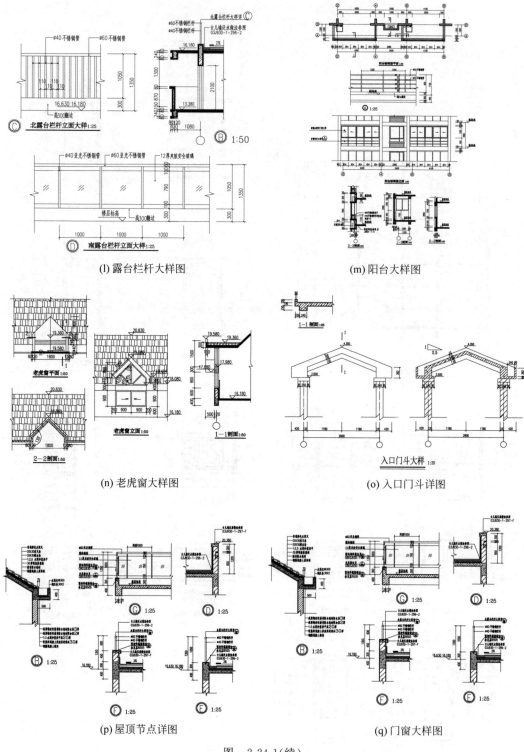

图 2-24-1(续)

2. 实施条件

实施条件如表 2-24-1 所示。

表 2-24-1 实施条件

实施条件内容	基本实施条件	备 注
实训场地	准备一间计算机教室。按考核人数，每人须配备一台装有相应考核软件的计算机	必备
材料、工具	计算机（装有 CAD、天正建筑软件），每名学生自备一套绘图工具（橡皮、铅笔、黑色钢笔等）、草稿纸	按需配备
考评教师	要求由具备三年以上教学经验的专业教师担任	必备

3. 考核时量

三小时。

4. 评分细则

考核项目的评价（表 2-24-2）包括职业素养与操作规范（表 2-24-3）、作品（表 2-24-4）两个方面，总分为 100 分。其中，职业素养与操作规范占该项目总分的 20%，作品占该项目总分的 80%。只有职业素养与操作规范、作品两项考核均合格，总成绩才能评定为合格。

表 2-24-2 评分总表

职业素养与操作规范得分 （权重系数 0.2）	作品得分 （权重系数 0.8）	总分

表 2-24-3 职业素养与操作规范评分表

考核内容	评分标准	扣分标准	标准分	得分
职业素养与操作规范	检查给定的资料是否齐全，检查计算机运行是否正常，检查软件运行是否正常，做好考核前的准备工作	没有检查记 0 分，少检查一项扣 5 分，扣完标准分为止	20	
	图纸作业应图层清晰、取名规范	图层分类不规范扣 5 分，名称不规范扣 5 分，扣完标准分为止	20	
	严格遵守实训场地纪律，有环境保护意识	有违反实训场地纪律行为扣 10 分，没有环境保护意识、乱扔纸屑各扣 5 分	20	
	不浪费材料，不损坏考核工具及设施	浪费材料、损坏考核工具及设施各扣 10 分	20	
	任务完成后，整齐摆放图纸、工具书、记录工具、凳子等，整理工作台面	任务完成后，没有整齐摆放图纸、工具书、记录工具扣 10 分；没有清理场地，没有摆好凳子、整理工作台面扣 10 分	20	
总 分			100	

表 2-24-4 作品评分表

序号	考核内容		评分标准	扣分标准	标准分	得分
1	图纸内容完整，提交规范(20分)		完成整套建筑施工图的整理汇编及补绘工作，并正确提交 PDF 文件	成果未按要求提交扣10分	10	
			封面目录、完善图纸、施工图编制内容表达完整	封面目录、完善图纸、施工图编制内容缺失或不完整分别扣2分、3分、5分	10	
2	施工图定位准确，表达正确(60分)	按顺序汇编文件(20分)	根据提供的目录模板正确编制目录	内容不完整，缺一项2分；格式错误一处扣1分，扣完标准分为止	10	
			依据建筑施工图编制要求正确排列图纸顺序并编号	图纸排序错误一处扣2分，扣完标准分为止	10	
		图纸布局(12分)	依据图纸内容及出图比例要求正确选择图幅大小	图幅选择错误一处扣1分，扣完标准分为止	4	
			依据出图比例要求，正确设置插入图框的比例	CAD 文件中图框缩放比例错误一处扣1分，扣完标准分为止	4	
			依据施工图制图要求正确编制图签内容	图签错误一处扣1分，扣完标准分为止	4	
		封面(18分)	正确标注项目名称	工程项目名称未表达或表达错误扣3分，排版位置不合理扣1分	3	
			正确标注设计单位名称	设计单位名称未表达或表达错误扣3分，排版位置不合理扣1分	3	
			正确标注设计编号	设计编号未表达或表达错误扣3分，排版位置不合理扣1分	3	
			正确标注设计阶段	设计阶段未表达或表达错误扣3分，排版位置不合理扣1分	3	
			正确表达编制单位法定代表人、技术总负责人和项目总负责人的姓名	未表达或表达错误扣3分，排版位置不合理扣1分	3	
			正确标注设计日期	未表达或表达错误扣3分，排版位置不合理扣1分	3	
		图纸内容补充(10分)	依据总图在车库层平面图中正确绘制指北针	未表达或表达错误扣3分，排版位置不合理扣1分	5	
			按施工图绘制要求正确补充大样图索引符号标注	错误或缺少一处扣1分，扣完标准分为止	5	
3	施工图出图、比例及线型表达正确(20分)		在 CAD 文件中，按各图出图要求正确设置图纸比例	CAD 文件中各图标注、填充等比例设置与出图比例不相符，每一处扣1分，扣完标准分为止	5	
			根据建筑制图国家标准，准确设置出图线型	线型及粗细设置错误一处扣1分，扣完标准分为止	5	
			立面填充淡显设置	立面填充比例不合理一处扣1分，未淡显一处扣1分，扣完标准分为止	5	
			图名标注、文字备注	各图图名未标注或错误一处扣1分；需备注文字处，未标注或错误标注，一处扣1分，扣完标准分为止	5	
			总 分		100	

注：作品没有完成总工作量的60%以上，作品评分记0分。

技能项目6 BIM技术专业应用建模

"BIM技术专业应用建模"技能考核标准					
该项目对接1+X BIM职业技能等级证书要求,要求学生掌握BIM软件建模专业应用建模的岗位核心技能,能识读给定建筑设计图,根据给定项目条件建立建筑设计专业BIM模型,能对BIM模型成果进行编辑、整理、打印,掌握运用BIM建模并收集处理信息、统计数据的能力					
技能要求	(1) 能根据给定项目条件建立建筑设计专业BIM模型。 (2) 能进行BIM模型出图及编辑、整理、打印图纸。 (3) 能对BIM模型进行信息收集和处理					
职业素养要求	符合建筑师助理岗位的基本素养要求,体现良好的工作习惯。能清查给定的资料是否齐全完整,检查计算机BIM软件绘图软件运行是否正常,图纸作业应字迹工整、填写规范,操作完毕后图纸、工具书籍正确归位,不损坏考核工具、资料及设施,有良好的环境保护意识					
考核评价标准	"BIM技术专业应用建模"技能项目考核评价标准如下。					
	评价内容		配分	考 核 点	备 注
	职业素养与操作规范(20分)		4	检查给定的资料是否齐全,检查计算机运行是否正常,检查软件运行是否正常,做好考核前的准备工作,少检查一项扣1分	出现明显失误造成计算机或软件、图纸、工具书和记录工具严重损坏等,严重违反考场纪律,造成恶劣影响的本大项记0分
			4	图纸作业应图层清晰、取名规范,不规范一处扣1分	
			4	严格遵守实训场地纪律,有环境保护意识,违反一次扣1~2分(具体评分细则详见实训任务职业素养与操作规范评分表)	
			4	不浪费材料,不损坏考试工具及设施,浪费损坏一处扣2分	
			4	任务完成后,整齐摆放图纸、工具书、记录工具、凳子等,整理工作台面,未整洁一处扣2分	
	作品(80分)	建筑图识读	8	正确回答选择题,错一处扣1.6~8分(具体评分细则详见实训任务作品评分表)	没有完成总工作量的60%以上,作品评分记0分
		创建BIM模型	56	(1) BIM属性定义与编辑。 (2) 创建墙体、柱、门、窗、楼板、屋顶、楼梯、休息平台的栏杆扶手、大门入口台阶、库入口坡道。 (3) 项目发布日期、名称、编号设置正确。 (4) 外墙、内墙、柱、屋顶、楼板参数设置正确。 (5) BIM建模思路正确。 每错一处扣0.8~4分(具体评分细则详见实训任务作品评分表)	
		创建图纸	16	(1) 创建门窗明细表。 (2) 创建平、立面图图纸并导出.jpg文件。 (3) 创建三维模型渲染效果图。 每错一处扣0.8~8分(具体评分细则详见实训任务作品评分表)	

实训任务 2-25　办公楼 BIM 技术专业应用建模

1. 任务描述

请对给定的某办公楼设计图（图 2-25-1～图 2-25-5，扫描实训指导二维码，详见相关素材）进行识读，按建筑施工图的专业制图标准创建模型并进行结果输出。新建名为"某办公楼+工位号"的文件夹，将结果文件保存在考生文件夹中。

本实训任务图纸下载

（1）识读图 2-25-1 中的建筑一层平面图，回答门编号为（　　）。

　　A. M3320　　　　B. M3321　　　　C. M2021　　　　D. M2020

（2）创建 BIM 模型。

① BIM 属性定义与编辑：楼地面和屋面按照下表中的构造层次进行类型属性定义，要求各层次的材质名称见表 2-25-1。

表 2-25-1　构造参数表

构件	楼　地　面		屋　面	
	材质名称	厚度	材质名称	厚度
构造层次	地砖	20	地砖	20
	水泥砂浆	30	水泥砂浆	33
	钢筋混凝土板	160	聚氨保温层	80
			钢筋混凝土屋面板	120

② 根据给出的图纸创建建筑形体，包括墙、柱、门窗、楼板、屋顶、楼梯等如表 2-25-2 所示。

表 2-25-2　门窗表

名　称	门窗尺寸	备　注
C1521	1500×2100	窗台高度 600mm
M1	3300×2100	

（3）创建图纸。

① 创建门窗明细表，要求包含类型、宽度、高度、底高度以及合计字段，创建门窗表图纸。

② 创建一层平面图及 1～7 轴立面图图纸，并添置图框（A2），导出 .jpg 文件。

2. 实施条件

实施条件如表 2-25-3 所示。

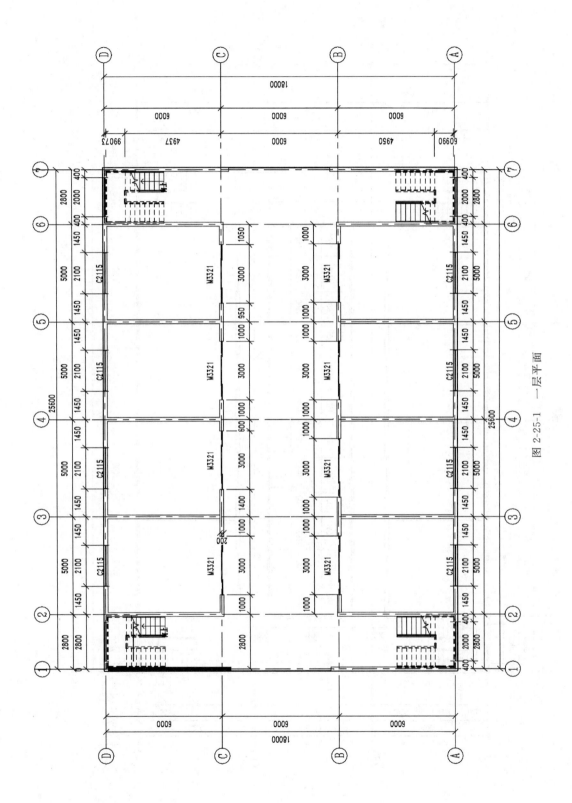

图 2-25-1 一层平面

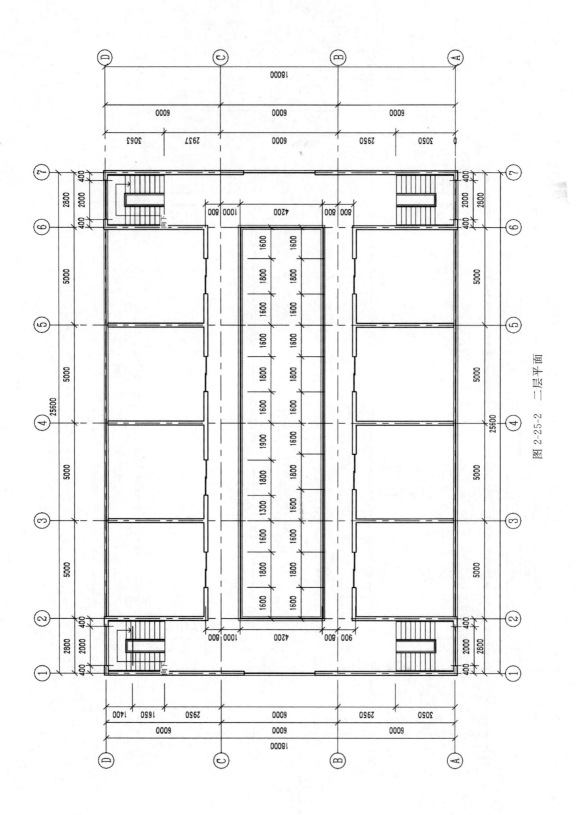

图 2-25-2 二层平面

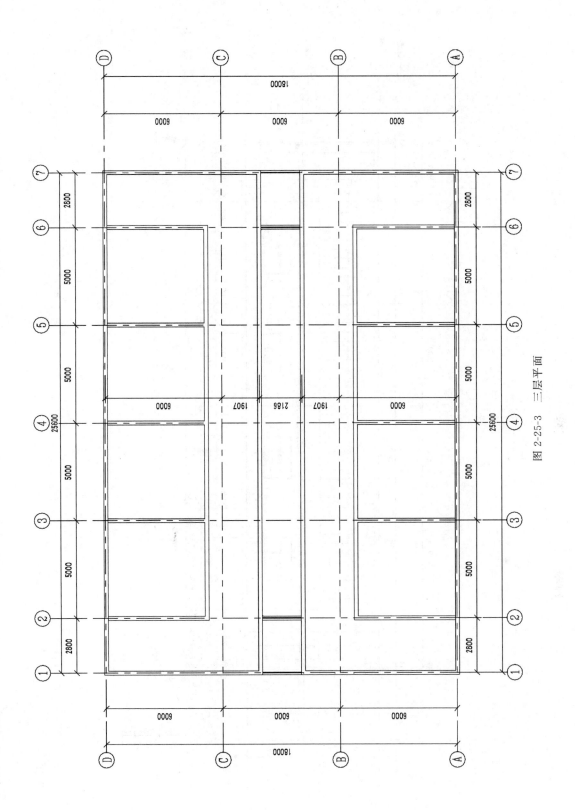

图 2-25-3 三层平面

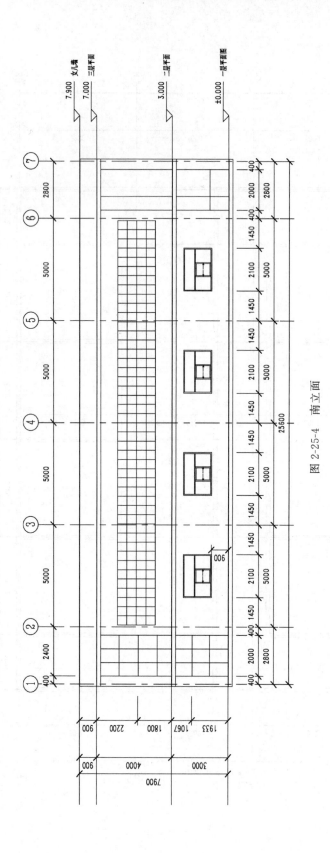

图 2-25-4 南立面

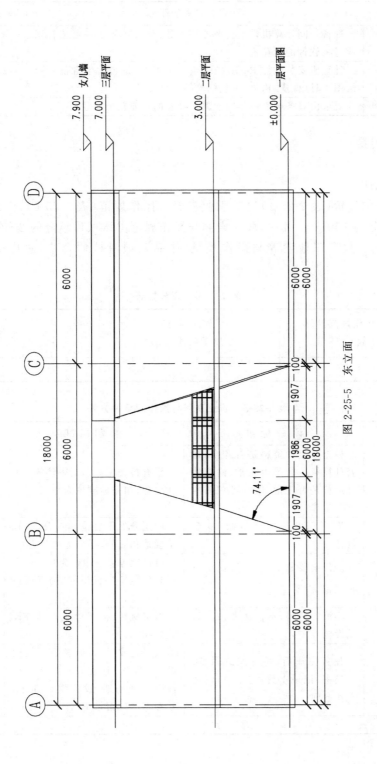

图 2-25-5 东立面

表 2-25-3　实施条件

实施条件内容	基本实施条件	备注
实训场地	准备一间计算机教室。按考核人数，每人须配备一台装有相应考核软件的计算机	必备
材料、工具	计算机安装软件 Revit 2018 或以上版本，每名学生自备一套绘图工具（橡皮、铅笔、黑色钢笔等）、草稿纸	按需配备
考评教师	要求由具备至少三年以上教学经验的专业教师担任	必备

3. 考核时量

三小时。

4. 评分细则

考核项目的评价（表 2-25-4）包括职业素养与操作规范（表 2-25-5）、作品（表 2-25-6）两个方面，总分为 100 分。其中，职业素养与操作规范占该项目总分的 20%，作品占该项目总分的 80%。只有职业素养与操作规范、作品两项考核均合格，总成绩才能评定为合格。

表 2-25-4　评分总表

职业素养与操作规范得分（权重系数 0.2）	作品得分（权重系数 0.8）	总分

表 2-25-5　职业素养与操作规范评分表

考核内容	评分标准	扣分标准	标准分	得分
职业素养与操作规范	检查给定的资料是否齐全，检查计算机运行是否正常，检查软件运行是否正常，做好考核前的准备工作	没有检查记 0 分，少检查一项扣 5 分，扣完标准分为止	20	
	图纸作业应图层清晰、取名规范	图层分类不规范扣 5 分，名称不规范扣 5 分，扣完标准分为止	20	
	严格遵守考场纪律，有环境保护意识	有违反考场纪律行为扣 10 分，没有环境保护意识、乱扔纸屑各扣 5 分	20	
	不浪费材料，不损坏考核工具及设施	浪费材料、损坏考核工具及设施各扣 10 分	20	
	任务完成后，整齐摆放图纸、工具书、记录工具、凳子等，整理工作台面	任务完成后，没有整齐摆放图纸、工具书、记录工具扣 10 分；没有清理场地，没有摆好凳子整理工作台面扣 10 分	20	
总　分			100	

表 2-25-6 作品评分表

序号	考核内容	评 分 标 准	扣 分 标 准	标准分	得分
1	建筑图识读（10分）	正确回答建筑一层平面识读问题	未回答正确扣10分	10	
2	创建BIM模型（70分）	BIM属性定义与编辑	未按要求设置材质一项扣5分，扣完标准分为止	10	
		创建墙体	未按图纸要求绘制墙体一项扣5分，扣完标准分为止	20	
		创建门	门数量及尺寸每错一处扣1发，扣完标准分为止	10	
		创建窗	窗数量、尺寸及窗台高度每错一处扣1分，扣完标准分为止	5	
		创建楼板	未按图纸要求绘制楼板扣5分	5	
		创建屋顶	未按图纸要求绘制屋顶扣10分	10	
		创建楼梯	未按图纸要求绘制楼梯扣10分	10	
3	创建图纸（20分）	创建门明细表	未按参考明细表绘制扣5分	5	
		创建窗明细表	未按参考明细表绘制扣5分	5	
		创建一层平面图图纸并导出.jpg文件	未创建一层平面图图纸、未按要求导出.jpg文件各扣2.5分	5	
		创建1至7轴立面图图纸并导出.jpg文件	未创建1至7轴立面图图纸、未按要求导出.jpg文件各扣2.5分	5	
		总　　分		100	

注：作品没有完成总工作量的60%以上，作品评分记0分。

实训任务 2-26　小别墅 BIM 技术专业应用建模

1．任务描述

请对给定的小别墅设计图（图 2-26-1～图 2-26-7，扫描实训指导二维码，详见相关素材）进行识读，按建筑施工图的专业制图标准创建模型并进行结果输出。新建名为"小别墅＋工位号"的文件夹，将结果文件存于该文件夹。

本实训任务图纸下载

（1）识读图 2-26-1 建筑立面图并回答，小别墅建筑二层层高为（　　）mm。

　　A. 3000　　　　B. 2500　　　　C. 2800　　　　D. 2600

（2）创建 BIM 模型。

① BIM 属性定义与编辑：外墙按照表 2-26-1 中的要求进行类型属性定义。

表 2-26-1 构造参数表

构件名称	厚度	要求
外墙	240	外墙体采用浅茶色墙体涂料,勒脚采用灰色石材
内墙	240	自定义
屋顶	120	自定义

② 根据给出的图纸创建建筑形体,包括墙、门窗、楼板、屋顶、楼梯、休息平台的栏杆扶手、大门入口台阶、车库入口坡道等(表标明尺寸不做明确要求),如表 2-26-2 所示。

表 2-26-2 门窗表

名 称	门窗尺寸
C1818	1800×1800
C1218	1200×1800
C2020	2000×2000
C2421	2400×2100
M0821	800×2100
M0721	700×2100
M2424	2400×2400

(3) 创建图纸。

① 创建门窗明细表,要求包含类型、宽度、高度、底高度以及合计字段,创建门窗表图纸。

② 对房屋的三维模型进行渲染,设置渲染照明方案为"仅日光",背景为"天空:无云",质量设置为"中",其他未标明选项不做要求,结果以"小别墅渲染+工位号.jpg"为文件名保存至本题文件夹中。

2. 实施条件

实施条件如表 2-26-3 所示。

表 2-26-3 实施条件

实施条件内容	基本实施条件	备 注
实训场地	准备一间计算机教室。按考核人数,每人须配备一台装有相应考核软件的计算机	必备
材料、工具	计算机安装软件 Revit 2018 或以上版本,每名学生自备一套绘图工具(橡皮、铅笔、黑色钢笔等)、草稿纸	按需配备
考评教师	要求由具备至少三年以上教学经验的专业教师担任	必备

3. 考核时量

三小时。

4. 评分细则

考核项目的评价(表 2-26-4)包括职业素养与操作规范(表 2-26-5)、作品(表 2-26-6)两个方面,总分为 100 分。其中,职业素养与操作规范占该项目总分的 20%,作品占该项目总分的 80%。只有职业素养与操作规范、作品两项考核均合格,总成绩才能评定为合格。

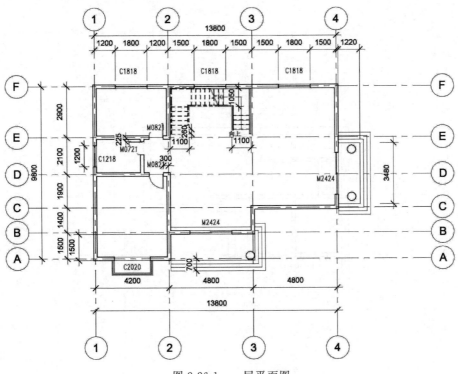

图 2-26-1　一层平面图

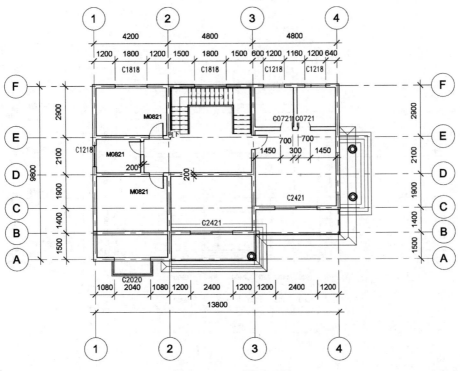

图 2-26-2　二层平面图

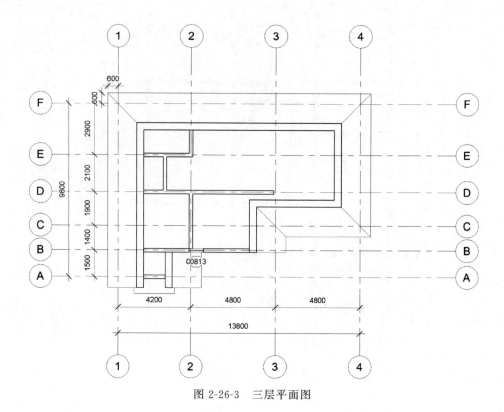

图 2-26-3 三层平面图

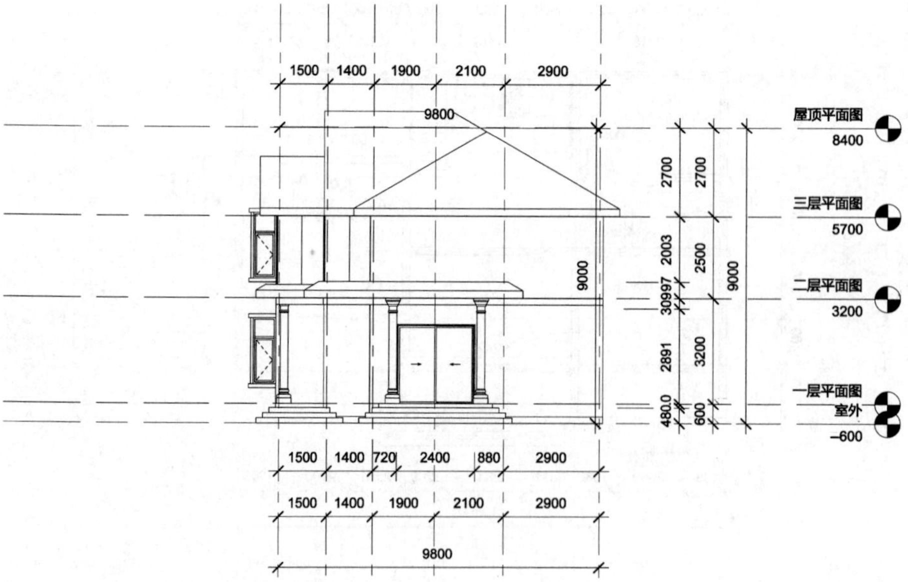

图 2-26-4 东立面图

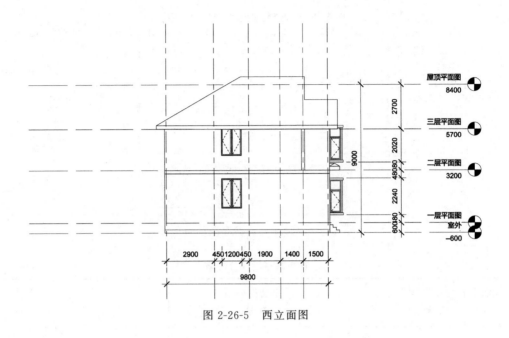

图 2-26-5 西立面图

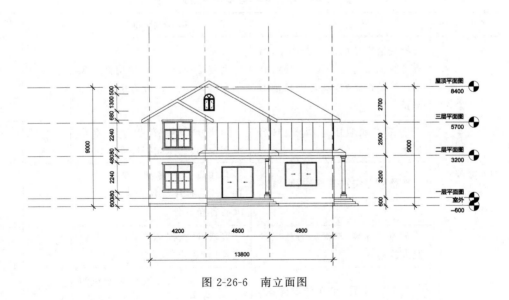

图 2-26-6 南立面图

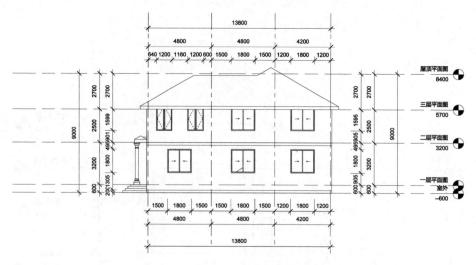

图 2-26-7 北立面图

表 2-26-4 评分总表

职业素养与操作规范得分 （权重系数0.2）	作品得分 （权重系数0.8）	总分

表 2-26-5 职业素养与操作规范评分表

考核内容	评分标准	扣分标准	标准分	得分
职业素养与操作规范	检查给定的资料是否齐全，检查计算机运行是否正常，检查软件运行是否正常，做好考核前的准备工作	没有检查记0分，少检查一项扣5分，扣完标准分为止	20	
	图纸作业应图层清晰、取名规范	图层分类不规范扣5分，名称不规范扣5分，扣完标准分为止	20	
	严格遵守实训场地纪律，有环境保护意识	有违反实训场地纪律行为扣10分，没有环境保护意识、乱扔纸屑各扣5分	20	
	不浪费材料，不损坏考核工具及设施	浪费材料、损坏考核工具及设施各扣10分	20	
	任务完成后，整齐摆放图纸、工具书、记录工具、凳子等，整理工作台面	任务完成后，没有整齐摆放图纸、工具书、记录工具扣10分；没有清理场地，没有摆好凳子、整理工作台面扣10分	20	
总　分			100	

表 2-26-6　作品评分表

序号	考核内容	评分标准	扣分标准	标准分	得分
1	建筑图识读（10分）	正确回答建筑立面图识读问题	未回答正确扣10分	10	
2	创建BIM模型（70分）	BIM属性定义与编辑	未按要求设置材质一项扣5分，扣完标准分为止	10	
		创建墙体	未按图纸要求绘制墙体一项扣5分，扣完标准分为止	10	
		创建门	门数量及尺寸每错一处扣1分，扣完标准分为止	10	
		创建窗	窗数量及尺寸，窗台高度每错一处扣1分，扣完标准分为止	5	
		创建楼板	未按图纸要求绘制楼板扣2分，扣完标准分为止	5	
		创建屋顶	未按图纸要求绘制屋顶扣5分	5	
		创建楼梯	未按图纸要求绘制楼梯扣10分	10	
		创建柱子	未按图纸要求绘制柱子扣2分	5	
		创建大门入口台阶	未按图纸要求绘制入口台阶扣5分	10	
3	创建图纸（20分）	创建门明细表	未按参考图明细表绘制扣5分	5	
		创建窗明细表	未按参考图明细表绘制扣5分	5	
		创建三维模型渲染效果图	未按要求创建三维模型渲染效果图扣10分	10	
	总　分			100	

注：作品没有完成总工作量的60%以上，作品评分记0分。

实训任务 2-27　独栋别墅 1 BIM 技术专业应用建模

1. 任务描述

请对给定的独栋别墅1设计图（图 2-27-1～图 2-27-4，扫描实训指导二维码，详见相关素材）进行识读并回答问题。根据以下给定的要求和图的图纸创建模型。

本实训任务图纸下载

(1) 根据创建的模型，回答下列问题。
① 项目信息的设置是在_____选项卡下进行操作的。
② C1、C2、C3 合计_____个。
③ Z1 的总个数是_____个。

④ 外墙的厚度是_____mm。

⑤ 建筑的一层层高是_____m。

(2) BIM 建模环境设置要求。

① 以文件夹中的"第 1 题样板"作为基准样板,创建项目文件。

② 设置项目信息。

③ 项目发布日期:2020 年 1 月 5 日。

④ 项目名称:独栋别墅 1。

⑤ 项目编号:2020001-1。

(3) BIM 参数化建模要求:主要建筑构件的参数要求见表 2-27-1。

表 2-27-1 构造参数表

墙	外墙	5 厚外墙面砖 5 厚玻璃纤维布 20 厚聚苯乙烯保温板 10 厚水泥砂浆 200 厚水泥空心砌块 10 厚水泥砂浆	柱	Z1	600×600
				Z2	400×400
			屋顶	类型:常规 400mm 坡度:45 度 超出轴线 400mm	
	内墙	10 厚水泥砂浆 200 厚水泥空心砌块 10 厚水泥砂浆	楼板	类型:常规 150mm	

① 根据给出的图纸创建建筑形体,包括墙、柱、门、窗、屋顶、楼板、楼梯、栏杆。其中,门窗仅要求尺寸与位置正确,窗台高度均为 900mm,未标明尺寸不做要求。

② 设置 BIM 属性:a. 为所有门窗增加属性,名称为"编号";b. 根据图纸中的标注,对所有门窗的"编号"属性赋值。

(4) 创建图纸。

① 创建门窗明细表,要求包含类型、宽度、高度、底高度以及合计字段。

② 建立 A0 图纸,创建并放置首层平面图、①~⑧立面图及门窗明细表。

(5) 模型文件管理。

用"独栋别墅 1"为项目文件命名,保存项目源文件。

2. 实施条件

实施条件如表 2-27-2 所示。

表 2-27-2 实施条件

实施条件内容	基本实施条件	备 注
实训场地	准备一间计算机教室。按考核人数,每人须配备一台装有相应考核软件的计算机	必备
材料、工具	计算机安装软件 Revit 2018 或以上版本,每名学生自备一套绘图工具(橡皮、铅笔、黑色钢笔等)、草稿纸	按需配备
考评教师	要求由具备至少三年以上教学经验的专业教师担任	必备

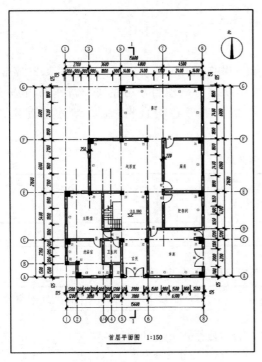

图 2-27-1 首层平面图

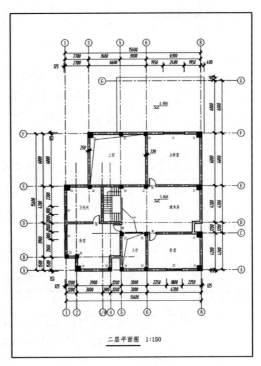

图 2-27-2 二层平面图

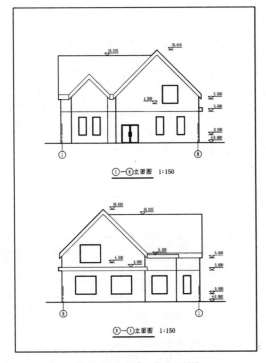

图 2-27-3 南、北立面图

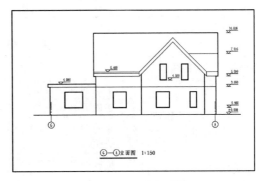

图 2-27-4 西立面图

3. 考核时量

三小时。

4. 评分细则

考核项目的评价(表 2-27-3)包括职业素养与操作规范(表 2-27-4)、作品(表 2-27-5)两个方面,总分为 100 分。其中,职业素养与操作规范占该项目总分的 20%,作品占该项目总分的 80%。只有职业素养与操作规范、作品两项考核均合格,总成绩才能评定为合格。

表 2-27-3 评分总表

职业素养与操作规范得分 (权重系数 0.2)	作品得分 (权重系数 0.8)	总分

表 2-27-4 职业素养与操作规范评分表

考核内容	评分标准	扣分标准	标准分	得分
职业素养与操作规范	检查给定的资料是否齐全,检查计算机运行是否正常,检查软件运行是否正常,做好考核前的准备工作	没有检查记 0 分,少检查一项扣 5 分,扣完标准分为止	20	
	图纸作业应图层清晰、取名规范	图层分类不规范扣 5 分,名称不规范扣 5 分,扣完标准分为止	20	
	严格遵守实训场地纪律,有环境保护意识	有违反实训场地纪律行为扣 10 分,没有环境保护意识、乱扔纸屑各扣 5 分	20	
	不浪费材料,不损坏考核工具及设施	浪费材料、损坏考核工具及设施各扣 10 分	20	
	任务完成后,整齐摆放图纸、工具书、记录工具、凳子等,整理工作台面	任务完成后,没有整齐摆放图纸、工具书、记录工具扣 10 分;没有清理场地,没有摆好凳子、整理工作台面扣 10 分	20	
总 分			100	

表 2-27-5 作品评分表

序号	考核内容	评分标准	扣分标准	标准分	得分
1	建筑图识读 (10 分)	正确回答项目信息设置	回答错误扣 3 分	3	
		正确回答建筑的各层层高	回答错误扣 3 分	3	
		正确回答二楼阳台柱距离墙的距离	回答错误扣 2 分	2	
		正确回答外墙的厚度	回答错误扣 2 分	2	

续表

序号	考核内容	评分标准	扣分标准	标准分	得分
2	创建 BIM 模型（70 分）	项目样板设置	未按要求设置一项扣 2 分，扣完标准分为止	4	
		项目发布日期设置正确	未按要求设置一项扣 1 分，扣完标准分为止	2	
		项目名称设置正确	未按要求设置一项扣 1 分，扣完标准分为止	2	
		项目编号设置正确	未按要求设置一项扣 1 分，扣完标准分为止	2	
		外墙参数设置正确	未按图纸设置材质及参数一项扣 1 分，扣完标准分为止	10	
		内墙参数设置正确	未按图纸设置材质及参数一项扣 1 分，扣完标准分为止	10	
		柱参数设置正确	未按图纸设置扣 2 分，扣完标准分为止	10	
		屋顶参数设置正确	未按图纸设置扣 2 分，扣完标准分为止	10	
		楼板参数正确	未按图纸设置扣 2 分，扣完标准分为止	10	
		BIM 建模思路正确	未按图纸绘制模型扣 2 分，扣完标准分为止	10	
3	创建图纸(20 分)	门明细表的创建正确	未按参考图明细表绘制扣 5 分	5	
		窗明细表的创建正确	未按参考图明细表绘制扣 5 分	5	
		图纸内容、尺寸创建正确	图纸内容、尺寸创建错误各扣 2.5 分	5	
		保存项目文件正确	未按要求保存文件扣 5 分	5	
		总　　分		100	

注：作品没有完成总工作量的 60% 以上，作品评分记 0 分。

实训任务 2-28　独栋别墅 2 BIM 技术专业应用建模

1. 任务描述

请对给定的独栋别墅 2 设计图（图 2-28-1～图 2-28-5，扫描实训指导二维码，详见相关素材）进行识读并回答问题。根据以下给定的要求和给出图的图纸创建模型。

本实训任务
图纸下载

(1) 根据创建的模型，回答下列问题。

① 根据门窗明细表信息该建筑 C1815 有＿＿＿＿个，C0615 有＿＿＿＿个。

② 该建筑的一、二层楼层高分别为：＿＿＿＿ mm、＿＿＿＿ mm。

③ 二楼该模型的阳台的柱距离墙＿＿＿＿ mm。

④ 外墙的厚度是_____mm。

⑤ 该建筑楼梯踏步的高度为_____mm,中间平台宽度为_____mm。

(2) BIM 建模环境设置：设置项目信息。

① 项目发布日期：2020 年 1 月 15 日。

② 项目名称：独栋别墅 2。

③ 项目编号：2020001-1。

(3) BIM 参数化建模。

① 已知建筑的内外墙厚均为 240，沿轴线居中布置；按照平、立面图纸建立房屋模型，楼梯、大门入口台阶、车库入口坡道、阳台等样式参照图自定义尺寸，二层棚架顶部标高与屋顶一致，棚架梁截面高 150mm、宽 10mm，棚架梁间距自定，其中窗的型号为 C1815、C0615，尺寸分别为 800mm×1500mm、600mm×1500mm；门的型号为 M0615、M1521、M1822、JLM3022、YM1824，尺寸分别为 600mm×1500mm、1500mm×2100mm、1800mm×2200mm、3000mm×2200mm、1800mm×2400mm。

② 对房屋不同部位附着不同材质，外墙体采用红色墙面涂料，勒脚采用灰色石材，屋顶及棚架采用蓝灰色涂料，立柱及栏杆采用白色涂料。

③ 分别创建门和窗的明细表，门明细表包含类型、宽度、高度以及合计字段；窗明细表包含类型、底高度(900mm)、宽度、高度以及合计字段。明细表按照类型进行成组和统计。

(4) 创建图纸。

① 创建门窗明细表，要求包含类型、宽度、高度、底高度以及合计字段。

② 建立 A0 图纸，创建并放置首层平面图、①—⑦立面图及门窗明细表。

(5) 模型文件管理。

用"独栋别墅 2"为项目文件命名，并保存项目文件。

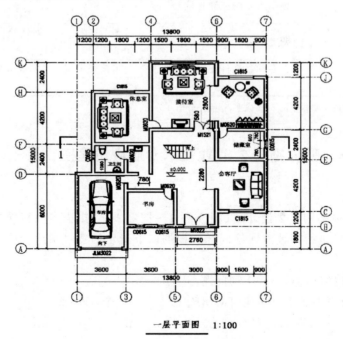

图 2-28-1　一层平面图

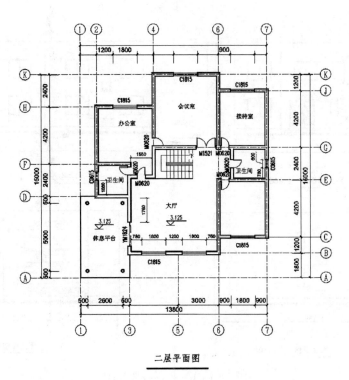

图 2-28-2 二层平面图

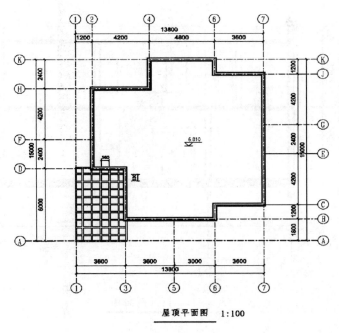

图 2-28-3 层顶平面图

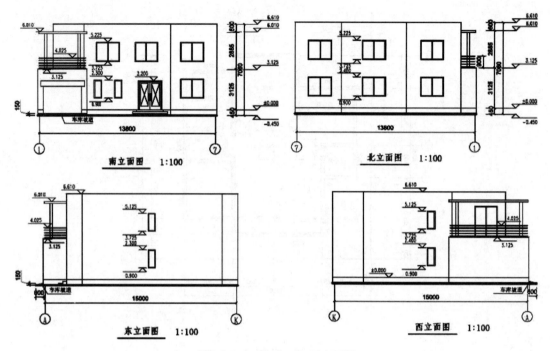

图 2-28-4 南、北、东、西立面图

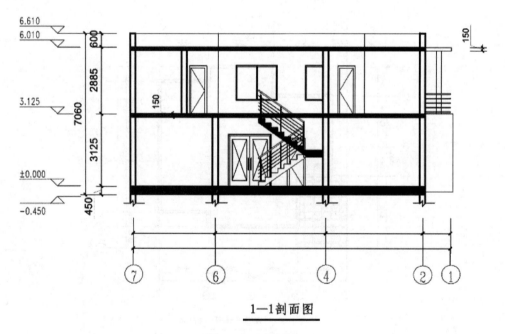

图 2-28-5 剖面图

2. 实施条件

实施条件如表 2-28-1 所示。

表 2-28-1 实施条件

实施条件内容	基本实施条件	备 注
实训场地	准备一间计算机教室。按考核人数,每人须配备一台装有相应考核软件的计算机	必备
材料、工具	计算机安装软件 Revit 2018 或以上版本,每名学生自备一套绘图工具(橡皮、铅笔、黑色钢笔等)、草稿纸	按需配备
考评教师	要求由具备至少三年以上教学经验的专业教师担任	必备

3. 考核时量

三小时。

4. 评分细则

考核项目的评价(表 2-28-2)包括职业素养与操作规范(表 2-28-3)、作品(表 2-28-4)两个方面,总分为 100 分。其中,职业素养与操作规范占该项目总分的 20%,作品占该项目总分的 80%。只有职业素养与操作规范、作品两项考核均合格,总成绩才能评定为合格。

表 2-28-2 评分总表

职业素养与操作规范得分 (权重系数 0.2)	作品得分 (权重系数 0.8)	总分

表 2-28-3 职业素养与操作规范评分表

考核内容	评分标准	扣分标准	标准分	得分
职业素养与操作规范	检查给定的资料是否齐全,检查计算机运行是否正常,检查软件运行是否正常,做好考核前的准备工作	没有检查记 0 分,少检查一项扣 5 分,扣完标准分为止	20	
	图纸作业应图层清晰、取名规范	图层分类不规范扣 5 分,名称不规范扣 5 分,扣完标准分为止	20	
	严格遵守考场纪律,有环境保护意识	有违反考场纪律行为扣 10 分,没有环境保护意识、乱扔纸屑各扣 5 分	20	
	不浪费材料,不损坏考试工具及设施	浪费材料、损坏考试工具及设施各扣 10 分	20	
	任务完成后,整齐摆放图纸、工具书、记录工具、凳子等,整理工作台面	任务完成后,没有整齐摆放图纸、工具书、记录工具扣 10 分;没有清理场地,没有摆好凳子、整理工作台面扣 10 分	20	
总 分			100	

表 2-28-4　作品评分表

序号	考核内容	评分标准	扣分标准	标准分	得分
1	建筑图识读（10分）	正确回答不同类型窗的个数	回答错误扣2分	2	
		正确回答建筑的各层层高	回答错误扣2分	2	
		正确回答二楼阳台柱距离墙的距离	回答错误扣2分	2	
		正确回答外墙的厚度	回答错误扣2分	2	
		正确回答该建筑楼梯的个参数值	回答错误扣2分	2	
2	创建BIM模型（70分）	项目发布日期设置正确	未按要求设置扣5分	5	
		项目名称设置正确	未按要求设置扣5分	5	
		项目编号设置正确	未按图纸要求设置扣5分	5	
		外墙参数设置正确	未按图纸要求设置一项扣1分，扣完标准分为止	10	
		内墙参数设置正确	未按图纸设置材质及参数一项扣1分，扣完标准分为止	10	
		柱参数设置正确	未按图纸设置材质及参数一项扣1分，扣完标准分为止	10	
		屋顶参数设置正确	未按图纸设置扣2分，扣完标准分为止	10	
		楼板参数正确	未按图纸设置扣2分，扣完标准分为止	10	
		BIM建模思路正确	未按图纸绘制模型扣5分	5	
3	创建图纸（20分）	门明细表的创建正确	未按参考图明细表绘制扣5分	5	
		窗明细表的创建正确	未按参考图明细表绘制扣5分	5	
		图纸内容、尺寸创建正确	未按要求创建图纸内容、尺寸各扣2.5分	5	
		保存项目文件正确	未按要求保存文件扣5分	5	
	总　分			100	

注：作品没有完成总工作量的60%以上，作品评分记0分。

技能项目7　绿色建筑模拟分析与评价

"绿色建筑模拟分析与评价"技能考核标准
该项目对接"1+X"BIM职业技能等级证书要求，要求学生掌握基于BIM技术的斯维尔建筑日照SUN 2016分析软件、斯维尔建筑通风VENT 2016分析软件、斯维尔节能BECS 2016软件、斯维尔采光分析Dali 2016软件操作技术，能完成绿色建筑的日照、风环境、节能、自然采光等模拟分析，能完成不同规模人均居住用地指标计算和评分、不同建筑类型地下空间开发利用指标的计算与评价，能计算卧室、起居室窗地比，能完成居住建筑主要功能房间采光系数的分析与评价，能计算可重复使用隔断（墙）比例指标，能进行公共建筑中可变换功能的室内空间的分析与评价

续表

技能要求	(1) 能进行基于BIM技术应用的绿色建筑日照模拟分析。 (2) 能进行基于BIM技术应用的绿色建筑风环境模拟分析。 (3) 能进行基于BIM技术应用的绿色建筑节能计算模拟分析。 (4) 能进行基于BIM技术应用的绿色建筑光环境模拟分析。 (5) 能进行不同规模人均居住用地指标计算和评分。 (6) 能进行不同建筑类型地下空间开发利用指标计算与评分。 (7) 能计算卧室、起居室窗地比,能进行居住建筑主要功能房间采光系数的分析与评价。 (8) 能计算可重复使用隔断(墙)比例指标,能进行公共建筑可变换功能的室内空间的分析与评价
职业素养要求	符合建筑师助理岗位的基本素养要求,体现良好的工作习惯。能清查给定的资料是否齐全完整,检查计算机斯维尔绿色建筑模拟分析软件运行是否正常,严格遵守实训场地纪律,有良好的实训场地秩序保护意识;考后整理工作台面,保证工作台面和工作环境整洁无污物,有良好的环境保护意识
考核评价标准	"绿色建筑模拟分析"技能项目考核评价标准如下。

评价内容		配分	考核点	备注
职业素养与操作规范(20分)		4	检查给定的资料是否齐全,检查计算机运行是否正常,检查软件运行是否正常,做好考核前的准备工作,少检查一项扣1分	出现明显失误造成计算机或软件、图纸、工具书和记录工具严重损坏等,严重违反考场纪律,造成恶劣影响的本大项记0分
		4	图纸作业应图层清晰、取名规范,不规范一处扣1分	
		4	严格遵守实训场地纪律,有环境保护意识,违反一次扣1~2分(具体评分细则详见实训任务职业素养与操作规范评分表)	
		4	不浪费材料,不损坏考试工具及设施,浪费损坏一处扣2分	
		4	任务完成后,整齐摆放图纸、工具书、记录工具、凳子等,整理工作台面,未整洁一处扣2分	
作品(80分)	任务一模拟分析(40分)	12	正确建立日照、节能模拟分析模型,每错一处扣2.4分(具体评分细则详见实训任务作品评分表)	作品没有完成总工作量的60%以上,作品评分记0分
		4	准确设置日照、节能模拟分析参数,每错一处扣0.8~2.4分(具体评分细则详见实训任务作品评分表)	
		8	完整输出日照、节能模拟分析报告书,每错一处扣8分(具体评分细则详见实训任务作品评分表)	
		16	正确识读报告书,选择题每错一题扣4分(具体评分细则详见实训任务作品评分表)	
	任务二模拟分析(40分)	12	正确建立风环境、光环境模拟分析模型,每错一处扣2.4分(具体评分细则详见实训任务作品评分表)	
		4	准确设置风环境、光环境模拟分析参数,每错一处扣0.8~2.4分(具体评分细则详见实训任务作品评分表)	
		8	完整输出风环境、光环境模拟分析报告书,每错一处扣1.6分(具体评分细则详见实训任务作品评分表)	
		16	正确识读报告书,选择题每错一题扣4分(具体评分细则详见实训任务作品评分表)	

续表

	评价内容		配分	考核点	备注
考核评价标准	"绿色建筑指标计算与评价"技能项目考核评价标准如下。				
	职业素养与操作规范(20分)		4	检查给定的资料是否齐全,检查计算机运行是否正常,检查软件运行是否正常,做好考核前的准备工作,少检查一项扣1分	出现明显失误造成计算机或软件严重损坏等,严重违反考场纪律,造成恶劣影响的本大项记0分
			4	图纸作业应图层清晰、取名规范,不规范一处扣1分	
			4	严格遵守实训场地纪律,有环境保护意识,违反一次扣1~2分(具体评分细则详见实训任务职业素养与操作规范评分表)	
			4	不浪费材料,不损坏考试工具及设施,浪费损坏一处扣2分	
			4	任务完成后,整齐摆放图纸、工具书、记录工具、凳子等,整理工作台面,未整洁一处扣2分	
	作品(80分)	人居居住用地面积指标计算及评价	24	掌握不同居住区人均居住用地面积指标的计算和评价方法,每错一处扣0.8~4分(具体评分细则详见实训任务作品评分表)	没有完成总工作量的60%以上,作品评分记0分
		地下空间开发利用指标计算及评价	24	掌握居住建筑、公共建筑地下空间开发利用指标计算与评价方法,每错一处扣0.8~3.2分(具体评分细则详见实训任务作品评分表)	
		居住建筑窗地比计算及评价	16	熟悉并掌握居住建筑窗地比的计算流程和评价方法,每错一处扣0.8分(具体评分细则详见实训任务作品评分表)	
		可重复使用隔断(墙)比例计算及评价	16	熟悉并掌握可重复使用隔断(墙)比例计算流程和评价方法,每错一处扣0.8~1.6分(具体评分细则详见实训任务作品评分表)	

实训任务 2-29 绿色建筑日照及室外风环境模拟分析

1. 任务一描述

根据给定的建筑总图及单体建筑平面图(扫描实训指导二维码,详见相关素材),基于 BIM 技术,利用斯维尔建筑日照 SUN 2018 软件完成建筑日照模拟分析。

本实训任务图纸下载

(1)任务要求。利用斯维尔建筑日照 SUN 2018 软件,参考下面给出的操作流程,建立所提供图纸中建筑的总图模型;根据提供的单体建筑平面图(扫描实训指导二维码,详见相关素材),完成在总图模型中的窗户设置,分析住宅楼的建筑日照,并将以下成果按相应文件名命名之后保存到规定位置中以工号命名的文件夹中。

① 计算完成的 CAD(文件名为"建筑日照模拟分析",.dwg 格式)。

② 日照仿真的模型截图一张（文件名为"模型图"，.jpg 格式）。
③ 建筑日照分析伪彩图截图一张（文件名为"区域分析彩图"，.jpg 格式）。
④ 建筑日照模拟分析报告一份（文件名为"建筑日照模拟分析报告"，.docx 格式）。

注意：提交的成果不得出现答题者姓名、班级等信息，否则成绩无效。

（2）操作流程。

① 总图建模：参照总图建模流程图 1 建模，如图 2-29-1 所示。

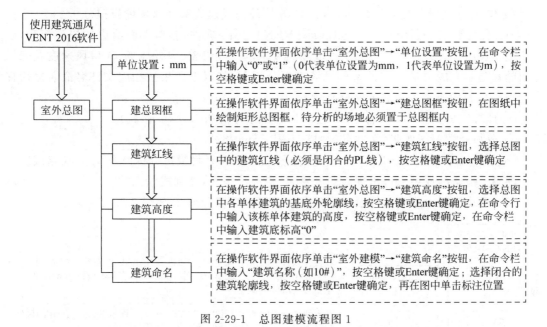

图 2-29-1　总图建模流程图 1

② 插入窗户。对照拟分析建筑单体的平面图，在总图中插入窗户，在操作软件界面依序单击"顺序插窗""两点插窗""等分插窗"等选项。

在操作软件界面依序单击"高级分析"→"日照仿真"选项，可以查看模型信息，保存截图。

③ 窗分户号。将日照窗按户分组（住宅需要），以便分户输出计算结果。

④ 在操作软件界面依序选择日照标准。

选择或增加标准：大寒 2h。

设置有效入射角：勾选窗照分析根据窗宽、墙厚计算。

累计方法：全部、累计不小于 5min。

日照窗采样：满窗日照。

选择时间标准：真太阳时。

设置计算时间：大寒；日期：2001 年。

⑤ 区域分析。在操作软件界面依序单击"常规分析"→"区域分析"选项，框选需要分析的建筑，确定彩图范围。此功能为方案阶段出结果，可以生成伪彩图等。

⑥ 窗照分析。在操作软件界面依序单击"常规分析"→"窗照分析"选项，对窗进行分析，选择窗照分析的地点、节气、时间间隔，生成楼窗日照分析表。

⑦ 分户统计。在操作软件界面依序单击"高级分析"→"分户统计"选项。

⑧遮挡关系。在操作软件界面依序单击"常规分析"→"遮挡关系"选项,选择待分析的建筑,再选取主体建筑,获取遮挡关系表。

⑨日照报告。在操作软件界面依序单击"常规分析"→"日照报告"选项,选择遮挡关系表、分户统计、窗照分析表、建筑统计表,生成建筑日照分析报告。

2. 任务二描述

根据给定的建筑总图及单体建筑平面图(扫描实训指导二维码,详见相关素材),基于BIM技术,利用斯维尔建筑通风VENT 2018软件完成建筑室外风环境模拟分析。

(1)任务要求。利用斯维尔建筑通风VENT 2018软件,参考下面给出的操作流程,建立所提供图纸中建筑的总图模型;完成项目要求的工程设置、室外风场、入口风速度及来风方向的设置;完成项目要求的室外风场模拟分析,并将以下成果按相应文件名命名之后保存到规定位置中以工号命名的文件夹中。

①计算完成的CAD(文件名为"建筑风环境模拟分析",.dwg格式)。

②分析彩图截图四张(文件名为"模型图",.jpg格式)。

③室外风环境模拟分析报告一份(文件名为"室外风环境模拟分析报告",.docx格式)。

注意:提交的成果不得出现答题者姓名、班级等信息,否则成绩无效。

(2)操作流程。建模具体设置步骤参照总图建模流程图2,如图2-29-2所示。

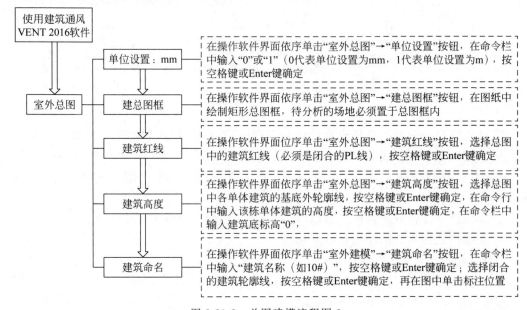

图2-29-2 总图建模流程图2

总图建模操作步骤如下。

①工程设置。选择"设置"→"工程设置"命令,设置本工程的建设地点、名称、建设单位、设计单位及项目概况等(详见图纸说明及图签)。

②室外风场模拟分析。

a. 室外风场:选择"计算分析"→"室外风场"命令,确定选择目标建筑群的方法,单击"确定"按钮,框选总图模型,按空格键或Enter键确定。

b. 参数设置:分别设置入口风速度及来风方向。其中,冬季工况风向为122.5°,风速为2.8m/s;夏季工况风向为270°,风速为3.0m/s。选择计算精度"粗略",单击"确定"按钮,分别进行计算。

　　c. 计算结果:自动进行场地风环境模拟分析,包括划分网格、迭代计算两个部分。

③ 输出结果。

　　计算分析:选择"计算分析"→"结果管理"命令,按住 Shift 键,依次选中冬季工况、夏季工况下的模拟结果,单击输出报告。

3. 实施条件

实施条件如表 2-29-1 所示。

表 2-29-1　实施条件

实施条件内容	基本实施条件	备注
实训场地	准备一间计算机教室。按考核人数,每人须配备一台装有相应考核软件的计算机	必备
材料、工具	计算机装有斯维尔绿色建筑系列分析软件,并能正常使用	按需配备
考评教师	要求由具备至少三年以上教学经验的专业教师担任	必备

4. 考核时量

三小时。

5. 评分细则

考核项目的评价(表 2-29-2)包括职业素养与操作规范(表 2-29-3)、作品(表 2-29-4)两个方面,总分为 100 分。其中,职业素养与操作规范占该项目总分的 20%,作品占该项目总分的 80%。只有职业素养与操作规范、作品两项考核均合格,总成绩才能评定为合格。

表 2-29-2　评分总表

职业素养与操作规范得分 (权重系数0.2)	作品得分 (权重系数0.8)	总分

表 2-29-3　职业素养与操作规范评分表

考核内容	评分标准	扣分标准	标准分	得分
职业素养与操作规范	检查给定的资料是否齐全,检查计算机运行是否正常,检查软件运行是否正常,做好考核前的准备工作	没有检查记0分,少检查一项扣5分,扣完标准分为止	20	
	图纸作业应图层清晰、取名规范	图层分类不规范扣5分,名称不规范扣5分,扣完标准分为止	20	
	严格遵守实训场地纪律,有环境保护意识	有违反实训场地纪律行为扣10分,没有环境保护意识、乱扔纸屑各扣5分	20	

续表

考核内容	评分标准	扣分标准	标准分	得分
职业素养与操作规范	不浪费材料，不损坏考核工具及设施	浪费材料、损坏考核工具及设施各扣10分	20	
	任务完成后，整齐摆放图纸、工具书、记录工具、凳子等，整理工作台面	任务完成后，没有整齐摆放图纸、工具书、记录工具扣10分；没有清理场地，没有摆好凳子、整理工作台面扣10分	20	
总　分			100	

表 2-29-4　作品评分表

序号	考核内容	评分标准	扣分标准	标准分	得分
1	任务一模拟分析：建筑日照模拟分析的BIM应用(50分)	正确建立模型	遮挡建筑欠完整、分析建筑层高或层数有误、窗户设置与单体不一致每处扣3分	15	
		准确设置参数	地理位置设置有误扣3分，其他工程参数设置有误每处扣1分	5	
		输出伪彩图	缺失伪彩图扣10分	10	
		输出报告书	窗照分析、分户统计、遮挡关系、分析结论等内容每缺一项扣5分	20	
2	任务二模拟分析：室外风环境模拟分析的BIM应用(50分)	正确建立模型	总图建筑数量有误、位置有误每处扣3分	15	
		准确设置参数	地理位置设置有误扣3分，其他工程参数设置有误每处扣1分	5	
		输出分析彩图	冬季分析图三张，夏季分析图两张，每缺一张扣2分	10	
		输出报告书	冬季工况分析、夏季工况分析、分析结论符合标准要求，每缺一项扣5分	20	
总　分				100	

注：作品没有完成总工作量的60%以上，作品评分记0分。

实训任务 2-30　绿色建筑节能及光环境模拟分析

1. 任务一描述

根据给定的建筑围护结构及构造设计图（扫描实训指导二维码，详见相关素材），基于BIM技术，利用斯维尔节能软件 BECS 2016 完成建筑节能分析。

（1）任务要求。根据所提供的图纸及围护结构构造做法，利用斯维尔节能 BECS 2016 软件，参考下面的操作流程，完成该建筑的围护结构节能计算，并

本实训任务图纸下载

将以下成果按相应文件名命名之后保存到规定位置中以工号命名的文件夹中。

① 节能模型图片一张(.jpg 格式)。

② 节能模型源文件一份(.dwg 格式)。

③ 节能计算报告一份(.docx 格式)。

注意：提交的成果不得出现答题者姓名、班级等信息，否则成绩无效。

(2) 操作流程。

① 节能模型建立流程。

步骤 1：新建文件夹，复制将要进行节能计算的图纸。

步骤 2：用节能设计软件 BECS 2016 打开文件图纸，并确认图纸是否以 mm 为单位。

步骤 3：确认图纸内容包含的是二维信息还是三维信息。

步骤 4：选择"墙柱"→"转热桥柱"命令，框选平面图，将 COLUMN 柱图层全部转成热桥柱，用于参与后续的节能计算。

步骤 5：靠近墙线右击，在弹出的快捷菜单中选择加粗状态，将墙体的粗线改成细线，便于识别和判断墙基线是否连接。

步骤 6：选择"墙柱"→"创建墙体"命令，弹出"墙体设置"对话框，补充或修改图纸中墙体基线没有连接好的墙体。

步骤 7：选择"墙柱"→"改高度"命令，框选平面图中的墙和柱，在命令行中输入新的高度值(各层层高)。

步骤 8：选择"门窗"→"门窗整理"命令，弹出"门窗整理"对话框，根据所提供的门窗表、门窗大样图及立面图修改相关数据。

② 建筑节能标准中规定，透光的外门需当成窗考虑。因此，对于玻璃门，需将其整个转为窗。

步骤 1：选择"检查"→"墙基检查"/"重叠检查"/"柱墙检查"/"模型检查"命令，对平面图纸中存在的错误进行检查修改。

步骤 2：选择"空间划分"→"搜索房间"命令，在弹出的对话框中修改起始编号，并勾选更新原有房间编号和高度。

步骤 3：选择"空间划分"→"搜索户型"命令，选择套间中的房间作为一套户型进行编号，直至所有户型编号完毕(注：若建筑类型为公共建筑，则跳过该步骤)。

步骤 4：选择"空间划分"→"建楼层框"命令。

步骤 5：选择"检查"→"模型观察"命令。

③ 节能计算前项目设置流程。

步骤 1：选择"设置"→"工程设置"命令，弹出对话框，根据工程的实际情况分别修改工程信息和其他设置。其中，工程信息主要设置地理位置、建筑类型、太阳辐射吸收系数、标准选用、北向角度等相关信息，其他设置则需重点关注上、下边界绝热设置及是否启用环境遮阳等。

步骤 2：选择"设置"→"工程构造"命令，弹出对话框，根据工程的实际情况，对应各详图，分别设置建筑物的外围护结构、地下围护结构、内围护结构及门窗等相关材料和构造做法。

步骤 3：选择"设置"→"门窗类型"命令。

步骤4：选择"设置"→"遮阳类型"命令。

步骤5：选择"设置"→"房间类型"命令。

步骤6：选择"设置"→"系统类型"命令，弹出对话框，若建筑物只有一个系统，则无须设置，跳过该步骤；否则需要根据项目的实际情况进行设定。

步骤7：选择"选择浏览"→"选择外墙"命令，框选各层平面图，确认后即可选中所有的外墙。按Ctrl+1组合键，打开属性表，分别修改热工下的梁构造、梁高、板构造及板厚等信息。

步骤8：选择"选择浏览"→"选择外门"命令，框选各层平面图，确认后即可选中所有的外墙。按Ctrl+1组合键，打开属性表，分别修改热工下的过梁构造、过梁高等数据。

步骤9：选择"选择浏览"→"选择窗户"命令，框选各层平面图，确认后即可选中所有的外墙。按Ctrl+1组合键，打开属性表，分别修改热工下的过梁构造、过梁高等数据。

④ 节能计算操作流程。

步骤1：选择"计算"→"数据提取"命令，并保存。

步骤2：选择"计算"→"能耗计算"命令。

步骤3：选择"计算"→"节能检查"命令。

注意：围护结构节能计算只需要在规定性指标或性能性指标中满足其中任何一个，则该项目的围护结构节能计算就能通过；若操作过程中节能计算时规定性指标或性能性指标均不满足要求，则需要返回工程构造这一环节重新修改不满足的各围护结构部位的构造层，选择传热系数小的建筑材料或修改保温层的厚度，或两者同时操作，直至节能计算通过为止。

步骤4：选择"计算"→"节能报告"命令，输出其节能计算报告书。

2. 任务二描述

根据给定的建筑总图及单体模型（扫描实训指导二维码，详见相关素材），基于BIM技术，利用斯维尔采光分析软件Dali 2018完成建筑光环境模拟分析。

（1）任务要求。利用斯维尔采光分析软件Dali 2018，参考提供的操作流程，建立所提供图纸中建筑的总图模型和单体建筑模型；完成项目要求的采光设置、房间类型设置、门窗类型设置及计算分析，并将以下成果按相应文件名命名之后保存到规定位置中以工号命名的文件夹中。

① 计算完成的CAD(.dwg格式)。

② 模型截图(.jpg格式)。

③ 建筑每层/标准层模型图(.jpg格式)。

④ 达标图、平面采光系数彩图(.jpg格式)。

⑤ 采光分析报告书(.docx格式)。

注意：提交的成果不得出现答题者姓名、班级等信息，否则成绩无效。

（2）操作流程。

① 总图建模。总图建模流程如图2-30-1所示。

② 单体建模。单体建模流程如图2-30-2所示。

③ 参数设置选择如下。

"采光设置"设置采光属性：地点；民用/工业；2013标准；模拟法；多雨地区。

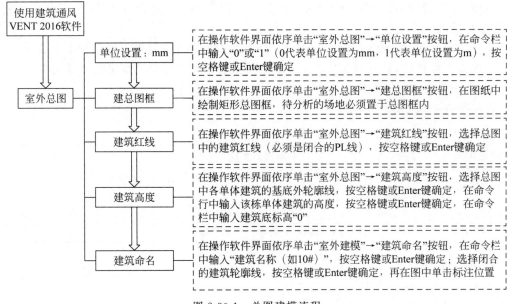

图 2-30-1 总图建模流程

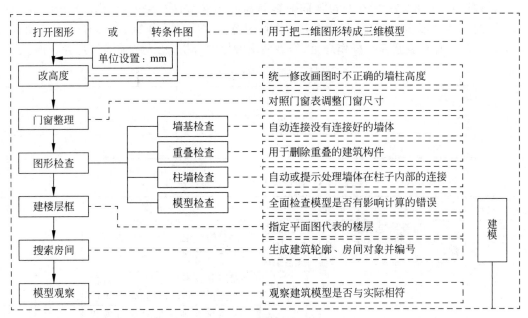

图 2-30-2 单体建模流程

"房间类型" 选择"房间类型"命令,弹出房间类型对话框,选择房间使用类型(如教室、办公室等),单击赋给房间,单击确定。

"门窗类型" 选择"门窗类型"命令,设置窗框类型、玻璃类型、门的类型(按住 Shift 键可全改)。

④ 计算分析。

步骤 1:选择"采光分析"命令,进行采光分析计算。

计算完成后,选择"Word 报告"命令,输出建筑采光报告书(标准层可只算最底层)。

步骤2：选择"辅助分析"→"分析彩图"→"达标图"命令，可查看达标图、平面采光系数彩图，保存截图。

若计算通不过，则调整窗户大小、类型等设计方案，确保满足所有强制性条文要求。

完成以上操作后，将计算完成的CAD、分析报告及截图保存到规定的文件夹中。

3. 实施条件

实施条件如表 2-30-1 所示。

表 2-30-1　实施条件

实施条件内容	基本实施条件	备　注
实训场地	准备一间计算机教室。按考核人数，每人须配备一台装有相应考核软件的计算机	必备
材料、工具	计算机装有斯维尔绿色建筑系列分析软件，并能正常使用	按需配备
考评教师	要求由具备至少三年以上教学经验的专业教师担任	必备

4. 考核时量

三小时。

5. 评分细则

考核项目的评价（表 2-30-2）包括职业素养与操作规范（表 2-30-3）、作品（表 2-30-4）两个方面，总分为 100 分。其中，职业素养与操作规范占该项目总分的 20%，作品占该项目总分的 80%。只有职业素养与操作规范、作品两项考核均合格，总成绩才能评定为合格。

表 2-30-2　评分总表

职业素养与操作规范得分 （权重系数 0.2）	作品得分 （权重系数 0.8）	总分

表 2-30-3　职业素养与操作规范评分表

考核内容	评分标准	扣分标准	标准分	得分
职业素养与操作规范	检查给定的资料是否齐全，检查计算机运行是否正常，检查软件运行是否正常，做好考核前的准备工作	没有检查记 0 分，少检查一项扣 5 分，扣完标准分为止	20	
	图纸作业应图层清晰、取名规范	图层分类不规范扣 5 分，名称不规范扣 5 分，扣完标准分为止	20	
	严格遵守实训场地纪律，有环境保护意识	有违反实训场地纪律行为扣 10 分，没有环境保护意识、乱扔纸屑各扣 5 分	20	
	不浪费材料，不损坏考核工具及设施	浪费材料、损坏考核工具及设施各扣 10 分	20	
	任务完成后，整齐摆放图纸、工具书、记录工具、凳子等，整理工作台面	任务完成后，没有整齐摆放图纸、工具书、记录工具扣 10 分；没有清理场地，没有摆好凳子、整理工作台面扣 10 分	20	
总　分			100	

表 2-30-4　作品评分表

序号	考核内容	评分标准	扣分标准	标准分	得分
1	任务一模拟分析：建筑节能计算的BIM应用（50分）	正确建立模型	建筑层数、层高有误每处扣3分	15	
		准确设置参数	地理位置设置有误扣3分，其他工程参数设置有误每处扣1分	5	
		设置热桥参数	热桥梁、热桥板、热桥柱参数设置每缺一处扣3分	10	
		输出报告书	围护结构参数、各围护结构节能计算过程、分析结论符合标准要求，每缺一项扣5分	20	
2	任务二模拟分析：建筑光环境模拟分析的BIM应用（50分）	正确建立模型	建筑层数、层高、窗户设置有误每处扣3分	15	
		准确设置参数	地理位置设置有误扣3分，其他工程参数设置有误每处扣1分	5	
		输出分析彩图	首层平面采光效果图一张、采光系数达标图一张，每缺一张扣3分	10	
		输出报告书	分析计算表、分析彩图及分析结论，每缺一项扣5分	20	
		总　分		100	

注：作品没有完成总工作量的60%以上，作品评分记0分。

实训任务 2-31　绿色建筑指标计算与评价

1. 任务描述

按要求分别完成给定绿色建筑项目条件的人均居住用地面积指标计算及评价、地下空间开发利用指标计算及评价、居住建筑窗地比计算及评价、可重复使用隔墙比例计算及评价等六个任务。

（1）人均居住用地面积指标计算及评价（一）

评价依据：《绿色建筑评价标准》（GB/T 50378—2019）4.2节"评分项"第4.2.1条"节约集约利用土地的要求"。

评分细则：当住区内所有住宅建筑层数相同时，参照居住建筑人均居住用地指标评分规则（表 2-31-1）进行评价。

本实训任务图纸下载

表 2-31-1　居住建筑人均居住用地指标评分规则

居住建筑人均居住用地指标 A/m^2					得分
3层及以下	4～6层	7～12层	13～18层	19层及以上	
$35<A\leqslant41$	$23<A\leqslant26$	$22<A\leqslant24$	$20<A\leqslant22$	$11<A\leqslant13$	15
$A\leqslant35$	$A\leqslant23$	$A\leqslant22$	$A\leqslant20$	$A\leqslant11$	19

根据给定某 A 小区总平面图(图 2-31-1,扫描实训指导二维码,详见相关素材),该项目规划总用地面积为 30992m²(约 46.49 亩),总建筑面积为 138853m²,包括 9 栋 18F 住宅,可安置户数 720 户,对该项目的人均居住用地指标进行评价。

① 人均居住用地指标计算公式为 $A = R \div (H \times 3.2)$,式中 3.2 是指( )。
　　A. 每户 3.2 人　　　　　　　　B. 每人 3.2m²
　　C. 每单元 3.2 人　　　　　　　D. 每层 3.2 人

② 本项目居住人数计算值为( )人。
　　A. 2160　　　B. 2304　　　C. 2520　　　D. 2880

③ 本项目居住用地面积按( )进行计算。
　　A. 规划许可证批准的用地面积
　　B. 住区道路完整围合区域的用地面积
　　C. 规划许可证的规划条件
　　D. 完整的居住建设项目的用地面积

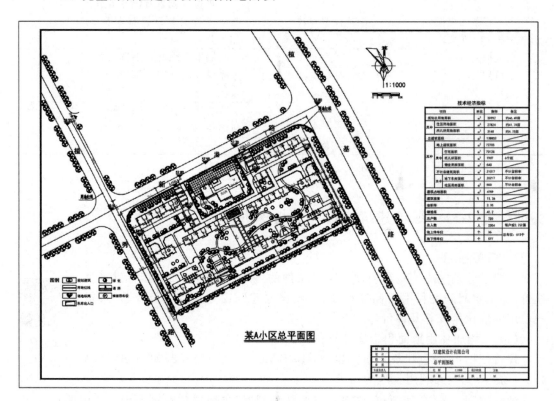

图 2-31-1　某 A 小区总平面图

④ 当住区内所有住宅建筑层数相同时,计算人均居住用地指标,将其与标准中相应层数建筑的限值进行比较,得到具体评价分值。人均居住用地指标计算公式如下:
$$A = R \div (H \times 3.2)$$
式中,R 为参评范围的居住用地面积,本项目为_____ m²;A 为人均居住用地面积;H 为住宅户数,本项目为_____户;3.2 若当地有具体规定,可按照当地规定取值。

经计算,本项目的人均居住用地指标为_____ m²/人,计算过程如下。

_____

_____

综上所述,本项目人均居住用地指标为_____ m²,满足《绿色建筑评价标准》(GB/T 50378—2019)4.2 节"评分项"第 4.2.1 条"节约集约利用土地的要求",得_____分。

(2)人均居住用地面积指标计算及评价(二)。

评价依据:《绿色建筑评价标准》(GB/T 50378—2019)4.2 节"评分项"第 4.2.1 条"节约集约利用土地的要求"。

评分细则:当住区内不同层数的住宅建筑混合建设时,计算现有居住户数可能占用的最大居住用地面积,将其与实际参评居住用地面积进行比较,得到具体评价分值。

当 $R \geqslant (H_1 \times 41 + H_2 \times 26 + H_3 \times 24 + H_4 \times 22 + H_5 \times 13) \times 3.2$ 时,得 0 分;当 $R \leqslant (H_1 \times 41 + H_2 \times 26 + H_3 \times 24 + H_4 \times 22 + H_5 \times 13) \times 3.2$ 时,得 15 分;当 $R \leqslant (H_1 \times 35 + H_2 \times 23 + H_3 \times 22 + H_4 \times 20 + H_5 \times 11) \times 3.2$ 时,得 19 分。式中,H_1 为 3 层及以下住宅户数;H_2 为 4~6 层住宅户数;H_3 为 7~12 层住宅户数;H_4 为 13~18 层住宅户数;H_5 为 19 层及以上住宅户数;R 为参评范围的居住用地面积。

根据给定某 B 小区总平面图(图 2-31-2,扫描实训指导二维码,详见相关素材),该项目规划总用地面积为 94455.77m²(约 141.68 亩),共可安置 1253 户,其中 3F 住宅设 57 户,6F 住宅设 112 户,12F 住宅设 336 户,17F 住宅设 748 户。对该项目的人均居住用地指标进行评价,并完成以下计算书中的内容。

① 当 $R \geqslant (H_1 \times 41 + H_2 \times 26 + H_3 \times 24 + H_4 \times 22 + H_5 \times 13) \times 3.2$ 时,得 0 分,其中 H_1 是指(　　)。

  A. 3 层及以下住宅户数   B. 4~6 层住宅户数
  C. 7~12 层住宅户数   D. 13~18 层住宅户数

② 当 $R \leqslant (H_1 \times 35 + H_2 \times 23 + H_3 \times 22 + H_4 \times 20 + H_5 \times 11) \times 3.2$ 时,得 19 分,其中 H_5 是指(　　)。

  A. 4~6 层住宅户数   B. 7~12 层住宅户数
  C. 13~18 层住宅户数   D. 19 层及以上住宅户数

③ 当 $R \leqslant (H_1 \times 41 + H_2 \times 26 + H_3 \times 24 + H_4 \times 22 + H_5 \times 13) \times 3.2$ 时,得(　　)分。

  A. 5   B. 10   C. 15   D. 20

④ H_2 是指(　　)。

  A. 3 层及以下住宅户数   B. 4~6 层住宅户数
  C. 7~12 层住宅户数   D. 13~18 层住宅户数

⑤ H_2 是指(　　)。

  A. 3 层及以下住宅户数   B. 4~6 层住宅户数
  C. 7~12 层住宅户数   D. 13~18 层住宅户数

⑥ 填空题。当住区内不同层数的住宅建筑混合建设时,计算现有居住户数可能占用的最大居住用地面积,将其与实际参评居住用地面积进行比较。具体计算过程如下。

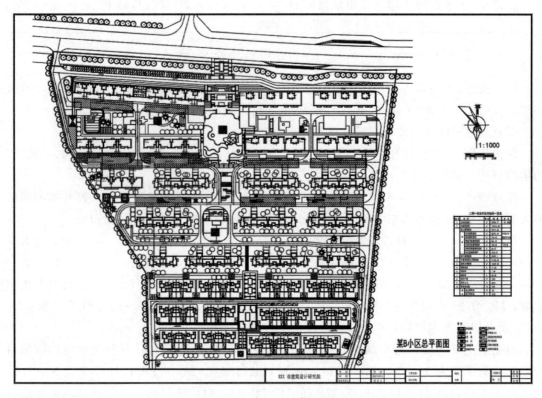

图 2-31-2 某 B 小区总平面图

项目现有居住户数可能占用的最大居住用地面积 1
$= (H_1 \times 41 + H_2 \times 26 + H_3 \times 24 + H_4 \times 22 + H_5 \times 13) \times 3.2$
= _____

项目现有居住户数可能占用的最大居住用地面积 2
$= (H_1 \times 35 + H_2 \times 23 + H_3 \times 22 + H_4 \times 20 + H_5 \times 11) \times 3.2$
= _____

式中,H 为住宅户数,本项目 3 层及以下住宅户数为_____户,4~6 层住宅户数为_____户,7~12 层住宅户数为_____户,13~18 层住宅户数为_____户,19 层及以上住宅户数为_____户;3.2 指每户 3.2 人,若当地有具体规定,可按照当地规定取值。

本项目参评范围的居住用地面积 R 为_____ m^2,与现有居住户数可能占用的最大居住用地面积进行对比,结果如下:

$R \leqslant$ _____

综上所述,本项目 $R \leqslant$ _____,根据《绿色建筑评价标准》(GB/T 50378—2019)4.2 节"评分项"第 4.2.1 条"节约集约利用土地的要求",得_____分。

(3)地下空间开发利用指标计算及评价(一)。

评价依据:《绿色建筑评价标准》(GB/T 50378—2019)4.2 节"评分项"第 4.2.3 条规定"合理开发利用地下空间"。

评分细则:参照居住建筑地下空间开发利用评分规则(表 2-31-2)。

表 2-31-2　居住建筑地下空间开发利用评分规则

建筑类型	地下空间开发利用指标 R_r		得分
居住建筑	R_r	$5\% \leqslant R_r < 15\%$	2
		$15\% \leqslant R_r < 25\%$	4
		$R_r \geqslant 25\%$	6

根据给定某 A 小区总平面图(图 2-31-1,扫描实训指导二维码,详见相关素材),该项目规划总用地面积为 30992m²(约 46.49 亩),总建筑面积为 138853m²,其中地上建筑面积为 72705m²,地下建筑面积为 20217m²。对该项目的地下空间开发利用进行评价,并完成以下计算书中的内容。

① 居住建筑地下空间开发利用指标 R_r 为(　　)。
　　A. 地下建筑面积与用地面积之比
　　B. 地下建筑面积与地上建筑面积之比
　　C. 地下建筑面积与地上地下总建筑面积之比
　　D. 地下一层建筑面积与总用地面积之比

② 居住建筑地下空间开发利用指标为 R_r,当 $5\% \leqslant R_r < 15\%$ 时,得分为(　　)。
　　A. 2　　　　　B. 4　　　　　C. 6　　　　　D. 8

③ 居住建筑地下空间开发利用指标为 R_r,当 $15\% \leqslant R_r < 25\%$ 时,得分为(　　)。
　　A. 2　　　　　B. 4　　　　　C. 6　　　　　D. 8

④ 居住建筑地下空间开发利用指标为 R_r,当 $R_r \geqslant 25\%$ 时,得分为(　　)。
　　A. 2　　　　　B. 4　　　　　C. 6　　　　　D. 8

⑤ 填空题。
结合某 A 小区总平图经济指标,可知本项目地下建筑面积为 20217m²,地上建筑面积为　　　　m²。经计算,本项目地下建筑面积与地上建筑面积之比 R_r 为　　　　,计算过程如下。
R_r = _____

_____

综上所述,参照《绿色建筑评价标准》(GB/T 50378—2019)4.2 节"评分项"第 7.2.1 条"合理开发利用地下空间",可得 _____ 分。

(4) 地下空间开发利用指标计算及评价(二)。
评价依据:《绿色建筑评价标准》(GB/T 50378—2019)4.2 节"评分项"第 7.2.1 条规定"合理开发利用地下空间"。
评分细则:参照公共建筑地下空间开发利用评分规则(表 2-31-3)。

表 2-31-3　地下空间开发利用指标评分规则

建筑类型	地下空间开发利用指标		得分
住宅建筑	地下建筑面积与总用地面积之比 R_r 地下一层建筑面积与总用地面积的比率 R_P	$5\% \leqslant R_r < 20\%$	5
		$R_r \geqslant 20\%$	7
		$R_r \geqslant 35\%$ 且 $R_P < 60\%$	12
公共建筑	地下建筑面积与总用地面积之比 R_{P1} 地下一层建筑面积与总用地面积的比率 R_P	$R_{P1} \geqslant 0.5$	5
		$R_{P1} \geqslant 0.7$ 且 $R_P < 70\%$	7
		$R_{P1} \geqslant 1.0$ 且 $R_P < 60\%$	12

某城市综合体建筑位于城市中心区域,该项目地上部分 T1 办公为 200m 超高层甲级办公综合楼,T2 办公为 100m 高层甲级办公综合楼,T3 办公为 100m 高层综合楼,裙房五层为商业餐饮部分;该项目地下部分为三层小型车车库、部分地下商业及设备用房,每层地下室建筑面积均为 17766.54m²。其主要经济技术指标如表 2-31-4 所示。

表 2-31-4 主要经济技术指标

序号	名　称	单位	数　量
1	总用地面积	m²	23100.00
2	总建筑面积	m²	259463.08
2.1	地上总建筑面积	m²	206163.46
其中	商业建筑面积	m²	28290.00
	T1 办公建筑面积	m²	104602.46
	T2 办公建筑面积	m²	34430.00
	T3 公寓式办公建筑面积	m²	37241.00
	物管用房	m²	1100.00
	社区用房	m²	500.00
2.2	地下总建筑面积	m²	53299.62
其中	地下商业建筑面积(计容)	m²	2290.72
	地下车库及设备用房建筑面积	m²	51008.90

根据评价细则(表 2-31-3)及主要经济技术指标(表 2-31-4),对该项目的地下空间开发利用进行评价,并完成以下内容。

① 公共建筑地下空间开发利用指标 R_{P1} 为(　　)。
　　A. 地下建筑面积与总用地面积之比
　　B. 地下建筑面积与地上建筑面积之比
　　C. 地下建筑面积与地上地下总建筑面积之比
　　D. 地下一层建筑面积与总用地面积之比

② 公共建筑地下空间开发利用指标 R_{P2} 为(　　)。
　　A. 地下建筑面积与总用地面积之比
　　B. 地下建筑面积与地上建筑面积之比
　　C. 地下建筑面积与地上地下总建筑面积之比
　　D. 地下一层建筑面积与总用地面积之比

③ 若公共建筑地下空间开发利用指标 $R_{P1} \geqslant 0.5$,则得分为(　　)。
　　A. 0　　　　　　B. 3　　　　　　C. 4　　　　　　D. 6

④ 若公共建筑地下空间开发利用指标 $R_{P1} \geqslant 0.7$ 且 $R_{P2} < 0.7$,则得分为(　　)。
　　A. 0　　　　　　B. 3　　　　　　C. 4　　　　　　D. 6

⑤ 若公共建筑地下空间开发利用指标 $R_{P1} < 0.5$,则得分为(　　)。
　　A. 0　　　　　　B. 3　　　　　　C. 4　　　　　　D. 6

⑥ 计算题。结合技术经济指标,可知本项目总用地面积为_____ m²,地下建筑面积为_____ m²,地下一层建筑面积为_____ m²。经计算,本项目地下建筑面积与总用地面积之比 R_{P1} 为_____,地下一层建筑面积与总用地面积之比 R_{P2} 为_____%,计算过程如下:

$R_{P1}=$ _____

$R_{P2}=$ _____

综上所述,参照《绿色建筑评价标准》(GB/T 50378—2019)4.2 节"评分项"第 4.2.3 条 "合理开发利用地下空间",可得_____分。

(5) 居住建筑窗地比计算及评价。根据给定的湖南某住宅户型标准层平面图及数据(图 2-31-3,扫描实训指导二维码,详见相关素材),完成居住建筑窗地比的计算与评价。参考《绿色建筑评价标准》(GB/T 50378—2019)8.2 节"评分项"第 8.2.6 条,主要功能房间的采光系数应满足现行国家标准《建筑采光设计标准》(GB 50033—2013)的要求,评价总分值为 8 分,其中居住建筑中卧室、起居室的窗地面积比达到 1/6 得 6 分,达到 1/5 得 8 分。

① 居住建筑的主要功能房间不包括(　　)。
　　A. 起居室　　　B. 主卧　　　C. 卫生间　　　D. 次卧

② 卧室、起居室的采光等级为(　　)。
　　A. Ⅰ　　　　　B. Ⅱ　　　　　C. Ⅲ　　　　　D. Ⅳ

③ 卧室、起居室侧面采光时,窗地面积比为(　　)。
　　A. 1/3　　　　B. 1/4　　　　C. 1/5　　　　D. 1/6

④ 湖南长沙地区的光气候系数 K 值为(　　)。
　　A. 0.9　　　　B. 1.0　　　　C. 1.1　　　　D. 1.2

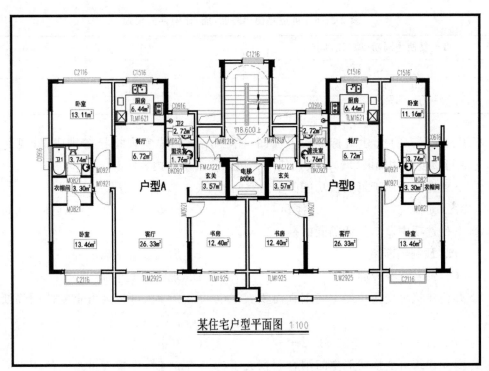

图 2-31-3　某住宅户型标准层平面图

⑤ 本项目主要功能房间的最不利窗地比的功能房间是(　　)。
　　A. A 户起居室　　　　　　　　B. B 户起居室
　　C. A 户卧室(北向)　　　　　　D. B 户卧室(北向)

⑥ 填空题。根据给定的某住宅户型标准层平面图(图 2-31-3,扫描实训指导二维码,详见相关素材),完成主要功能用房窗地面积比计算表(表 2-31-5)内容。

表 2-31-5 主要功能用房窗地面积比计算表

户型	房间类型	采光类型	窗户编号	窗面积 A_c/m^2	地面积 A_d/m^2	窗地比 A_c/A_d
A 户型	A 户起居室					
	A 户卧室(北向)					
	A 户卧室(南向)					
B 户型	B 户起居室					
	B 户卧室(北向)					
	B 户卧室(南向)					

本项目位于_____,属于_____气候区,K 值为_____,因而本项目窗地比比例达到_____得 6 分,达到_____得 8 分。

(6) 可重复使用隔墙比例计算及评价。参照《绿色建筑评价标准》(GB/T 50378—2019)7.2 节"评分项"第 7.2.4 条,公共建筑中可变换功能的室内空间采用可重复使用的隔断(墙),评价总分值为 5 分,可重复使用隔断(墙)比例评分规则如表 2-31-6 所示。该评分规则主要针对办公楼、商店等具有可变换功能空间的建筑类型进行评价。

表 2-31-6 可重复使用隔断(墙)比例评分规则

可重复使用隔断(墙)比例 R_{rP}	得分
$30\% \leqslant R_{rP} < 50\%$	3
$50\% \leqslant R_{rP} < 80\%$	4
$R_{rP} \geqslant 80\%$	5

根据给定的某办公建筑标准层平面图(图 2-31-4,扫描实训指导二维码,详见相关素材),完成可重复使用隔断(墙)的设计使用比例计算书中的内容。

① 下列选项中属于可变换功能的室内空间的是(   )。
  A. 走廊   B. 楼梯   C. 设备机房   D. 办公空间
② 下列选项中属于灵活隔断的是(   )。
  A. 预制隔断墙   B. 加气混凝土砌块墙
  C. 页岩空心砖墙   D. 现浇混凝土墙
③ 办公建筑可变换功能空间围合面积大于(   )m^2 时,可视为可重复使用隔断围合面积。
  A. 100   B. 200   C. 300   D. 500
④ 商业建筑可变换功能空间围合面积大于(   )m^2 时,可视为可重复使用隔断围合面积。
  A. 100   B. 200   C. 300   D. 500
⑤ 下列选项中不属于具有可变化功能空间的建筑类型的是(   )。
  A. 办公楼   B. 教学楼   C. 图书馆   D. 博物馆

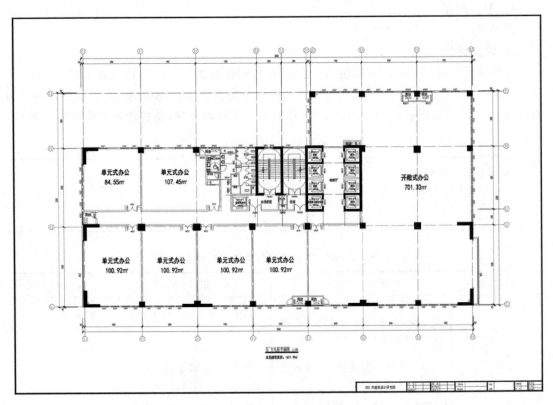

图 2-31-4 某办公建筑标准层平面图

⑥ 填空题。本项目为_____建筑。本项目中可变换功能空间为_____ m²,不可变换功能空间为_____ m²。根据上述信息,完成可重复使用隔断(墙)的设计使用比例表(表 2-31-7)内容。

表 2-31-7 可重复使用隔断(墙)的设计使用比例表

楼　　层	标准层
可设置灵活隔断空间面积/m²	
可变换功能空间面积/m²	
可重复使用隔断(墙)比例/%	

2. 实施条件

实施条件如表 2-31-8 所示。

表 2-31-8 实施条件

实施条件内容	基本实施条件	备　注
实训场地	准备一间普通教室,每名学生一套课桌椅	必备
资料	每名学生一套考核文字资料	按需配备
材料、工具	每名学生自备一套答题工具和草稿纸	按需配备
考评教师	要求由具备至少三年以上教学经验的专业教师担任	必备

3. 考核时量

三小时。

4. 评分细则

考核项目的评价（表 2-31-9）包括职业素养与操作规范（表 2-31-10）、作品（表 2-31-11）两个方面，总分为 100 分。其中，职业素养与操作规范占该项目总分的 20%，作品占该项目总分的 80%。只有职业素养与操作规范、作品两项考核均合格，总成绩才能评定为合格。

表 2-31-9　评分总表

职业素养与操作规范得分 （权重系数 0.2）	作品得分 （权重系数 0.8）	总分

表 2-31-10　职业素养与操作规范评分表

考核内容	评分标准	扣分标准	标准分	得分
职业素养与操作规范	检查考核内容，给定的图纸是否清楚，作图尺规工具是否干净整洁，做好考核前的准备工作	没有检查记 0 分，少检查一项扣 5 分	20	
	图纸作业完整无损坏，考核成果纸面整洁无污物	图纸作业损坏扣 10 分，考试成果纸面有污物扣 10 分	20	
	严格遵守实训场地纪律，有环境保护意识	有违反实训场地纪律行为扣 10 分，没有环境保护意识、乱扔纸屑扣 10 分	20	
	不浪费材料，不损坏考核工具及设施	浪费材料、损坏考核工具及设施各扣 10 分	20	
	任务完成后，整齐摆放图纸、工具书、记录工具、凳子等，整理工作台面	任务完成后，没有整齐摆放图纸、工具书、记录工具扣 10 分；没有清理场地，没有摆好凳子、整理工作台面扣 10 分	20	
总　分			100	

表 2-31-11　作品评分表

序号	考核内容	评分标准	扣分标准	标准分	得分
1	人均居住用地面积指标计算及评价（一）	选择题总分 3 分，填空题总分 12 分	选择题做错一道扣 1 分，填空题做错一空扣 1 分，计算过程错误扣 5 分	15	
2	人均居住用地面积指标计算及评价（二）	选择题总分 5 分，填空题总分 10 分	选择题做错一道扣 1，填空题做错一空扣 1 分	15	
3	地下空间开发利用指标计算及评价（一）	选择题总分 4 分，填空题总分 11 分	选择题做错一道扣 1 分，填空题做错一空扣 2 分，计算过程错误扣 4 分	15	

续表

序号	考核内容	评分标准	扣分标准	标准分	得分
4	地下空间开发利用指标计算及评价(二)	选择题总分5分,填空题总分10分	选择题做错一道扣1分,填空题做错一空扣1分,计算过程错误扣4分	15	
5	居住建筑窗地比计算及评价	选择题总分5分,填空题总分15分	选择题做错一道扣1分,空题做错一空扣1分	20	
6	可重复使用隔墙比例计算及评价	选择题总分5分,填空题总分15分	选择题做错一道扣1分,空题做错一空扣2分	20	
	总　分			100	

注：作品没有完成总工作量的60%以上,作品评分记0分。

技能项目8　建筑项目前期报建及设计业务管理资料编制

"建筑项目前期报建及设计业务管理资料编制"技能考核标准			
\multicolumn{4}{l|}{该项目要求学生熟悉建筑项目前期报建及设计业务管理的工作流程,熟悉注册建筑师管理条例及建筑师终身负责制的工作要求,掌握辅助建筑师进行建筑项目前期报建及设计业务管理相关专业资料的编制技能。熟悉建筑设计文件汇编深度规定要求,能根据给定项目任务要求及设计图纸条件,运用CAD、天正软件编制建筑方案报建文件。能根据给定任务项目及其报建、施工图设计资料,熟练填写资料质检审核单,辅助建筑师完成建筑项目前期报建及建筑设计业务管理资料编制工作,掌握运用CAD、天正软件编制相关资料的技能}			
技能要求	\multicolumn{3}{l	}{(1)熟练掌握CAD、天正等专业软件应用于建筑项目前期报建文件汇编的操作技能。 (2)能根据给定建筑设计方案图进行前期报建文件编制。 (3)掌握辅助建筑师填写业务管理资料质检审核单的技能。 (4)能根据给定任务项目及其报建、施工图设计资料,辅助建筑师完成建筑项目前期报建及建筑设计业务管理资料编制工作}
职业素养要求	\multicolumn{3}{l	}{符合建筑师助理岗位的基本素养要求,体现良好的工作习惯。能清查给定的资料是否齐全完整,检查计算机CAD、天正软件运行是否正常,图纸作业应字迹工整、填写规范,操作完毕后图纸、工具书籍正确归位,不损坏考核工具、资料及设施,有良好的环境保护意识}

考核评价标准

"建筑项目前期报建技术设计文件编制"技能项目考核评价标准如下。

评价内容	配分	考核点	备注
职业素养与操作规范(20分)	4	检查给定的资料是否齐全,检查计算机运行是否正常,检查软件运行是否正常,做好考核前的准备工作,少检查一项扣1分	出现明显失误造成计算机或软件、图纸、工具书和记录工具严重损坏等,严重违反考场纪律,造成恶劣影响的本大项记0分
	4	图纸作业应图层清晰、取名规范,不规范一处扣1分	
	4	严格遵守实训场地纪律,有环境保护意识,违反一次扣1~2分(具体评分细则详见实训任务职业素养与操作规范评分表)	
	4	不浪费材料,不损坏考试工具及设施,浪费损坏一处扣2分	
	4	任务完成后,整齐摆放图纸、工具书、记录工具、凳子等,整理工作台面,未整洁一处扣2分	

续表

评价内容		配分	考核点	备注
考核评价标准	作品(80分)			
	图纸内容完整，提交规范	16	完成整套建筑施工图的整理汇编及补绘工作，并正确提交PDF文件；绘图质量达到要求，内容表达完整，图纸布局合理，每错一处扣0.8~4分（具体评分细则详见实训任务作品评分表）	没有完成总工作量的60%以上，作品评分记0分
	方案报建图定位准确，表达正确	48	熟练规范表达建筑施工图设计文件编制顺序，图纸布局及文件封面设置规范完整，图纸内容补充完整，每错一处扣0.8~4分（具体评分细则详见实训任务作品评分表）	
	方案报建图出图、比例及线型表达正确	16	根据建筑制图国家标准，在CAD文件中按出图要求正确设置图纸比例，准确设置出图线型，立面填充淡显设置及图名标注、文字备注规范，每错一处扣0.8分（具体评分细则详见实训任务作品评分表）	

实训任务 2-32　建筑项目前期报建技术设计文件编制

1. 任务描述

请对给定的住宅建筑方案报建图（扫描实训指导二维码，详见相关素材）进行识读，按照方案报建图的编制及深度要求，运用天正建筑软件，在给定的CAD文件中完成整套方案报建图纸的汇编工作，包括封面、目录、说明及所有给定的施工图、设计图示等，新建一个CAD文件，以"工位号+方案报建图"为文件名完成整套方案报建图汇编，采用规范比例及线型完成布局出图。将每张方案报建图输出为PDF文件，以"工位号+图纸序号"命名，按照编号顺序整理提交。

本实训任务图纸下载

建筑报建图文件汇编技术条件如下。

（1）本工程为湖南荣宏房地产开发有限公司投资建设的湘乡缇香名苑5♯楼，总建筑面积为78312.30m^2，设计单位为湖南城建职业技术学院。本套方案报建图出图日期为2019年8月，设计编号为2019-08。

（2）完善图纸内容：首层添加指北针及楼栋落位图。

（3）依据给定的图框模板，按规范比例布局图框、图签及图纸内容。工程主持人为龚某，专业负责人为龙某，设计制图为龙某，核对为李某，审定人为龚某。

2. 实施条件

实施条件如表2-32-1所示。

表 2-32-1 实施条件

实施条件内容	基本实施条件	备注
实训场地	准备一间计算机教室。按考核人数,每人须配备一台装有相应考核软件(CAD、天正建筑软件)的计算机	必备
材料、工具	每名学生自备一套绘图工具(橡皮、铅笔、黑色钢笔等),考场统一配备草稿纸	按需配备
考评教师	要求由具备至少三年以上教学经验的专业教师担任	必备

3. 考核时量

三小时。

4. 评分细则

考核项目的评价(表 2-32-2)包括职业素养与操作规范(表 2-32-3)、作品(表 2-32-4)两个方面,总分为 100 分。其中,职业素养与操作规范占该项目总分的 20%,作品占该项目总分的 80%。只有职业素养与操作规范、作品两项考核均合格,总成绩才能评定为合格。

表 2-32-2 评分总表

职业素养与操作规范得分 (权重系数 0.2)	作品得分 (权重系数 0.8)	总分

表 2-32-3 职业素养与操作规范评分表

考核内容	评分标准	扣分标准	标准分	得分
职业素养与操作规范	检查给定的资料是否齐全,检查计算机运行是否正常,检查软件运行是否正常,做好考核前的准备工作	没有检查记 0 分,少检查一项扣 5 分,扣完标准分为止	20	
	图纸作业应图层清晰、取名规范	图层分类不规范扣 5 分,名称不规范扣 5 分,扣完标准分为止	20	
	严格遵守实训场地纪律,有环境保护意识	有违反实训场地纪律行为扣 10 分,没有环境保护意识、乱扔纸屑各扣 5 分	20	
	不浪费材料,不损坏考核工具及设施	浪费材料、损坏考核工具及设施各扣 10 分	20	
	任务完成后,整齐摆放图纸、工具书、记录工具、凳子等,整理工作台面	任务完成后,没有整齐摆放图纸、工具书、记录工具扣 10 分;没有清理场地,没有摆好凳子、整理工作台面扣 10 分	20	
总 分			100	

表 2-32-4　作品评分表

序号	考核内容		评分标准	扣分标准	标准分	得分
1	图纸内容完整，提交规范(20分)		完成整套图纸的整理汇编及补绘工作，并正确输出PDF文件	汇编过程不完整、成果未按要求提交各扣5分	10	
			绘图质量达到要求，内容表达完整，图纸布局合理	图纸布局不合理一处扣1分，扣完标准分为止	10	
2	方案报建图定位准确，表达正确(60分)	按顺序汇编文件(20分)	根据提供的目录模板正确编制目录	内容不完整，缺一项扣1分；格式错误一处扣1分，扣完标准分为止	10	
			依据建筑专业施工图编制要求，正确排列图纸顺序并编号	图纸排序错误一处扣1分，扣完标准分为止	10	
		图纸布局(12分)	依据图纸内容及出图比例要求正确选择图幅大小	图幅选择错误一处扣1分，扣完标准分为止	4	
			依据出图比例要求正确设置插入图框的比例	CAD文件中图框缩放比例错误一处扣1分，扣完标准分为止	4	
			依据方案报建图制图要求正确编制图签内容	图签错误一处扣1分，扣完标准分为止	4	
		封面(18分)	项目名称	工程项目名称未表达或表达错误扣3分，排版位置不合理扣1分	3	
			设计单位名称	设计单位名称未表达或表达错误扣3分，排版位置不合理扣1分	3	
			设计编号	设计编号未表达或表达错误扣3分，排版位置不合理扣1分	3	
			设计阶段	设计阶段未表达或表达错误扣3分，排版位置不合理扣1分	3	
			编制工程主持人和项目负责人、设计制图、核对及审定人的姓名	未表达或表达错误扣3分，排版位置不合理扣1分	3	
			设计日期	未表达或表达错误扣3分，排版位置不合理扣1分	3	
		图纸内容补充(10分)	依据总图在首层平面图中正确绘制指北针	未表达或表达错误扣3分，排版位置不合理扣1分	5	
			依据总图建筑编号，在首层平面图左下角绘制楼栋落位图	楼栋落位错误扣5分，缺少落位扣5分	5	
3	方案报建图出图、比例及线型表达正确(20分)		在CAD文件中，按各图出图要求正确设置图纸比例	CAD文件中各图标注、填充等比例设置与出图比例不相符每一处扣1分，扣完标准分为止	5	
			根据建筑制图国家标准，准确设置出图线型	线型及粗细设置错误一处扣1分，扣完标准分为止	5	

续表

序号	考核内容	评分标准	扣分标准	标准分	得分
3	方案报建图出图、比例及线型表达正确(20分)	立面填充淡显设置	立面填充比例不合理一处扣1分,未淡显一处扣1分,扣完标准分为止	5	
		图名标注,文字备注	各图图名未标注或错误一处扣1分,需备注文字处未标注或错误标注一处扣1分,扣完标准分为止	5	
总 分				100	

注：作品没有完成总工作量的60%以上,作品评分记0分。

模块3　岗位拓展技能考核实训

技能项目1　居住建筑综合技术应用设计

<table>
<tr><td colspan="4" align="center">"居住建筑综合技术应用设计"技能考核标准</td></tr>
<tr><td colspan="4">　　该项目要求学生熟悉掌握建筑制图国家标准,掌握《建筑工程设计文件编制深度规定》等规范规定要求,熟悉并正确运用建筑专业绘图CAD、天正、Photoshop软件和绘图方法,综合运用居住建筑构造设计、结构选型、设备布置、装配式建筑标准化技术深化设计的基本方法,掌握居住建筑综合技术应用设计技能;掌握居住建筑方案优化设计的综合技能,能根据给定的居住建筑平面图条件及优化设计要求,识读并检验出图中设计不合理的地方,对平面布置方案进行优化设计、结构及设备布置、装配式建筑标准化布置设计,对居住建筑进行较复杂剖面技术设计,运用岗位拓展综合技能完成建筑设计图绘制</td></tr>
<tr><td>技能要求</td><td colspan="3">(1) 能正确识读装配式居住建筑设计图纸。
(2) 能运用CAD、天正等专业软件进行综合技术设计。
(3) 能根据给定项目条件进行居住建筑结构选型布置、设备布置综合技术设计与表达。
(4) 能根据给定项目条件专业分析居住建筑平面设计的合理规范性。
(5) 能根据给定项目条件进行居住建筑平面综合优化及装配式建筑标准化布置设计与表达。
(6) 能根据给定项目条件进行居住建筑较复杂剖面技术设计与表达。
(7) 能运用专业绘图软件Photoshop完成优化的彩色平面表达</td></tr>
<tr><td>职业素养要求</td><td colspan="3">符合建筑师助理初始岗位向助理建筑师发展岗位拓展的基本职业素养要求,体现良好的工作习惯。检查计算机及CAD、天正及Photoshop等专业绘图软件运行是否正常。清查图纸是否齐全,文字、图表表达应字迹工整、填写规范,建筑线条、尺寸标注、文字书写应工整规范。专业识图及设计分析思路清晰,制图程序准确,工具操作得当,不浪费材料。考核完毕后,图纸、工具书籍正确归位,不损坏考核工具、资料及设施,有良好的环境保护意识</td></tr>
<tr><td rowspan="6">考核评价标准</td><td colspan="3">"居住建筑平面优化综合技术应用设计"技能项目考核评价标准如下。</td></tr>
<tr><td>评价内容</td><td>配分</td><td>考　核　点</td><td>备　注</td></tr>
<tr><td rowspan="5">职业素养与操作规范(20分)</td><td>4</td><td>检查给定的资料是否齐全,检查计算机运行是否正常,检查软件运行是否正常,做好考核前的准备工作,少检查一项扣1分</td><td rowspan="5">出现明显失误造成计算机或软件、图纸、工具书和记录工具严重损坏等,严重违反考场纪律,造成恶劣影响的本大项记0分</td></tr>
<tr><td>4</td><td>图纸作业应图层清晰、取名规范,不规范一处扣1分</td></tr>
<tr><td>4</td><td>严格遵守实训场地纪律,有环境保护意识,违反一次扣1~2分(具体评分细则详见实训任务职业素养与操作规范评分表)</td></tr>
<tr><td>4</td><td>不浪费材料,不损坏考试工具及设施,浪费损坏一处扣2分</td></tr>
<tr><td>4</td><td>任务完成后,整齐摆放图纸、工具书、记录工具、凳子等,整理工作台面,未整洁一处扣2分</td></tr>
</table>

续表

<table>
<tr><th colspan="2">评价内容</th><th>配分</th><th>考核点</th><th>备注</th></tr>
<tr><td rowspan="3">作品
(80分)</td><td>方案分析,指出设计错误</td><td>16</td><td>指出本设计中出现的几处规范性错误,在CAD中标识出,并以文字描述其主要问题,每错一处扣0.8~3.2分(具体评分细则详见实训任务作品评分表)</td><td rowspan="3">没有完成总工作量的60%以上,作品评分记0分</td></tr>
<tr><td>方案优化设计,深化方案表达</td><td>40</td><td>对应方案中存在的问题,完成方案(含平面修正、家具、结构布置、设备布置、装配式等)优化设计,按制图要求完成专业软件的成果绘制。完善方案图深度图纸表达,优化各功能空间布置(含家具、结构、设备、装配式标准化)等设计。每错一处扣0.4~6.4分(具体评分细则详见实训任务作品评分表)</td></tr>
<tr><td>方案图深化表达正确,图纸布置合理,完成度高</td><td>24</td><td>方案图出图、比例、线型及Photoshop彩色表达正确,图纸布置合理,每错一处扣0.8~4分(具体评分细则详见实训任务作品评分表)</td></tr>
</table>

"居住建筑剖面综合技术应用设计"技能项目考核评价标准如下。

<table>
<tr><th colspan="2">评价内容</th><th>配分</th><th>考核点</th><th>备注</th></tr>
<tr><td rowspan="4">职业素养与操作规范(20分)</td><td></td><td>4</td><td>检查给定的资料是否齐全,检查计算机运行是否正常,检查软件运行是否正常,做好考核前的准备工作,少检查一项扣1分</td><td rowspan="4">未准备绘图工具及绘图纸,严重违反考场纪律,造成恶劣影响的本大项记0分</td></tr>
<tr><td></td><td>4</td><td>图纸作业应图层清晰、取名规范,不规范一处扣1分</td></tr>
<tr><td></td><td>4</td><td>严格遵守实训场地纪律,有环境保护意识,违反一次扣1~2分(具体评分细则详见实训任务职业素养与操作规范评分表)</td></tr>
<tr><td></td><td>4</td><td>不浪费材料,不损坏考试工具及设施,浪费损坏一处扣2分</td></tr>
<tr><td colspan="2"></td><td>4</td><td>任务完成后,整齐摆放图纸、工具书、记录工具、凳子等,整理工作台面,未整洁一处扣2分</td><td></td></tr>
<tr><td rowspan="4">作品
(80分)</td><td>绘图步骤清晰,图纸布置合理</td><td>16</td><td>正确运用基本绘图工具,绘图步骤合理,线型、图例、比例等符合建筑制图技术规定,每错一处扣4~8分(具体评分细则详见实训任务作品评分表)</td><td rowspan="4">没有完成总工作量的60%以上,作品评分记0分</td></tr>
<tr><td>施工图定位准确,表达正确</td><td>32</td><td>熟练掌握建筑施工图的表达方式,尺寸标注准确,轴号标注准确,图例表达准确,每错一处扣0.8分(具体评分细则详见实训任务作品评分表)</td></tr>
<tr><td>结构构件与条件图对应准确,表达正确</td><td>16</td><td>能识读结构专业梁、柱条件图,熟悉条件图与建筑剖面施工图协同设计工作步骤,并完整正确表达,每错一处扣0.8~1.6分(具体评分细则详见实训任务作品评分表)</td></tr>
<tr><td>施工图出图、比例及线型表达正确</td><td>16</td><td>在CAD文件中,按各图出图要求正确设置图纸比例;根据建筑制图国家标准准确设置出图线型;图名标注,文字备注,每错一处扣0.8分(具体评分细则详见实训任务作品评分表)</td></tr>
</table>

(考核评价标准)

实训任务 3-1　多层住宅建筑方案平面优化综合技术应用设计

1. 任务描述

对给定某多层住宅建筑方案平面图(图 3-1-1,扫描实训指导二维码,详见相关素材)进行专业分析,指出方案设计错误,运用专业软件和绘图工具完成方案修正、结构及设备布置的优化设计。

本实训任务图纸下载

(1) 方案分析及优化设计。

① 方案分析并指出错误:在 CAD 中对给定的多层住宅建筑方案平面图进行识读,在原图中以圆圈加序号(如①××处尺寸不足)的形式指出不符合相关规范要求之处,并提交 PDF 文件,文件命名为"班级+姓名+方案分析"。

② 方案优化及 CAD 图绘制:在 CAD 文件的空图框中绘制优化后平面图,要求修正原有错误,并按照建筑方案图的专业制图标准及深度要求,运用天正建筑软件完成方案平面 CAD 图绘制。

住宅建筑平面套型优化设计要求如下。

a. 优化过程中不能改变住宅建筑方案户型类型。

b. 平面设计必须符合现行《住宅建筑规范》《住宅设计规范》《建筑设计防火规范》《民用建筑设计标准》相关要求。

c. 考虑入户视线美观需求,不应户门正对任何卫生间门。

d. 家具布置合理,符合功能需求。已布置的家具与洁具如不合理,需进行修正优化。

e. 门窗位置及尺寸不合理处需进行修正优化。

③ 砖混结构布置优化设计:要求对给定的平面图合理布置构造柱,满足砖混结构布置设计要求。

④ 厨卫设备布置优化设计:合理布置厨房、卫生间的厨具、洁具设备。其中,厨房布置煤气灶、水槽、台面等,外卫布置盥洗盆、蹲式大便器及淋浴器,内卫布置盥洗盆、坐便器及浴缸,满足厨卫的厨具、洁具布置设计要求。

(2) 设计成果要求:按照建筑方案图的专业制图标准及深度要求,运用天正建筑软件,根据功能空间要求合理布置家具,完成标准层平面图方案图表达工作任务。要求采用 1∶100 比例完成出图布局,并提交 PDF 文件,文件命名为"工位号+优化方案"。

2. 实施条件

实施条件如表 3-1-1 所示。

表 3-1-1　实施条件

实施条件内容	基本实施条件	备注
实训场地	准备一间计算机教室。按考核人数,每人须配备一台装有相应考核软件(CAD、天正建筑软件)的计算机	必备
材料、工具	每名学生自备一套绘图工具(橡皮、铅笔、黑色钢笔等)、草稿纸	按需配备
考评教师	要求由具备至少三年以上教学经验的专业教师担任	必备

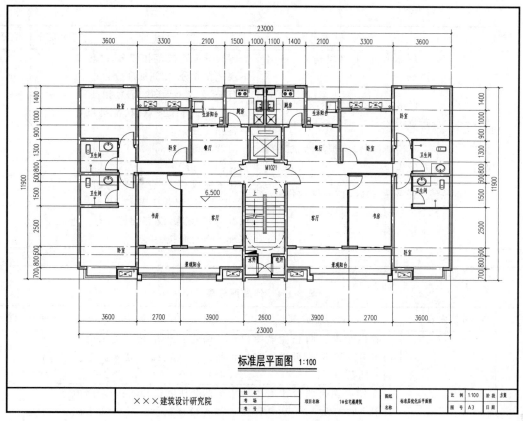

图 3-1-1　某多层住宅建筑方案平面图

3. 考核时量

三小时。

4. 评分细则

考核项目的评价(表 3-1-2)包括职业素养与操作规范(表 3-1-3)、作品(表 3-1-4)两个方面,总分为 100 分。其中,职业素养与操作规范占该项目总分的 20%,作品占该项目总分的 80%。只有职业素养与操作规范、作品两项考核均合格,总成绩才能评定为合格。

表 3-1-2　评分总表

职业素养与操作规范得分 (权重系数 0.2)	作品得分 (权重系数 0.8)	总分

表 3-1-3　职业素养与操作规范评分表

考核内容	评分标准	扣分标准	标准分	得分
职业素养与操作规范	检查给定的资料是否齐全,检查计算机运行是否正常,检查软件运行是否正常,做好考核前的准备工作	没有检查记 0 分,少检查一项扣 5 分,扣完标准分为止	20	

续表

考核内容	评分标准	扣分标准	标准分	得分
职业素养与操作规范	图纸作业应图层清晰、取名规范	图层分类不规范扣5分,名称不规范扣5分,扣完标准分为止	20	
	严格遵守考场纪律,有环境保护意识	有违反考场纪律行为扣10分,没有环境保护意识、乱扔纸屑各扣5分	20	
	不浪费材料,不损坏考试工具及设施	浪费材料、损坏考试工具及设施各扣10分	20	
	任务完成后,整齐摆放图纸、工具书、记录工具、凳子等,整理工作台面	任务完成后,没有整齐摆放图纸、工具书、记录工具扣10分;没有清理场地,没有摆好凳子、整理工作台面扣10分	20	
总 分			100	

表 3-1-4 作品评分表

序号	考核内容	评分标准	扣分标准	标准分	得分
1	方案分析,指出设计错误(20分)	在图中圈出两套住宅中户内走道净宽不足,并以文字注明本问题	两处走道错、漏一处未圈出扣1分,错、漏一处未文字注明扣1分	4	
		在图中圈出两套住宅中所有卫生间均无法采光,并以文字注明本问题	两套住宅错、漏一处未圈出扣1分,错、漏一处未文字注明扣1分	4	
		在图中圈出两套住宅中卧室不够集中,对走道及客厅影响大,并以文字注明本问题	两套住宅,每套住宅两处,错、漏一处未圈出扣1分,错、漏一处未文字注明扣1分	4	
		在图中圈出两套住宅中公共卫生间门正对户门,并以文字注明本问题	两套住宅错、漏一处未圈出扣1分,错、漏一处未文字注明扣1分	4	
		在图中圈出两套住宅中厨房洁具布置不合理,并以文字注明本问题	两套住宅错、漏一处未圈出扣1分,错、漏一处未文字注明扣1分	4	
2	方案优化设计,深化方案表达(50分)	在优化平面图中修改走道宽度,净宽1.0m以上	走道修改后,每出现一处宽度不正确扣1分,每出现一处未修改扣2分,扣完标准分为止	4	
		在优化平面图中,两间卫生间增设采光窗	修改后卫生间仍无法采光一处扣2分,此项未修改扣4分	4	
		面向走道集中开设卧室门	两套住宅共八处门需修改,每一处未修改扣0.5分	4	
		在优化平面图中,将公共卫生间门移至卧室前的小走道内,使卫生间门不正对户门	修改后户门仍正对卫生间门一处扣1分,未修改一处扣2分	4	

续表

序号	考核内容	评分标准	扣分标准	标准分	得分
2	方案优化设计,深化方案表达(50分)	依据功能用房使用要求合理布置基本家具	每一间功能用房未布置家具扣1分,每一间功能用房家具布置不合理扣0.5分,扣完标准分为止	4	
		正确布置构造柱的位置:建筑物的四角及转角处、楼梯间和电梯间四角、大房间内外墙交接处、较大洞口两侧	错标或缺标注一处扣1分,扣完标准分为止	15	
		合理布置厨房、卫生间的设备	两套住宅套型中,厨房煤气灶、水槽,卫生间盥洗盆、大小便器、淋浴器,每一处缺失或不合理扣1分,扣完标准分为止	15	
3	方案图深化表达正确,图纸布置合理,完成度高(30分)	在CAD文件中,按各图出图要求正确设置图纸比例	CAD文件中各图标注、填充等比例设置与出图比例不相符每一处扣1分,扣完标准分为止	10	
		根据建筑制图国家标准,准确设置出图线型	线型及粗细设置错误一处扣1分,扣完标准分为止	10	
		图名标注,图纸布置合理	各图图名未标注或错误扣5分,图纸布置不合理扣5分	10	
		总 分		100	

注:作品没有完成总工作量的60%以上,作品评分记0分。

实训任务 3-2　多层住宅套型设计方案平面优化综合技术应用设计

1. 任务描述

对给定的某多层住宅建筑套型设计方案平面图(图 3-2-1,扫描实训指导二维码,详见相关素材)进行专业辨识,指出方案设计错误,运用专业软件和绘图工具完成方案修正优化设计及方案彩色平面图表达。

本实训任务图纸下载

(1) 方案分析及优化设计。

① 方案分析并指出错误:在 CAD 中对给定的平面图进行识读,在原图中以圆圈加序号(如①××处尺寸不足)的形式指出不符合相关规范要求之处,并导出 PDF 文件,文件命名为"工位号+方案分析"。

② 方案优化及 CAD 图绘制:在 CAD 文件的空图框中绘制优化后平面图,要求修正原有错误,并按照建筑方案图的专业制图标准及深度要求,运用天正建筑软件完成方案平面 CAD 图绘制。

③ 住宅建筑平面套型优化设计要求如下。

a. 优化过程中,不能改变住宅建筑方案户型类型。

b. 平面设计必须符合现行《住宅建筑规范》《住宅设计规范》《建筑设计防火规范》《民用建筑设计标准》相关要求。

c. 每套住宅需两间卫生间,其中一间要求布置坐便器及浴缸。

d. 考虑入户视线美观需求,户门不应正对任何卫生间门。

e. 家具布置合理,符合功能需求。已布置的家具与洁具如不合理,需进行修正优化。

f. 门窗位置及尺寸不合理处需进行修正优化。

(2) CAD出图并完成彩色平面表达:根据提供的素材及功能空间要求合理布置家具,如套型相同,可只布置一套,完成彩色平面方案图。要求:采用1∶100比例,以"班级+姓名+优化设计方案彩图"为文件名设置为.jpg文件并保存提交。

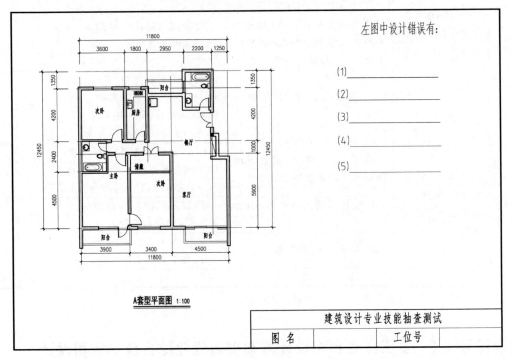

图3-2-1 某多层住宅建筑套型设计方案平面图

2. 实施条件

实施条件如表3-2-1所示。

表3-2-1 实施条件

实施条件内容	基本实施条件	备注
实训场地	准备一间计算机教室。按考核人数,每人须配备一台装有相应考核软件(CAD、天正建筑软件)的计算机	必备
材料、工具	每名学生自备一套绘图工具(橡皮、铅笔、黑色钢笔等)、草稿纸	按需配备
考评教师	要求由具备至少三年以上教学经验的专业教师担任	必备

3. 考核时量

三小时。

4. 评分细则

考核项目的评价(表3-2-2)包括职业素养与操作规范(表3-2-3)、作品(表3-2-4)两个方面,总分为100分。其中,职业素养与操作规范占该项目总分的20%,作品占该项目总分的

80%。只有职业素养与操作规范、作品两项考核均合格,总成绩才能评定为合格。

表 3-2-2　评分总表

职业素养与操作规范得分（权重系数 0.2）	作品得分（权重系数 0.8）	总分

表 3-2-3　职业素养与操作规范评分表

考核内容	评分标准	扣分标准	标准分	得分
职业素养与操作规范	检查给定的资料是否齐全,检查计算机运行是否正常,检查软件运行是否正常,做好考核前的准备工作	没有检查记 0 分,少检查一项扣 5 分,扣完标准分为止	20	
	图纸作业应图层清晰、取名规范	图层分类不规范扣 5 分,名称不规范扣 5 分,扣完标准分为止	20	
	严格遵守考场纪律,有环境保护意识	有违反考场纪律行为扣 10 分,没有环境保护意识、乱扔纸屑各扣 5 分	20	
	不浪费材料,不损坏考试工具及设施	浪费材料、损坏考试工具及设施各扣 10 分	20	
	任务完成后,整齐摆放图纸、工具书、记录工具、凳子等,整理工作台面	任务完成后,没有整齐摆放图纸、工具书、记录工具扣 10 分;没有清理场地,没有摆好凳子、整理工作台面扣 10 分	20	
总　分			100	

表 3-2-4　作品评分表

序号	考核内容	评分标准	扣分标准	标准分	得分
1	方案分析,指出设计错误(20 分)	在图中圈出住宅中户内走道净宽不足,并以文字注明本问题	未圈出,仅文字注明扣 2 分;仅圈出未注明扣 2 分;未圈出未注明扣 4 分	4	
		在图中圈出公共卫生间直接开向客厅,且太靠近入户门,并以文字注明本问题	未圈出,仅文字注明扣 2 分;仅圈出未注明扣 2 分;未圈出未注明扣 4 分	4	
		在图中圈出主卧卫生间未开窗也未设通风管井,并以文字注明本问题	未圈出,仅文字注明扣 2 分;仅圈出未注明扣 2 分;未圈出未注明扣 4 分	4	
		在图中圈出次卧室从主卧室穿越,并以文字注明本问题	未圈出,仅文字注明扣 2 分;仅圈出未注明扣 2 分;未圈出未注明扣 4 分	4	
		在图中圈出主卧卫生间门未开向主卧室,并以文字注明本问题	未圈出,仅文字注明扣 2 分;仅圈出未注明扣 2 分;未圈出未注明扣 4 分	4	

续表

序号	考核内容	评分标准	扣分标准	标准分	得分
2	方案优化设计,深化方案表达(50分)	在优化平面图中修改走道宽度,净宽1.0m以上	走道修改后净宽达1.1m,未修改扣8分,修改后大于1.2m扣3分	8	
		在优化平面图中,公共卫生间加前室	修改后公共卫生间仍直接开向客厅扣3分,未修改扣8分	8	
		在优化平面图中为主卧卫生间开窗或增设通风管井	未修改扣8分	8	
		在优化平面图中,次卧室门开向公共走道	修改后户门开设不合理扣3分,未修改扣8分	8	
		在图中圈出主卧卫生间门未开向主卧室,以文字注明本问题	修改后主卧卫生间门开设不合理扣3分,未修改扣8分	8	
3	方案图深化表达正确,图纸布置合理,完成度高(30分)	根据户型特征为各功能用房合理布置家具	一处布置不合理扣1分,扣完标准分为止	10	
		按出图要求,根据建筑制图国家标准,准确设置出图线型,正确设置图纸比例	CAD线稿中各图标注、填充等比例设置与出图比例不相符,每一处扣1分,扣完标准分为止;线型及粗细设置错误一处扣1分,扣完标准分为止	6	
		用Photoshop软件中的彩色表达每一间功能用房,按比例合理布置基本家具	每一间功能用房未布置家具扣2分,每一间功能用房家具布置不合理或比例不合适扣1分,扣完标准分为止	6	
		用Photoshop软件中的彩色表达合适的地面铺贴素材及拼贴比例,进行各功能空间填充	功能用房地面铺装填充材质或比例不合理扣1分,未填充扣2分,扣完标准分为止	6	
		用Photoshop软件中的彩色表达剪力墙、柱、砖墙、门窗、栏杆,色彩处理恰当	每一处未进行色彩处理扣2分,处理不恰当扣1分,扣完标准分为止	6	
		用Photoshop软件中的彩色表达完成度高,CAD线稿清晰,图纸布置合理,图名标注规范,按要求提交成果	各图图名未标注或错误扣2分,图纸布置不合理扣3分,扣完标准分为止	6	
		总 分		100	

注:作品没有完成总工作量的60%以上,作品评分记0分。

实训任务 3-3　农村住宅建筑平面优化综合技术应用设计

1. 任务描述

对给定的某低层农村住宅建筑方案平面图（图 3-3-1，扫描实训指导二维码，详见相关素材）进行分析，指出方案设计错误，运用专业软件和绘图工具完成装配式建筑方案优化设计及方案彩色平面图表达。

本实训任务图纸下载

（1）方案分析及优化设计。

① 方案分析并指出错误：在 CAD 中对给定的平面图进行识读，在原图中以圆圈加序号（如①××处尺寸不足）的形式指出不符合相关规范要求之处，并导出 PDF 文件，文件命名为"工位号＋方案分析"。

② 装配式建筑方案优化及 CAD 图绘制：在 CAD 文件的空图框中绘制优化后的平面图，要求修正原有错误，并按照建筑方案图的专业制图标准及深度要求，运用天正建筑软件完成方案平面 CAD 图绘制。

③ 住宅建筑平面套型优化设计要求。

a. 优化过程中注意卧室功能模块的标准化：统一三个卧室的开间、进深及门窗尺寸。平面优化可以自由组合模块化的卧室空间，但不能改变总尺寸和平面格局。

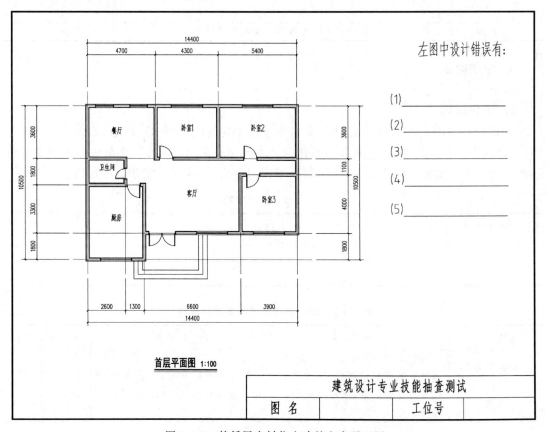

图 3-3-1　某低层农村住宅建筑方案平面图

b. 优化过程中不能改变住宅建筑方案户型类型。

c. 平面设计必须符合现行《住宅建筑规范》《住宅设计规范》《建筑设计防火规范》《民用建筑设计标准》相关要求。

d. 依据农村住宅使用需求合理布置家具、洁具。

e. 考虑入户视线美观需求，入户对景以实墙为宜。

f. 门窗位置及尺寸不合理处需进行修正优化。

g. 为主要功能用房增设空调室外机位。

(2) CAD出图并完成彩色平面表达：根据提供的素材及功能空间要求合理布置家具，完成彩色平面方案图。要求：采用1∶100比例，以"工位号＋优化设计方案彩图"为文件名设置为.jpg文件并保存提交。

2. 实施条件

实施条件如表3-3-1所示。

表 3-3-1 实施条件

实施条件内容	基本实施条件	备 注
实训场地	准备一间计算机教室。按考核人数，每人须配备一台装有相应考核软件(CAD、天正建筑软件)的计算机	必备
材料、工具	每名学生自备一套绘图工具(橡皮、铅笔、黑色钢笔等)、草稿纸	按需配备
考评教师	要求由具备至少三年以上教学经验的专业教师担任	必备

3. 考核时量

三小时。

4. 评分细则

考核项目的评价(表3-3-2)包括职业素养与操作规范(表3-3-3)、作品(表3-3-4)两个方面，总分为100分。其中，职业素养与操作规范占该项目总分的20%，作品占该项目总分的80%。只有职业素养与操作规范、作品两项考核均合格，总成绩才能评定为合格。

表 3-3-2 评分总表

职业素养与操作规范得分 (权重系数0.2)	作品得分 (权重系数0.8)	总分

表 3-3-3 职业素养与操作规范评分表

考核内容	评 分 标 准	扣 分 标 准	标准分	得分
职业素养与操作规范	检查给定的资料是否齐全，检查计算机运行是否正常，检查软件运行是否正常，做好考核前的准备工作	没有检查记0分，少检查一项扣5分，扣完标准分为止	20	

续表

考核内容	评分标准	扣分标准	标准分	得分
职业素养与操作规范	图纸作业应图层清晰、取名规范	图层分类不规范扣5分,名称不规范扣5分,扣完标准分为止	20	
	严格遵守考场纪律,有环境保护意识	有违反考场纪律行为扣10分,没有环境保护意识、乱扔纸屑各扣5分	20	
	不浪费材料,不损坏考试工具及设施	浪费材料、损坏考试工具及设施各扣10分	20	
	任务完成后,整齐摆放图纸、工具书、记录工具、凳子等,整理工作台面	任务完成后,没有整齐摆放图纸、工具书、记录工具扣10分;没有清理场地,没有摆好凳子、整理工作台面扣10分	20	
总 分			100	

表 3-3-4 作品评分表

序号	考核内容	评分标准	扣分标准	标准分	得分
1	方案分析,指出设计错误(20分)	指出走道净宽度不足,且造成空间浪费的问题	未圈出,仅文字注明扣2分;仅圈出未注明扣2分;未圈出未注明扣4分	4	
		指出卧室1房门正对入户大门的问题	未圈出,仅文字注明扣2分;仅圈出未注明扣2分;未圈出未注明扣4分	4	
		指出卧室2房门位置问题	未圈出,仅文字注明扣2分;仅圈出未注明扣2分;未圈出未注明扣4分	4	
		指出公共卫生间采光问题	未圈出,仅文字注明扣2分;仅圈出未注明扣2分;未圈出未注明扣4分	4	
		指出厨房占用好的朝向问题	未圈出,仅文字注明扣2分;仅圈出未注明扣2分;未圈出未注明扣4分	4	
2	方案优化设计,深化方案表达(50分)	卧室功能模块的标准化	三个卧室统一开间、进深尺寸,多一种尺寸扣2分;标准化设计的卧室其开间和进深尺寸应满足模数协调,一处不满足扣5分;改变了总尺寸或者平面格局扣5分	20	
		解决走道的问题	走道修改后净宽达1.1m,未修改扣3分,修改后大于1.2m扣1分	6	

续表

序号	考核内容	评分标准	扣分标准	标准分	得分
2	方案优化设计,深化方案表达(50分)	解决卧室1房门正对入户大门的问题	修改后户门正对面仍开设房间门扣1分,未修改扣3分	6	
		解决卧室2房门位置问题	修改后卧室房门仍处于墙中段,不利于家具布置扣1分,未修改2分	6	
		解决公共卫生间没有采光问题	修改后公共卫生间仍无法采光扣1分,未修改扣3分	6	
		解决厨房占用好的朝向问题	修改后厨房仍在南边扣2分,未修改扣4分	6	
3	方案图深化表达正确,图纸布置合理,完成度高(30分)	按出图要求,根据建筑制图国家标准,准确设置出图线型,正确设置图纸比例	CAD线稿中各图标注、填充等比例设置与出图比例不相符,每一处扣1分,扣完标准分为止;线型及粗细设置错误一处扣1分,扣完标准分为止	6	
		依据功能用房使用要求,按比例合理布置基本家具	用Photoshop软件彩色表达每一间功能用房,未布置家具扣2分,每一间功能用房家具布置不合理或比例不合适扣1分,扣完标准分为止	6	
		选择合适的地面铺贴素材及拼贴比例,进行各功能空间填充	用Photoshop软件彩色表达功能用房地面铺装,填充材质或比例不合理扣1分,未填充扣2分,扣完标准分为止	6	
		剪力墙、柱、砖墙、门窗、栏杆色彩处理恰当	用Photoshop软件进行彩色表达,每一处未进行色彩处理扣2分,处理不恰当扣1分,扣完标准分为止	6	
		彩图完成度高,CAD线稿清晰,图纸布置合理,图名标注规范,按要求提交成果	各图图名未标注或错误扣3分,图纸布置不合理扣3分	6	
		总 分		100	

注:作品没有完成总工作量的60%以上,作品评分记0分。

实训任务 3-4　宿舍建筑施工图剖面优化综合技术应用设计

1. 任务描述

根据给定的某宿舍建筑平面施工图(图 3-4-1)及结构梁、柱平法条件图(图 3-4-2),绘制 1—1 剖面图。剖面应正确表达所剖切位置的空间关系和结构、构造关系,并符合相关规范要求。

(1)技术要求。

① 层高:共六层,层高均为 3.3m,阳台结构板下沉 50mm。

本实训任务图纸下载

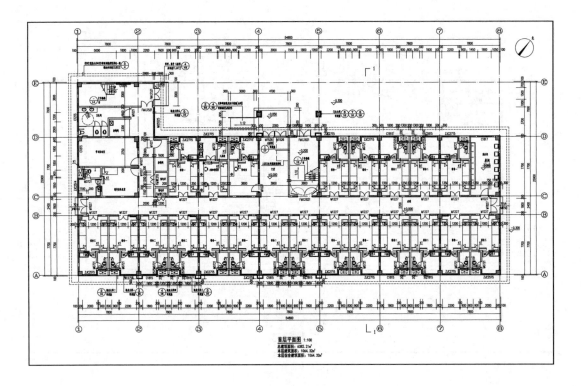

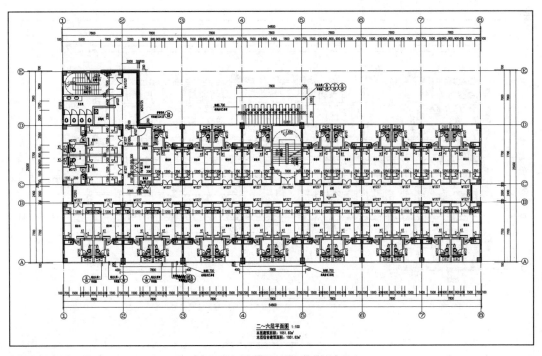

图 3-4-1 某宿舍建筑平面施工图

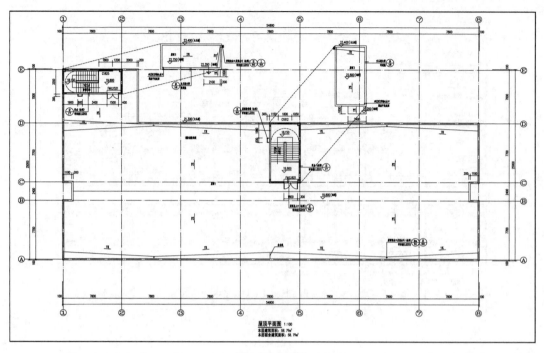

图 3-4-1（续）

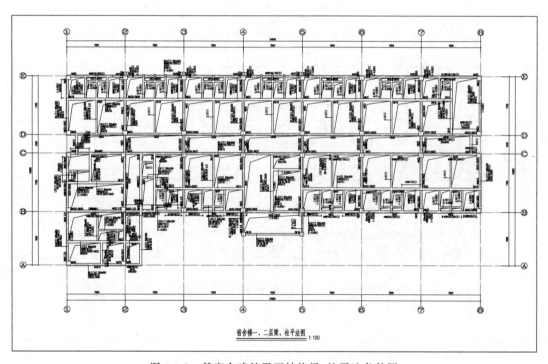

图 3-4-2　某宿舍建筑平面结构梁、柱平法条件图

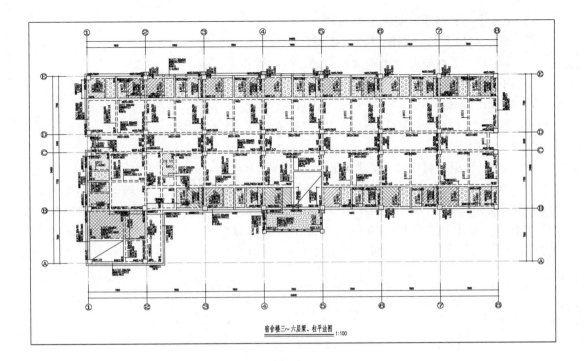

宿舍楼三~六层梁、柱平法图 1:100

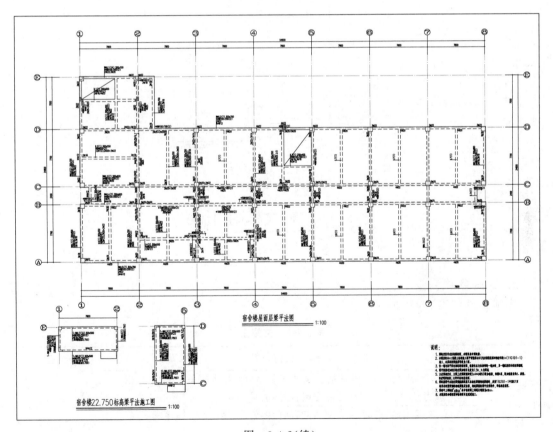

宿舍楼屋面层梁平法图 1:100

宿舍楼22.750标高梁平法施工图 1:100

图 3-4-2(续)

② 结构类型：钢筋混凝土框架结构。
③ 楼面：120厚现浇钢筋混凝土楼板。
④ 屋面：现浇钢筋混凝土屋面板，无天沟，详屋顶平面图。
⑤ 内、外墙：200厚混凝土轻质砌块。
⑥ 阳台栏杆具体做法详见栏杆大样图(图3-4-3)。
⑦ 梁、柱尺寸详结构图纸(图3-4-2)，包括首层梁、柱平法图、二～六层梁、柱平法图以及屋面梁、柱平法图。
⑧ 门窗：根据门窗编号辨识其高度。

(2) 成果要求：根据任务完成图纸绘制。按照建筑施工图的专业制图标准及深度要求，运用天正建筑软件，根据建筑平面施工图及结构梁、柱平法条件图，完成1—1剖面图设计工作任务。要求：采用1∶100比例完成出图布局，以"工位号＋建筑施工图"为文件名设置为PDF文件并保存提交(例图使用原文件A3打印)。

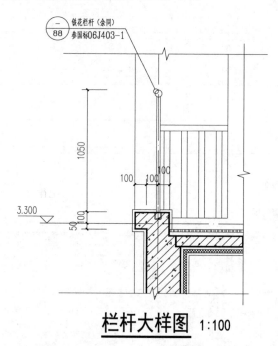

图3-4-3 栏杆大样图

2. 实施条件

实施条件如表3-4-1所示。

表3-4-1 实施条件

实施条件内容	基本实施条件	备 注
实训场地	准备一间计算机教室。按考核人数，每人须配备一台装有相应考核软件(CAD、天正建筑软件)的计算机	必备
材料、工具	每名学生自备一套绘图工具(橡皮、铅笔、黑色钢笔等)、草稿纸	按需配备
考评教师	要求由具备至少三年以上教学经验的专业教师担任	必备

3. 考核时量

三小时。

4. 评分细则

考核项目的评价(表 3-4-2)包括职业素养与操作规范(表 3-4-3)、作品(表 3-4-4)两个方面,总分为 100 分。其中,职业素养与操作规范占该项目总分的 20%,作品占该项目总分的 80%。只有职业素养与操作规范、作品两项考核均合格,总成绩才能评定为合格。

表 3-4-2 评分总表

职业素养与操作规范得分 (权重系数0.2)	作品得分 (权重系数0.8)	总分

表 3-4-3 职业素养与操作规范评分表

考核内容	评分标准	扣分标准	标准分	得分
职业素养与操作规范	检查给定的资料是否齐全,检查计算机运行是否正常,检查软件运行是否正常,做好考核前的准备工作	没有检查记0分,少检查一项扣5分,扣完标准分为止	20	
	图纸作业应图层清晰、取名规范	图层分类不规范扣5分,名称不规范扣5分,扣完标准分为止	20	
	严格遵守考场纪律,有环境保护意识	有违反考场纪律行为扣10分,没有环境保护意识、乱扔纸屑各扣5分	20	
	不浪费材料,不损坏考试工具及设施	浪费材料、损坏考试工具及设施各扣10分	20	
	任务完成后,整齐摆放图纸、工具书、记录工具、凳子等,整理工作台面	任务完成后,没有整齐摆放图纸、工具书、记录工具扣10分;没有清理场地,没有摆好凳子、整理工作台面扣10分	20	
总 分			100	

表 3-4-4 作品评分表

序号	考核内容	评分标准	扣分标准	标准分	得分
1	绘图步骤清晰,图纸布置合理(20分)	熟悉建筑专业施工图剖面图绘制工作步骤,并正确提交PDF文件	绘制过程不完整,成果未按要求提交,扣10分	10	
		绘图内容完整,布图合理	绘图内容不完整,布图不合理,各扣5分	10	

续表

序号	考核内容	评分标准	扣分标准	标准分	得分
2	施工图定位准确,表达正确(40分)	空间剖切关系正确(10分): 剖面图中空间关系与本工程平面图、立面图对应关系正确	错误一处扣1分,扣完标准分为止	5	
		剖面图与平面剖切位置相符	错误一处扣1分,扣完标准分为止	5	
		剖切空间构件表达完整、正确(20分): 依据项目相关技术要求,完整正确表达出剖切位置的墙体、梁、柱	错漏一处扣1分,扣完标准分为止	4	
		依据项目相关技术要求,完整正确表达出室外地面、底层地面、各层楼板	错漏一处扣1分,扣完标准分为止	4	
		依据项目相关技术要求,完整正确表达出屋顶、檐口、女儿墙	错漏一处扣1分,扣完标准分为止	3	
		依据项目相关技术要求,完整正确表达出门、窗、门窗过梁	错漏一处扣1分,扣完标准分为止	3	
		依据项目相关技术要求,完整正确表达出阳台地面下沉	错绘一处扣1分,扣完标准分为止	3	
		依据项目相关技术要求,完整正确表达出可见的门窗、柱、梁底线、构件投影线	错漏一处扣1分,扣完标准分为止	3	
		符号标注(10分): 正确表达墙、柱的轴线及轴线编号	错标或缺标注一道扣1分,扣完标准分为止	2	
		正确标注水平尺寸:总尺寸、进深尺寸	错漏一处扣1分,扣完标准分为止	2	
		正确标注外部高度尺寸:门、窗、洞口高度,层间高度,室内外高差,女儿墙高度,阳台栏杆高度,总高度	错漏一处扣1分,扣完标准分为止	2	
		正确标注内部高度尺寸:内窗、洞口等	错漏一处扣1分,扣完标准分为止	2	
		正确标注各处标高:主要建筑构造部件的标高,室内地面、楼面、屋面、女儿墙顶、室外地面标高	错标或缺标注一道扣1分,扣完标准分为止	2	
3	结构构件与条件图对应准确,表达正确(20分)	正确绘制剖面图中的可见柱,要求与结构图相对应,并标注尺寸	错漏一处扣2分,一处未标注尺寸扣1分,扣完标准分为止	10	
		正确绘制剖面图中的剖切梁及可见梁,要求与结构图相对应,并标注尺寸	错漏一处扣2分,一处未标注尺寸扣1分,扣完标准分为止	10	

续表

序号	考核内容	评分标准	扣分标准	标准分	得分
4	施工图出图、比例及线型表达正确(20分)	在CAD文件中,按各图出图要求正确设置图纸比例;根据建筑制图国家标准,准确设置出图线型;图名标注,文字备注	CAD文件中各图标注、填充等比例设置与出图比例不相符,每一处扣1分,扣完标准分为止	8	
			线型及粗细设置错误一处扣1分,扣完标准分为止	6	
			各图图名未标注或错误一处扣1分,需备注文字处未标注或错误标注一处扣1分,扣完标准分为止	6	
		总 分		100	

注:作品没有完成总工作量的60%以上,作品评分记0分。

技能项目2 中小型公共建筑综合技术应用设计

"中小型公共建筑综合技术应用设计"技能考核标准				
该项目为建筑师助理初始岗位向助理建筑师发展岗位拓展的技能考核项目,要求学生熟悉掌握建筑制图国家标准,掌握《建筑工程设计文件编制深度规定》等规范规定要求,熟悉并正确运用建筑专业绘图CAD、天正软件和绘图方法,综合运用建筑构造设计、结构选型设计等基本方法,掌握中小型公共建筑综合技术应用的设计技能,掌握建筑较复杂剖面设计的综合技能,能根据给定项目条件进行建筑结构选型布置及较复杂剖面构造综合技术设计				
技能要求	(1)能正确识读给定中小型公共建筑的较复杂技术设计图纸。 (2)能运用CAD、天正等专业软件进行综合技术设计。 (3)能根据给定项目条件对中小型公共建筑平面设计进行合理规范的结构选型布置技术设计。 (4)能根据给定项目条件进行中小型公共建筑结构选型布置及较复杂剖面构造综合技术设计。			
职业素养要求	符合建筑师助理初始岗位向助理建筑师发展岗位拓展的基本职业素养要求,体现良好的工作习惯。检查计算机及CAD、天正及Photoshop等专业绘图软件运行是否正常。清查图纸是否齐全,文字、图表表达应字迹工整、填写规范,建筑线条、尺寸标注、文字书写应工整规范。专业识图及设计分析思路清晰,制图程序准确,工具操作得当,不浪费材料。考核完毕后,图纸、工具书籍正确归位,不损坏考核工具、资料及设施,有良好的环境保护意识			
考核评价标准	"中小型公共建筑综合技术应用设计"技能项目考核评价标准如下。			
	评价内容	配分	考 核 点	备 注
	职业素养与操作规范(20分)	4	检查给定的资料是否齐全,检查计算机运行是否正常,检查软件运行是否正常,做好考核前的准备工作,少检查一项扣1分	出现明显失误造成计算机或软件、图纸、工具书和记录工具严重损坏等,严重违反考场纪律,造成恶劣影响的本大项记0分
		4	图纸作业应图层清晰、取名规范,不规范一处扣1分	
		4	严格遵守实训场地纪律,有环境保护意识,违反一次扣1~2分(具体评分细则详见实训任务职业素养与操作规范评分表)	
		4	不浪费材料,不损坏考试工具及设施,浪费损坏一处扣2分	
		4	任务完成后,整齐摆放图纸、工具书、记录工具、凳子等,整理工作台面,未整洁一处扣2分	

续表

评价内容		配分	考 核 点	备 注
考核评价标准	作品(80分)			
	识图题	12	准确识读给定项目图示,每错一处扣 0.8~4 分(具体评分细则详见实训任务作品评分表)	没有完成总工作量的 60%以上,作品评分记 0 分
	图纸内容按要求绘制完整	12	图示内容按要求表达完整,每错一处扣 0.8~4 分(具体评分细则详见实训任务作品评分表)	
	设计及图示表达正确,达到深度要求	48	熟练掌握建筑方案图的表达方式,尺寸标注准确,满足建筑工程设计文件编制深度规定,每错一处扣 0.8~4.8 分(具体评分细则详见实训任务作品评分表)	
	成果表达规范清晰	8	图层清晰规范、便于识读、取名规范;根据建筑制图国家标准,准确绘制线条线型和宽度,每错一处扣 1.6~2.4 分(具体评分细则详见实训任务作品评分表)	

实训任务 3-5 小型茶室剖面综合技术应用设计

1. 任务描述

根据提供的某公园临水茶室方案设计平面图(图 3-5-1)、屋顶体量图(图 3-5-2)及屋顶剖切参考图(图 3-5-3),运用专业软件及结构布置技术完成剖面技术及结构平面布置设计。

本实训任务图纸下载

(1)绘图题:依照建筑方案图的绘制深度要求,利用计算机 CAD 软件/天正软件完成剖面技术设计,将原文件以"小型公建剖面图+考生工位号"为文件名保存至考生文件夹中。按指定 1—1 剖切线位置绘制剖面图,剖面图应正确反映平面图所示关系并满足下列要求。

① 结构:钢筋混凝土框架结构、现浇钢筋混凝土楼板、屋面板、钢筋混凝土挡土墙、折板式悬臂楼梯。

② 楼面:120 厚现浇钢筋混凝土楼板。

③ 屋面:现浇钢筋混凝土斜屋面板,坡度 1/2,挑檐 1200(无天沟),屋面檐口标高为 2.400,三角形高窗处屋面出檐 600。

④ 内、外墙:200 厚。

⑤ 栏杆:高 1100。

⑥ 楼梯:现浇钢筋混凝土板式楼梯。

⑦ 梁:三角形高窗顶梁高 300,其他梁高为跨度的 1/12~1/8,梁宽为梁高的 1/3~1/2,且不小于 200。

⑧ 门窗:门高 2700,三角形高窗底标高 4.200。

⑨ 室内水池:240 厚现浇钢筋混凝土池壁,水深 600。

(2)选择题:请根据提供的某公园临水茶室方案设计平面图完成下列问题。

① 根据题中条件,该临水茶室屋脊(结构面)最高处标高为(   )m。

　　A. 6.000　　　　　　B. 5.600　　　　　　C. 5.500　　　　　　D. 5.000

② 根据推算,楼梯上部的屋脊最高处标高为(　　)m。

　　A. 4.100　　　　　　B. 4.200　　　　　　C. 4.225　　　　　　D. 4.500

③ 剖面图中,屋盖部分共剖到梁(　　)根。

　　A. 6　　　　　　　　B. 7　　　　　　　　C. 8　　　　　　　　D. 9

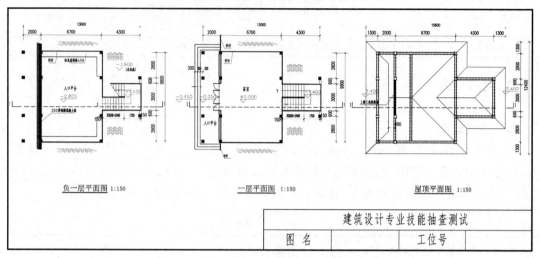

图 3-5-1　某公园临水茶室方案设计平面图

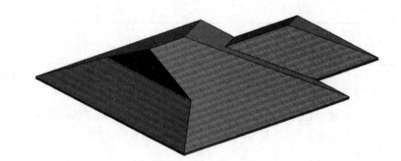

图 3-5-2　屋顶体量图

图 3-5-3　屋顶剖切参考图

2. 实施条件

实施条件如表 3-5-1 所示。

表 3-5-1　实施条件

实施条件内容	基本实施条件	备注
实训场地	准备一间计算机教室。按考核人数，每人须配备一台装有相应考核软件（CAD 或天正 2014 以上版本）的计算机	必备
材料、工具	每名学生自备一套绘图工具（橡皮、铅笔、黑色钢笔等）、草稿纸	按需配备
考评教师	要求由具备至少三年以上教学经验的专业教师担任	必备

3．考核时量

三小时。

4．评分细则

考核项目的评价（表 3-5-2）包括职业素养与操作规范（表 3-5-3）、作品（表 3-5-4）两个方面，总分为 100 分。其中，职业素养与操作规范占该项目总分的 20%，作品占该项目总分的 80%。只有职业素养与操作规范、作品两项考核均合格，总成绩才能评定为合格。

表 3-5-2　评分总表

职业素养与操作规范得分 （权重系数 0.2）	作品得分 （权重系数 0.8）	总分

表 3-5-3　职业素养与操作规范评分表

考核内容	评分标准	扣分标准	标准分	得分
职业素养与操作规范	检查给定的资料是否齐全，检查计算机运行是否正常，检查软件运行是否正常，做好考核前的准备工作	没有检查记 0 分，少检查一项扣 5 分，扣完标准分为止	20	
	图纸作业应图层清晰、取名规范	图层分类不规范扣 5 分，名称不规范扣 5 分，扣完标准分为止	20	
	严格遵守实训场地纪律，有环境保护意识	有违反实训场地纪律行为扣 10 分，没有环境保护意识、乱扔纸屑各扣 5 分	20	
	不浪费材料，不损坏考核工具及设施	浪费材料、损坏考核工具及设施各扣 10 分	20	
	任务完成后，整齐摆放图纸、工具书、记录工具、凳子等，整理工作台面	任务完成后，没有整齐摆放图纸、工具书、记录工具扣 10 分；没有清理场地，没有摆好凳子、整理工作台面扣 10 分	20	
总　分			100	

表 3-5-4 作品评分表

序号	考核内容	评分标准	扣分标准	标准分	得分
1	识图题(15分)	屋脊(结构面)最高处标高	错误扣5分	5	
		楼梯上部的屋脊最高处标高	错误扣5分	5	
		屋盖部分共剖到梁的根数	错误扣5分	5	
2	图纸内容按要求绘制完整(15分)	剖面图剖切构件、可见构件、尺寸标高标注均按要求表达完整	剖面图剖切构件、可见构件、尺寸标高标注未按要求完整表达各扣5分	15	
3	设计及图示表达正确,达到深度要求(60分)	屋面标高取值及表达正确	标高取值不正确扣2分,共3处	6	
		屋面线可见凸出屋脊线	错漏一处扣3分,共2处	6	
		可见屋盖线绘制	错漏一处扣2分,除屋脊线外共3处	6	
		楼地面线绘制	错漏一处扣2分,共3处	6	
		楼梯、栏杆绘制(5处)	错误一处扣2分,扣完标准分为止	6	
		绘制门窗线	错漏一处扣3分,共2处	6	
		未表达层高尺寸及建筑高度总尺寸	错漏一处扣2分,扣完标准分为止	4	
		正确绘制梁、柱(14处)	错误一处扣1分,扣完标准分为止	4	
		未标注屋面坡度	错漏一处扣2分,共3处	6	
		层高标注	错漏一处扣2分,共3处	6	
		图名比例标注	未标注图名扣2分,未标注比例扣2分	4	
4	成果表达规范清晰(10分)	图层清晰、便于识读	图层不清晰、不便于识读各扣3分	6	
		线条线型和线宽表达规范	线条线型及线宽不规范各扣2分	4	
	总 分			100	

注:作品没有完成总工作量的60%以上,作品评分记0分。

实训任务 3-6 小型展览馆剖面综合技术应用设计

1. 任务描述

根据提供的某小型展览馆方案设计平面图(图 3-6-1)、屋顶平面图(图 3-6-2)及1—1局部剖面图(图 3-6-3),运用专业软件及结构布置技术完成剖面技术及结构平面布置设计。

本实训任务图纸下载

(1)绘图题:按指定1—1剖切线位置、构造要求,利用计算机 CAD 软件/天正软件完成展览馆方案设计平面图的ⓒ—ⓓ轴构造柱布置和1—1剖面图方案技术设计,将原文件以"小型公建剖面图+考生工位号"为文件名保存至考生文件夹中。剖面图应正确反映平面图所示关系并应符合下述要求。

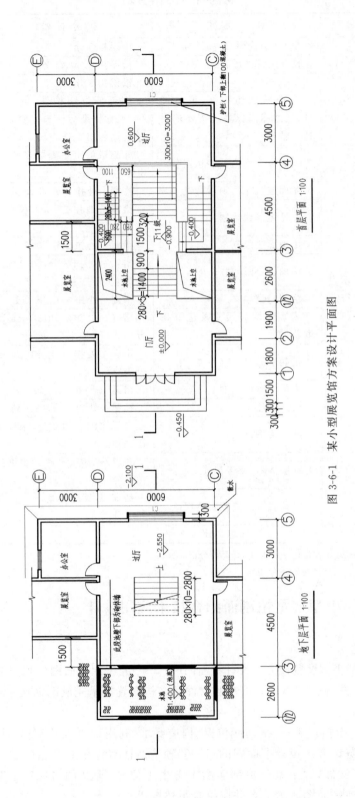

图 3-6-1 某小型展览馆方案设计平面图

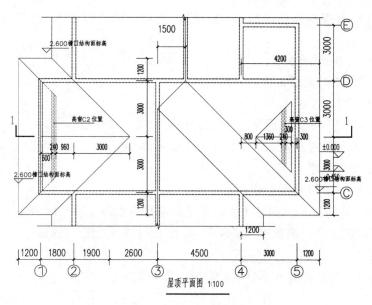

图 3-6-2　屋顶平面图

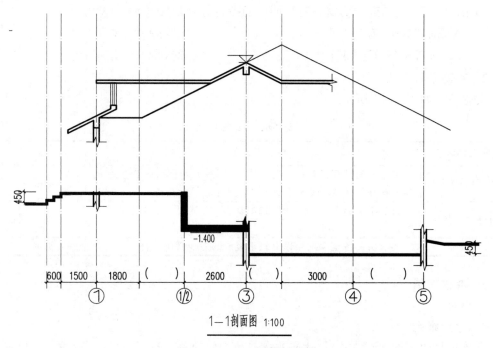

图 3-6-3　1—1 局部剖面图

① 结构：砖混结构，现浇钢筋混凝土楼板。
② 楼面：120厚现浇钢筋混凝土楼板。
③ 屋面：120厚现浇钢筋混凝土斜屋面板，坡度1/2，挑檐1200（无天沟），屋面檐口结构面标高2.600。
④ 内、外墙：240厚承重墙。
⑤ 楼梯：现浇钢筋混凝土板式楼梯。
⑥ 梁：结构梁240×500。
⑦ 门：门高2100，未编注门垛为200，③轴洞口高3000。
⑧ 窗：C1窗为高通窗，窗台标高-1.200m，窗高3700mm；高窗C2、C3窗台标高3.650m，窗高至屋面板底。
⑨ 室内水池：240厚现浇钢筋混凝土池壁。

(2) 识图题：请根据提供的某小型展览馆局部平面图和屋顶平面图完成下列填空题。
① 识读某展览馆平面图和屋顶平面图，完善1—1局部剖面图的水平尺寸标注，它们依次为_____、_____、_____。
② 建筑屋脊最高处标高及③轴上的屋脊标高分别为（　　）。
　　A. 6.1、5.45　　B. 6.10、5.35　　C. 6.2、5.45　　D. 6.2、5.35
③ 三角形高窗C2、C3的屋脊标高分别为（　　）。
　　A. 4.7、4.2　　B. 4.70、4.30　　C. 4.6、4.20　　D. 4.6、4.30
④ 剖面图中，剖切到的门窗与看到的门的数量分别是（③轴洞口除外）（　　）。
　　A. 剖到5个，看到5个　　　　B. 剖到4个，看到5个
　　C. 剖到6个，看到5个　　　　D. 剖到4个，看到4个

2. 实施条件

实施条件如表3-6-1所示。

表3-6-1　实施条件

实施条件内容	基本实施条件	备 注
实训场地	准备一间计算机教室。按考核人数，每人须配备一台装有相应考核软件（CAD或天正2014以上版本）的计算机	必备
材料、工具	每名学生自备一套绘图工具（橡皮、铅笔、黑色钢笔等）、草稿纸	按需配备
考评教师	要求由具备至少三年以上教学经验的专业教师担任	必备

3. 考核时量

三小时。

4. 评分细则

考核项目的评价（表3-6-2）包括职业素养与操作规范（表3-6-3）、作品（表3-6-4）两个方面，总分为100分。其中，职业素养与操作规范占该项目总分的20%，作品占该项目总分的80%。只有职业素养与操作规范、作品两项考核均合格，总成绩才能评定为合格。

表 3-6-2 评分总表

职业素养与操作规范得分（权重系数0.2）	作品得分（权重系数0.8）	总分

表 3-6-3 职业素养与操作规范评分表

考核内容	评分标准	扣分标准	标准分	得分
职业素养与操作规范	检查给定的资料是否齐全，检查计算机运行是否正常，检查软件运行是否正常，做好考核前的准备工作	没有检查记0分，少检查一项扣5分，扣完标准分为止	20	
	图纸作业应图层清晰、取名规范	图层分类不规范扣5分，名称不规范扣5分，扣完标准分为止	20	
	严格遵守实训场地纪律，有环境保护意识	有违反实训场地纪律行为扣10分，没有环境保护意识、乱扔纸屑各扣5分	20	
	不浪费材料，不损坏考核工具及设施	浪费材料、损坏考核工具及设施各扣10分	20	
	任务完成后，整齐摆放图纸、工具书、记录工具、凳子等，整理工作台面	任务完成后，没有整齐摆放图纸、工具书、记录工具扣10分；没有清理场地，没有摆好凳子、整理工作台面扣10分	20	
总 分			100	

表 3-6-4 作品评分表

序号	考核内容	评分标准	扣分标准	标准分	得分
1	识图题(15分)	正确填写1—1剖面图的水平尺寸标注	错误一处扣1分	3	
		建筑屋脊最高处标高及③轴上的屋脊标高	错误扣4分	4	
		三角形天窗C2、C3的屋脊标高	错误扣4分	4	
		剖切到的门窗与看到的门的数量	错误扣4分	4	
2	图纸内容按要求绘制完整(15分)	剖面图剖切构件、可见构件、尺寸标高标注均按要求表达完整	剖面图剖切构件、可见构件、尺寸标高标注未按要求完整表达各扣5分	15	
3	设计及图示表达正确，达到深度要求(60分)	屋面标高取值及表达正确	标高取值不正确一处扣3分，共2处	6	
		屋面线可见凸出屋脊线	错漏一处扣2分，共2处	4	

续表

序号	考核内容	评分标准	扣分标准	标准分	得分
3	设计及图示表达正确,达到深度要求(60分)	可见屋盖线绘制	错漏一处扣2分,共4处	8	
		楼地面线绘制	错漏一处扣2分,共3处	6	
		楼梯绘制	梯段长度、休息平台标高错误一处扣2分,扣完标准分为止	6	
		绘制门窗线	错漏一处扣1分,共4处	4	
		表达层高尺寸及建筑高度总尺寸	错误一处扣2分,扣完标准分为止	4	
		屋面坡度标注	错漏一处扣3分,共2处	6	
		层高标注	错误一处扣2分,共3处	6	
		合理布置构造柱的位置	错漏一处扣2分,扣完标准分为止	6	
		图名比例标注	未标注图名扣2分,未标注比例扣2分	4	
4	成果表达规范清晰(10分)	图层清晰、便于识读	图层不清晰、不便于识读各扣3分	6	
		线条线型和线宽表达规范	线条线型及线宽不规范各扣2分	4	
	总 分			100	

注:作品没有完成总工作量的60%以上,作品评分记0分。

技能项目3 BIM的GIS技术可视化表达

"BIM的GIS技术可视化表达"技能考核标准	
该项目为建筑师助理初始岗位向助理建筑师发展岗位拓展的技能考核项目,要求学生对接1+X BIM职业技能等级证书要求,掌握基于BIM的GIS技术Arcgis和Arcscene可视化表达及场地分析等技能	
技能要求	(1)能正确使用Arcmap中的3D分析功能建立生成DEM模型。 (2)能正确使用Arcmap中的3D分析功能进行高程、坡度分析。 (3)能正确使用Arcscen制作3D遥感影像图
职业素养要求	符合建筑师助理初始岗位向助理建筑师发展岗位拓展的基本职业素养要求,体现良好的工作习惯。检查计算机及Arcgis软件运行是否正常。清查图纸是否齐全,文字、图表表达应字迹工整、填写规范。操作完毕后,图纸、工具书籍正确归位,不损坏考核工具、资料及设施,有良好的环境保护意识

续表

评价内容		配分	考核点	备注
考核评价标准	"BIM 的 GIS 技术可视化表达"技能项目考核评价标准如下。			
	职业素养与操作规范(20分)	4	检查给定的资料是否齐全,检查计算机运行是否正常,检查软件运行是否正常,做好考核前的准备工作,少检查一项扣1分	出现明显失误造成计算机或软件、图纸、工具书和记录工具严重损坏等,严重违反考场纪律,造成恶劣影响的本大项记0分
		4	图纸作业应图层清晰、取名规范,不规范一处扣1分	
		4	严格遵守实训场地纪律,有环境保护意识,违反一次扣1~2分(具体评分细则详见实训任务职业素养与操作规范评分表)	
		4	不浪费材料,不损坏考试工具及设施,浪费损坏一处扣2分	
		4	任务完成后,整齐摆放图纸、工具书、记录工具、凳子等,整理工作台面,未整洁一处扣2分	
	作品(80分)			
	正确完成试题任务	16	熟悉软件操作步骤,完成任务,图纸质量达到要求,每错一处扣1.2~4分(具体评分细则详见实训任务作品评分表)	没有完成总工作量的60%以上,作品评分记0分
	DEM模型建立	16	能正确使用Arcmap中的3D分析功能建立生成DEM模型,每错一处扣2.4~4分(具体评分细则详见实训任务作品评分表)	
	高程分析	16	能正确使用Arcmap中的3D分析功能进行高程分析,每错一处扣1.6~3.2分(具体评分细则详见实训任务作品评分表)	
	坡度分析	16	能正确使用Arcmap中的3D分析功能进行坡度分析,每错一处扣1.6~3.2分(具体评分细则详见实训任务作品评分表)	
	3D遥感影像	16	能正确使用Arcscene制作3D遥感影像图,每错一处扣2.4~4分(具体评分细则详见实训任务作品评分表)	

实训任务 3-7　GIS 技术的 Arcgis 可视化表达

1. 任务描述

根据提供的某区域地形图(图 3-7-1)的.dwg 文件(扫描实训指导二维码,详见相关素材),对该区域进行坡度和高程分析;同时结合遥感影像,制作该区域的 3D 遥感影像,确定合适的鸟瞰角度并导出。提交成果包括以下内容。

(1) 创建的.tin 文件,命名为"地形模型"。

本实训任务
图纸下载

(2) 该区域的高程分析图和坡度分析图,利用提供的 A3 图框布局后,导出格式为以"工位号"命名的.jpg 格式。

(3) 该区域的 3D 遥感影像图,利用提供的 A3 图框布局后,导出格式为以"工位号"命名的.jpg 格式。

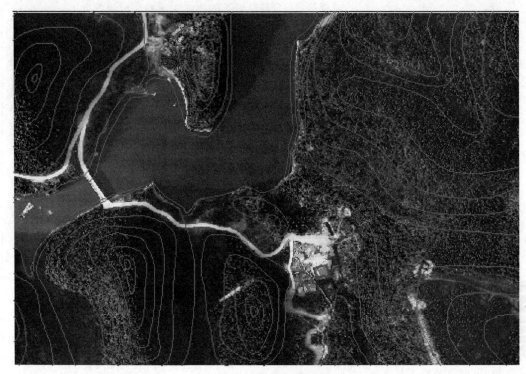

图 3-7-1　某区域地形图

2. 实施条件

实施条件如表 3-7-1 所示。

表 3-7-1　实施条件

实施条件内容	基本实施条件	备　注
实训场地	准备一间计算机教室。按考核人数,每人须配备一台装有相应考核软件的计算机	必备
材料、工具	计算机装有 Arcgis 和 Microsoft Office 2010 系列软件	按需配备
考评教师	要求由具备三年以上教学经验的专业教师担任	必备

3. 考核时量

三小时。

4. 评分细则

考核项目的评价(表 3-7-2)包括职业素养与操作规范(表 3-7-3)、作品(表 3-7-4)两个方面,总分为 100 分。其中,职业素养与操作规范占该项目总分的 20%,作品占该项目总分的 80%。只有职业素养与操作规范、作品两项考核均合格,总成绩才能评定为合格。

表 3-7-2 评分总表

职业素养与操作规范得分 （权重系数 0.2）	作品得分 （权重系数 0.8）	总分

表 3-7-3 职业素养与操作规范评分表

考核内容	评分标准	扣分标准	标准分	得分
职业素养与操作规范	检查给定的资料是否齐全，检查计算机运行是否正常，检查软件运行是否正常，做好考核前的准备工作	没有检查记 0 分，少检查一项扣 5 分，扣完标准分为止	20	
	图纸作业应图层清晰、取名规范	图层分类不规范扣 5 分，名称不规范扣 5 分，扣完标准分为止	20	
	严格遵守实训场地纪律，有环境保护意识	有违反实训场地纪律行为扣 10 分，没有环境保护意识、乱扔纸屑各扣 5 分	20	
	不浪费材料，不损坏考核工具及设施	浪费材料、损坏考核工具及设施各扣 10 分	20	
	任务完成后，整齐摆放图纸、工具书、记录工具、凳子等，整理工作台面	任务完成后，没有整齐摆放图纸、工具书、记录工具扣 10 分；没有清理场地，没有摆好凳子、整理工作台面扣 10 分	20	
总 分			100	

表 3-7-4 作品评分表

序号	考核内容	评分标准	扣分标准	标准分	得分
1	正确完成试题任务（20 分）	绘图清晰，布图均衡	绘图不清晰、布图不均衡各扣 1.5 分	3	
		按要求插入比例尺或比例	未按要求插入比例尺或比例扣 2 分	2	
		图框插入准确	图框插入错误或没有插入图框扣 5 分	5	
		主副标题正确表达	有主副标题但错误扣 2.5 分，遗漏扣 5 分	5	
		规范表达指北针或风玫瑰	遗漏扣 2 分	2	
		按照要求格式保存绘制图样到指定文件夹	没有按照要求格式保存绘制图样到指定文件夹扣 3 分	3	

续表

序号	考核内容	评分标准	扣分标准	标准分	得分
2	DEM模型建立(20分)	地形模型生成应和地形图一致	每错一处扣3分,扣完标准分为止	15	
		文件命名正确	不正确扣5分	5	
3	高程分析(20分)	图题、比例等字体设置合理	图题、比例等字体设置不合理各扣2分	4	
		符号表达规范	每错一处扣2分,扣完标准分为止	12	
		导出图面布局合理	导出图面布局不合理扣4分	4	
4	坡度分析(20分)	图题、比例等字体设置合理	图题、比例等字体设置不合理各扣2分	4	
		符号表达规范	每错一处扣2分,扣完标准分为止	12	
		导出图面布局合理	导出图面布局不合理扣4分	4	
5	3D遥感影像图(20分)	地表3D形态正确	地表3D形态表达每错一处扣3分,扣完标准分为止	15	
		导出图面布局合理	导出图面布局不合理扣5分	5	
		总　分		100	

注：作品没有完成总工作量的60%以上，作品评分记0分。

技能项目4　城市设计分析

"城市设计分析"技能考核标准	
该项目要求学生熟悉掌握建筑制图国家标准,掌握《建筑工程设计文件编制深度规定》中的规划方案设计文件深度要求,具有识读及分析城市设计文件的能力,掌握城市设计方案分析图的Photoshop绘制技巧。能正确运用建筑专业软件,根据给定的城市设计项目条件完成项目配套商业街区总平面设计分析任务,能审阅设计图纸是否符合国家现行规范和技术规定	
技能要求	(1)正确运用建筑专业软件Photoshop绘制城市设计分析图。 (2)能根据给定项目技术条件进行某项目商业街区总平面设计分析
职业素养要求	符合建筑师助理初始岗位向助理建筑师发展岗位拓展的基本职业素养要求,体现良好的工作习惯。检查计算机及Photoshop软件运行是否正常。清查图纸是否齐全,文字、图表表达应字迹工整、填写规范。操作完毕后,图纸、工具书籍正确归位,不损坏考核工具、资料及设施,有良好的环境保护意识

续表

	评价内容	配分	考核点	备注
考核评价标准	职业素养与操作规范(20分)	4	检查给定的资料是否齐全,检查计算机运行是否正常,检查软件运行是否正常,做好考核前的准备工作,少检查一项扣1分	出现明显失误造成计算机或软件、图纸、工具书和记录工具严重损坏等,严重违反考场纪律,造成恶劣影响的本大项记0分
		4	图纸作业应图层清晰、取名规范,不规范一处扣1分	
		4	严格遵守实训场地纪律,有环境保护意识,违反一次扣1～2分(具体评分细则详见实训任务职业素养与操作规范评分表)	
		4	不浪费材料,不损坏考试工具及设施,浪费损坏一处扣2分	
		4	任务完成后,整齐摆放图纸、工具书、记录工具、凳子等,整理工作台面,未整洁一处扣2分	
	作品(80分) 分析合理性	48	合理分析商业街的功能分区,合理定位商业街的各功能区,每错一处扣2～4分(具体评分细则详见实训任务作品评分表)	没有完成总工作量的60%以上,作品评分记0分
	图纸绘制规范	32	图纸内容完整,有图名、图例、简要文字说明等;颜色协调、美观大方;分析图示表达清晰;新建绘图文件并命名;按照要求格式保存绘制图样到指定文件夹,每错一处扣1.6～3.2分(具体评分细则详见实训任务作品评分表)	

实训任务 3-8 某城镇商业街城市设计分析

1. 任务描述

根据给定某城镇瑶族民俗文化商业街总平面图(图 3-8-1),利用 Photoshop 软件完成该商业街城市设计方案的功能流线分析图。

本实训任务图纸下载

(1) 项目条件:某城镇商业街为瑶族民俗文化商业街,集购物、休闲、民俗特色、公共活动空间于一体,其功能从民族文化逐渐向现代商业过渡。

该商业街东临城市次干路一(道路红线宽度为 30m,为县城对外交通道路),北临城市次干路二(道路红线宽度为 30m),西临城市支路(道路红线宽度为 22m),南侧有一 9m 宽通道。

(2) 绘图题要求:根据给定商业街总平面图及文字介绍对商业街的以下方面进行分析,并绘制相应分析图。

① 对该商业街的功能进行分析,并绘制功能分区图。利用 Photoshop 软件绘制分析图,将绘制完成后的文件命名为"01某商业街功能分析图",以"工位号"命名的.jpg 格式,保存到考试文件夹。

绘图要求如下。

a. 合理分析商业街的功能分区。

b. 合理定位商业街的各功能区。

c. 图纸内容完整，有图名、图例、简要文字说明等。

d. 颜色协调、美观大方。

e. 分析图示表达清晰。

② 对该商业街区的交通流线组织进行分析，包括车流、人流、货流、消防线路，并绘制分析图。可利用 Photoshop 软件绘制分析图，绘制完成后的文件命名为"02 某商业街交通流线组织分析图"，将以"工位号"命名的.jpg 格式保存到考试文件夹。

绘图要求如下。

a. 车流、人流、货流、消防流线分析合理。

b. 图纸内容完整，有图名、图例、简要文字说明等。

c. 颜色协调、美观大方。

d. 分析图示表达清晰。

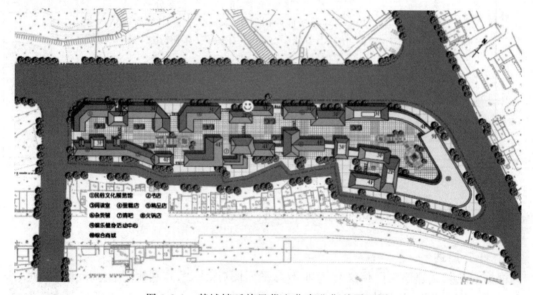

图 3-8-1　某城镇瑶族民俗文化商业街总平面图

2. 实施条件

实施条件如表 3-8-1 所示。

表 3-8-1　实施条件

实施条件内容	基本实施条件	备注
实训场地	准备一间计算机教室。按考核人数，每人须配备一台装有相应考核软件的计算机	必备
资料	每名考生一套考核图文资料	按需配备
材料、工具	每名学生自备 A4 草稿纸一张	按需配备
考评教师	要求由具备至少三年以上教学经验的专业教师担任	必备

3. 考核时量

三小时。

4. 评分细则

考核项目的评价(表 3-8-2)包括职业素养与操作规范(表 3-8-3)、作品(表 3-8-4)两个方面,总分为 100 分。其中,职业素养与操作规范占该项目总分的 20%,作品占该项目总分的 80%。只有职业素养与操作规范、作品两项考核均合格,总成绩才能评定为合格。

表 3-8-2　评分总表

职业素养与操作规范得分 (权重系数 0.2)	作品得分 (权重系数 0.8)	总分

表 3-8-3　职业素养与操作规范评分表

考核内容	评分标准	扣分标准	标准分	得分
职业素养与操作规范	检查给定的资料是否齐全,检查计算机运行是否正常,检查软件运行是否正常,做好考核前的准备工作	没有检查记 0 分,少检查一项扣 5 分,扣完标准分为止	20	
	图纸作业应图层清晰、取名规范	图层分类不规范扣 5 分,名称不规范扣 5 分,扣完标准分为止	20	
	严格遵守实训场地纪律,有环境保护意识	有违反实训场地纪律行为扣 10 分,没有环境保护意识、乱扔纸屑各扣 5 分	20	
	不浪费材料,不损坏考核工具及设施	浪费材料、损坏考核工具及设施各扣 10 分	20	
	任务完成后,整齐摆放图纸、工具书、记录工具、凳子等,整理工作台面	任务完成后,没有整齐摆放图纸、工具书、记录工具扣 10 分;没有清理场地,没有摆好凳子、整理工作台面扣 10 分	20	
总　分			100	

表 3-8-4　作品评分表

序号	考核内容		评分标准	扣分标准	标准分	得分
1	分析合理性 (60 分)	功能分析	合理分析商业街的功能分区	不合理每处扣 5 分,扣完标准分为止	15	
			合理定位商业街的各功能区	不合理每处扣 5 分,扣完标准分为止	15	
		流线分析	车流流线分析合理	不合理每处扣 2.5 分,扣完标准分为止	7.5	

续表

序号	考核内容		评分标准	扣分标准	标准分	得分
1	分析合理性（60分)	流线分析	人流流线分析合理	不合理每处扣2.5分，扣完标准分为止	7.5	
			货流流线分析合理	不合理每处扣2.5分，扣完标准分为止	7.5	
			消防流线分析合理	不合理每处扣2.5分，扣完标准分为止	7.5	
2	图纸绘制规范（40分)		图纸有图名、图例、简要文字说明等	每缺一项扣3分	12	
			颜色协调、美观大方	颜色协调性差扣4分，色彩绘制欠美观扣4分	8	
			分析图示表达清晰	表达不清晰每处扣2分，扣完标准分为止	16	
			新建绘图文件并命名	没有按要求新建绘图文件并命名扣2分	2	
			按照要求格式保存绘制图样到指定文件夹	没有按照要求格式保存绘制图纸到指定文件夹扣2分	2	
			总　分		100	

注：作品没有完成总工作量的60%以上，作品评分记0分。

参 考 文 献

[1] 教育部行业职业教育教学指导委员会工作办公室.高等职业学校专业教学标准：土木建筑大类Ⅰ[M].北京：国家开放大学出版社,2019.
[2] 中国建筑工业出版社,中国建筑学会.建筑设计资料集[M].3版.北京：中国建筑工业出版社,2018.
[3] 中华人民共和国住房和城乡建设部.建筑工程设计文件编制深度规定[M].北京：中国建筑工业出版社,2017.
[4] 中华人民共和国住房和城乡建设部.房屋建筑制图统一标准(GB/T 50001—2017)[M].北京：中国建筑工业出版社,2018.